清华大学人居科学系列教材

城市更新规划

CHENGSHI GENGXIN GUIHUA

田莉 姚之浩
王嘉 吴军 著

清华大学出版社
北京

内 容 简 介

随着城市更新成为国家战略的重要组成部分，各地先后开展了城市更新的规划实践。本书系统介绍了城市更新和城市更新规划相关的基础理论，国内外城市更新规划的编制经验和实施的政策工具。以上海、广州、深圳等城市为例，基于已有和正在进行的各类城市更新规划的实践，从编制逻辑、编制方法、内容框架三个层面，总结当前中国城市更新规划的基本规划范式和方法。

本书可作为城乡规划、国土空间规划、公共管理等相关专业的本科生、研究生教材，也可供从事规划设计、管理部门的规划师使用。

图书在版编目（CIP）数据

城市更新规划/田莉等著.—北京：清华大学出版社，2024.1
清华大学人居科学系列教材
ISBN 978-7-302-65289-2

Ⅰ.①城⋯ Ⅱ.①田⋯ Ⅲ.①城市规划－高等学校－教材 Ⅳ.①TU984

中国国家版本馆 CIP 数据核字(2024)第 014180 号

审图号：粤 S(2024)002 号

责任编辑：张占奎
封面设计：陈国熙
责任校对：赵丽敏
责任印制：丛怀宇

出版发行：清华大学出版社
网　　　址：https://www.tup.com.cn, https://www.wqxuetang.com
地　　　址：北京清华大学学研大厦 A 座　　　**邮　　编**：100084
社 总 机：010-83470000　　　**邮　　购**：010-62786544
投稿与读者服务：010-62776969, c-service@tup.tsinghua.edu.cn
质量反馈：010-62772015, zhiliang@tup.tsinghua.edu.cn
印 装 者：大厂回族自治县彩虹印刷有限公司
经　　销：全国新华书店
开　　本：203mm×253mm　　**印　张**：17　　　**字　数**：392 千字
版　　次：2024 年 1 月第 1 版　　　**印　次**：2024 年 1 月第 1 次印刷
定　　价：55.00 元

产品编号：095635-01

《城市更新规划》撰写委员会

主　任：田　莉

副主任：姚之浩　王　嘉　吴　军

成　员：

清华大学建筑学院：田莉、刘锦轩、严雅琦、黄安、刘晨、梁印龙、于江浩、蒋卓君、杜一凡

苏州科技大学建筑与城市规划学院：姚之浩、李昊昱、张敬康

深圳市城市规划设计研究院股份有限公司：王嘉、林辰芳、黄颖、储薇薇、黄昕颖、张燕、赵冠宁、程维军、苏毅、杨瑞、樊瑞祎、李静

广州市城市规划勘测设计研究院有限公司：吴军、黄文灏、吴雅馨、秦李、孟谦、叶宝源、吴杰

前　言

　　1988 年土地有偿使用制度的建立,催生了中国以"土地城镇化"为特色的快速城镇化进程。计划经济体制下以危旧房改造为特色的城市更新,逐步被市场化力量推动的城市更新代替。从 20 世纪 90 年代以来以"退二进三"与危房改造为特点的更新实践,到 2008 年以来广东省基于"三旧"改造的重建主导的更新规划,再到 2015 年以来以微改造、老旧小区改造为主导的各种类型的城市更新规划实践,城市更新的内涵与策略随着中国社会经济宏观环境的转型处于不断演进的过程之中。"十四五"期间,城市更新成为国家战略,这预示着增量规划向存量规划的全面转型。作为规划师,对城市更新规划的编制与实施进行深入探索与研究,逐步建立适应中国社会经济发展的城市更新规划与实施框架,已成为当务之急。

　　城市更新策略的选择,深刻地受到体制场域与社会场域"政府—市场—社会"关系的影响。城市更新规划本质上是政府主导城市更新战略意图的技术工具。要理解城市更新规划与实施,就必须真正理解社会经济力量博弈对更新的影响。因此,本书聚焦三个板块,分别是:城市更新规划基础理论和国际经验,城市更新的实践历程和运作机制,城市更新规划的框架体系与编制方法。我们以在城市更新领域处于探索前沿的广州、深圳与上海等为例,在总结其城市更新规划与实施的基础上,系统介绍了"总体—片区—单元—项目"四个空间层次的城市更新规划框架与其技术逻辑、政策逻辑和实施逻辑,并对城市更新实施的管理、财税与金融工具进行了梳理。

　　本书是清华大学、苏州科技大学、广州市城市规划勘测设计研究院有限公司与深圳市城市规划设计研究院股份有限公司等组成的包括学术界和实践界多个团队过去两年密切合作的成果。书中案例部分亦得到了上海复旦规划建筑设计研究院有限公司和佛山市城市规划设计研究院有限公司的支持。全书由田莉拟定提纲,田莉、姚之浩进行统稿与修订。各章编写人员如下:

第一章　导论(姚之浩)

第二章　城市更新的基础理论与更新规划的方法论(黄安、严雅琦)

第三章　城市更新规划与实施的国际经验(田莉、姚之浩、刘晨、刘锦轩、杜一凡)

第四章　中国城市更新的演进与实践历程(蒋卓君、姚之浩)

第五章　城市更新中的利益主体与博弈机制(于江浩、梁印龙)

第六章　城市更新规划的内容框架与编制方法(田莉、姚之浩、吴军、黄文灏、叶宝源、吴雅馨、杜一凡、王嘉、林辰芳)

第七章　总体层面的城市更新规划(吴军、黄文灏、孟谦、王嘉、林辰芳、储薇薇、樊

瑞祎、张燕、杨瑞、姚之浩)

　　第八章　片区层面的城市更新规划(吴军、黄文灏、姚之浩、林辰芳、赵冠宁、王嘉)

　　第九章　单元层面的城市更新规划(王嘉、苏毅、储薇薇、程维军、黄文灏、吴军、秦李、姚之浩)

　　第十章　项目层面的城市更新规划(黄文灏、吴军、吴杰、姚之浩)

　　第十一章　城市更新规划的实施与管理(王嘉、黄颖、黄昕颖、张燕、林辰芳、于江浩、杜一凡、吴雅馨、黄文灏、吴军)

　　本书的出版得到国家社科基金重大项目:面向乡村产业振兴的土地利用转型研究(23&ZD114),国家社科基金重大项目:基于国土空间规划的土地发展权配置与流转政策工具研究(20&ZD107)和北京卓越青年科学家计划(JJWZYJH01201910003010)的资助与清华大学出版社张占奎的鼎力支持,谨致谢意。由于时间与能力所限,书中错漏在所难免,望读者不吝指正。

田莉

2024 年 1 月于清华园

目　　录

第一章　导论

中国规划事业在 20 世纪 80 年代以后持续繁荣的一个重要原因在于规划适应了中国的市场环境,作为土地经营和地方营销的有效工具,城市规划成为地方政府应对市场机制缺陷的有力政策工具(Wu,2015)。以增长为核心的规划体系,推动了中国 40 多年的高速城镇化进程。中国共产党第十九次全国代表大会(简称"中共十九大")以来,中国经济由高速增长转向高质量发展导向,中国产业正经历由房地产过热向房地产与实体经济均衡发展转型,城市空间发展面临增长与收缩并存的局面。2018 年国务院机构改革组建中华人民共和国自然资源部,统一行使所有国土空间用途管制职责,对自然资源开发利用和保护进行监管,建立国土空间规划体系并监督实施。城乡规划行业与学科面临前所未有的体制机制变革。本章从城市发展模式转型和规划响应出发,解析了中国城市更新规划编制工作开展的背景,进而阐释城市更新和城市更新规划的特征及城市更新规划编制的空间层次。

第一节　城市发展模式转型与规划响应

经历了改革开放后 40 余年城市高速发展之后,中国的经济环境和社会环境都发生了巨大变化。"以地谋发展"的模式导致诸多潜在的问题不断出现,以土地推动发展的效力减退(刘守英 等,2020)。增量扩张的空间增长模式已难以适应深度城市化对品质提升和社会公正的诉求,通过存量更新推动城镇功能与空间结构的优化将成为城市发展的主要驱动力。

一、从"增量扩张"向"存量优化"的城市发展模式转型

(一) 土地城镇化的城市发展模式难以为继

改革开放以来,中国经历了世界历史上规模最大、速度最快的城镇化进程。2011 年,中国城镇人口首次超过农村人口,成为中国社会结构的一个历史性转折点。2020 年第七次全国人口普查显示,中国常住人口城镇化率已达 63.89%(户籍人口城镇化率为 45.4%),与 2010 年第六次全国人口普查相比,城镇人口占比上升了 14.21% 个百分点(图 1-1)。

伴随着人口城镇化率的提升,在土地财政、基础设施建设和人口流动对土地需求的驱动下,中国城市建设用地快速扩张。1981—2019 年,全国城区人口增长了 3.02 倍,而同期城市建成区面积增长 8.11 倍,土地城镇化速度达到人口城镇化速度的 2.7 倍。城市建成区人口密度从最高峰的 2.5 万人/km^2(1988 年)下降到 0.72 万人/km^2(2019 年)。从增长率

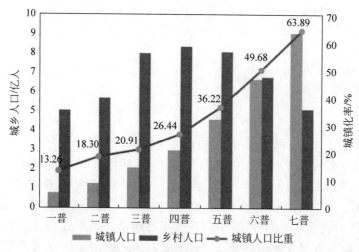

图 1-1　历次全国人口普查城乡人口和城镇化率变化

来源：第七次全国人口普查公报(第七号)

来看,城市建成区面积增长率大于城区人口增长率,存在 1988 年和 1998 年 2 个时间节点(图 1-2),即 1988 年城镇国有土地有偿使用制度改革和 1998 年"实物分房"政策彻底终结,开启了城镇住房的市场化、货币化、商品化时代,城市建成区随着房地产市场的高歌猛进迅速扩张。

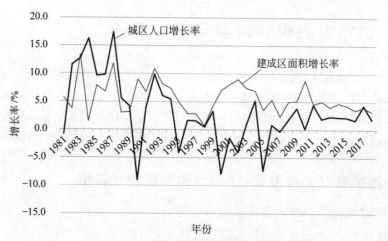

图 1-2　1981—2019 年全国城区人口与建成区面积增长率比较

来源:2019 年城市建设统计年鉴

2006 年,原国土资源部对《土地利用年度计划管理办法》进行修正,首次提出对新增建设用地、土地开发整理补充耕地量和耕地保有量实行年度指标控制,标志着国家对城镇发展土地扩张开始实施管控。因此,本章以 2006 年作为统计分析的起始时间。2006—2017年,在宽松的货币政策和经济高速发展背景下,中国建设用地需求居高不下。这 12 年间中国国有建设用地年均实际供地达 50 万 hm²,2013 年最大达 73 万 hm²;工矿仓储(30.37%)

和基础设施(42.55%)供地占比最大(图1-3)。但是土地资源利用方式仍然较为粗放,2015年人均城镇工矿建设用地面积为149m²,人均农村居民点用地面积为300m²,远超国家标准上限。国土开发过度和开发不足现象并存,京津冀、长江三角洲、珠江三角洲等地区国土开发强度接近或超出资源环境承载能力[①]。

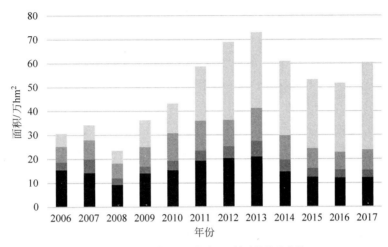

图1-3　2006—2017年全国国有建设用地实际供应结构

来源:根据2006—2017年中国国土资源公报统计

注:2018年以后中国国土资源公报统计数据与全国第三次国土资源调查数据相衔接,尚未发布

(二) 土地利用低效亟待盘活存量用地

土地粗放利用带来的直接效应是土地利用经济效率低下。根据原国土资源部节约集约用地专项督察结果,2009—2013年全国已供建设用地中,存在批而未供土地1300.99万亩(1亩=666.6m²),闲置土地105.27万亩(谭永忠 等,2016),已批土地资源的闲置也导致土地利用整体效率低下。

就工业用地而言,以2020年参评的541个国家级开发区为例,工业用地的地均产出偏低,工业用地地均税收678.99万元/hm²,工业用地综合容积率仅0.93,开发区中已建成土地占可开发建设土地的比例仅为76.92%。工业用地使用低效的一个重要原因是工业用地与产业配置结构失衡,2007—2016年,全国仅有7.26%的工业用地配置给了高技术产业,即便是在东部地区,其高技术产业土地配置比也仅为7.45%(周麟,2020)。

从居住用地来看,1978—2018年中国城镇住宅存量从不到14亿m²增至276亿m²,从1998年住房制度改革至2018年,中国累计竣工商品住宅合计113亿m²,占当前城镇住宅存量的41%,即约60%的城镇住房为2000年以前建造[②]。2000年之前的住宅区已纳入城

①　来源:国务院关于印发全国国土规划纲要(2016—2030年)的通知(国发〔2017〕3号)。

②　任泽平,熊柴,白学松.中国住房存量报告:有多少房子? 哪些地方短缺、哪里过剩? [EB/OL].[2019-08-29].澎湃新闻.

镇老旧小区改造对象。据中华人民共和国住房与城乡建设部初步统计,全国既有居住建筑总量达 500 亿 m²,其中城镇既有居住建筑 290 亿 m²;共有城镇老旧小区近 17 万个,建筑面积约 40 亿 m²。《中华人民共和国国民经济和社会发展第十四个五年规划和 2035 年远景目标纲要》(简称"十四五"规划)提出,五年内完成 2000 年底前建成的 21.9 万个城镇老旧小区改造。

(三) 存量优化、有机更新的范式转变

2010 年 1 月 28 日,全国国土资源工作会议提出以土地资源、资产、资本"三位一体"属性及相互转化的理念为指导,推进土地管理向总量与质量并重,数量与结构并重,资源、资产、资本并重,一级市场和二级市场并重转变。2015 年中央城市工作会议提出了"框定总量、限定容量、盘活存量、做优增量、提高质量"的土地管理"五量"要求,预示着中国城市发展进入了存量发展的新时期,由大规模增量建设转为存量提质改造和增量结构调整并重。

2018—2019 年,习近平总书记先后考察了广州荔湾区西关历史文化街区永庆坊和上海杨浦滨江公共空间杨树浦水厂滨江段,掀起了学界和业界对有机更新的大讨论。2019 年发布的国土空间规划体系纲领性文件《中共中央 国务院关于建立国土空间规划体系并监督实施的若干意见》(中发〔2019〕18 号)(简称 18 号文),提出健全用途管制制度,在城镇开发边界内的建设,实行"详细规划＋规划许可"的管制方式;在城镇开发边界外的建设,按照主导用途分区,实行"详细规划＋规划许可"和"约束指标＋分区准入"的管制方式。城镇开发边界内的城市发展与城市更新密切关联。"十四五"规划明确提出实施城市更新行动,推动城市空间结构优化和品质提升,解决城市发展中的突出问题和短板,提升人民群众获得感、幸福感、安全感。

二、增量型规划向存量型规划的模式转型

(一) 蓝图式增长型规划难以适应城市转型发展需求

依据规划涉及的领域,2018 年机构改革前中国规划体系可分为经济社会发展规划、国土资源规划、生态环境规划、基础设施及能源规划、城乡建设规划、历史文化保护规划、景区规划、非常规性规划八大类(周宜笑 等,2020),其中城乡建设规划包含城镇村体系规划、城市发展战略规划、城镇总体规划等十类(图 1-4)。由于大部分规划以建设为目标,这些规划都带有显著的蓝图式、静态式、计划式的特点。各类规划不仅存在形式与技术标准冲突、内容冲突,也存在事权冲突,导致规划实施失效。具体表现在以下三个方面。

1. 政府失灵

传统城乡规划编制的基本假设是建设用地资源"应需则供",储备充足,且原有土地和物业的权属关系可通过一次性的土地征收和房屋拆迁实现"清零"。传统增量规划的计划思维惯性与动态变化的市场经济诉求和快速发展形成的利益格局出现制度上的"失

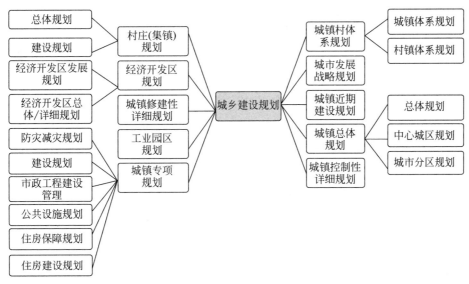

图 1-4 中国 2018 年机构改革前城乡建设类规划的分类

配",导致政府干预失灵。存量更新需求与基于增量发展模式的规划管理体系的错配是城市更新政府干预失灵的重要因素(梁印龙 等,2018)。城乡规划作为政府干预土地发展权和利益分配的政策工具。以控制性详细规划为代表的规划失效的根源在于规划编制以技术理性替代了市场规律,导致"终极蓝图"式的规划与动态不确定的发展环境不相适应(田莉,2007)。

2. 市场失灵

市场失灵主要来源于土地开发活动的外部性,影响了资源配置效率,降低了社会福利。在捕获土地租金实现赢利的驱动下,蓝图式规划成为开发商与政府博弈的平台,通过土地用途转变和容积率提高做大土地增值的蛋糕成为政府与相关利益主体的共识,形成所谓的地产开发导向的城市开发模式。地块开发的独立性与信息不对称产生了土地开发的负外部效应,例如带来商品房过剩、实体产业空心化的危机,进而导致城市功能失衡,居住空间分异、社会网络断裂等问题。过分倚重房地产开发的路径依赖,也带来城市长期收益(税收)和就业岗位的流失。

3. 开发失序

传统城乡规划编制在很大程度上还停留在物质规划层面,较多关注技术与美学,规划编制与政策落实和项目实施脱钩现象普遍存在。由于规划编制的产权意识缺位,规划空间方案往往过于理想,对现状存量用地的处置缺乏深度的考虑。在交易成本和经济成本约束情况下,城市开发会跨越村庄等存量集体建设用地,选择征地成本最小的农用地,进而日渐形成城中村、城中厂等集体产权的利益孤岛。蓝图式增量导向的开发模式已难以推动依附既有利益格局的存量用地转型,难以指导涉及复杂利益关系的更新项目实施。

综上所述,空间规划具有土地用途管制、土地发展权配置及土地权益分配的职能,是政府克服市场缺陷、实现城市发展多维目标的政策工具。在土地开发权尚未完全界定清晰的情况下,规划编制的"技术科学化、成果法定化、程序制度化"并不能保证规划得到有效落实。

(二) 存量型空间规划的模式转型

1. 从物质性规划向规则性规划转型

物质性规划的传统始于计划经济时代以"城市建设"为纲,对市场需求和产权交易规则没有对接口。随着土地有偿使用制度和市场交易制度的不断深化,土地要素在中国城市发展中越发起着决定性作用。然而,中国规划编制依托的"建设架构"与规划实践依托的"土地架构"却开始脱节,编制与审批脱节,设计与管理脱节(赵燕菁,2019)。2020 年以来,中共中央、国务院出台的《关于构建更加完善的要素市场化配置体制机制的意见》及其综合改革试点方案,提出充分运用市场机制盘活存量土地和低效用地,探索赋予试点地区更大土地配置自主权,将推动城乡规划从物质性增量建设规划向存量土地调控规划转型。存量型空间规划需根据更新对象的不同类型建立相应的利益分配规则。

2. 从静态蓝图规划向动态过程规划转型

增量型规划具有"重编制、轻实施""重计划、轻市场"等问题,大多采取静态蓝图式的规划编制模式,通过技术工具和模型模拟,估测未来一定年限城市发展的规模与结构。静态规划理论的关键误区在于对城市的认知流于对城市物质形态进行概括和分解组合(王富海,2013)。静态蓝图式规划的认识论包括城市发展规律是可知的、发展过程可控、规划师对城市发展的控制是正当的,忽略了土地开发外部环境的不稳定性、实施主体的差异性、实施模式的适应性(何子张 等,2012)。由于静态蓝图式规划对总体规划的指导性不强,学界和业界从 2000 年以后就已开始积极讨论动态规划和行动规划,强调规划内容的生长性、时效性,规划编制与管理应适应社会经济的动态变化。2009 年广东省开始"三旧"改造以来,存量规划在珠三角城市已大规模展开,存量更新语境下的动态规划又一次成为学界和业界讨论的热点。

3. 从精英型规划向参与式规划转型

增量型规划编制往往由技术专家、政府部门和社会精英决定,政府规划师往往扮演着技术幕僚的角色。精英型规划反映社区利益与发展诉求的渠道有限,也难以深入社区提供在地型、驻场型服务、吸纳社区诉求。近年来,参与式规划逐渐成为一种新的规划模式,厦门曾厝垵、广州泮塘等地的更新实践运用了参与式规划的方法,构筑政府、公众和规划师等多元主体互动的平台(李郇 等,2018;芮光晔,2019)。深圳早在2009 年《深圳市城市更新办法》出台后就已探索建立社区规划师制度,北京、上海等地近年来相继建立责任规划师制度,以弥合政府管理与社会自治之间、精英规划与公众需求之间的鸿沟。

第二节　城市更新和城市更新规划的特征

一、城市更新的范畴和实施主体

(一) 城市更新的范畴和对象

深圳和上海已出台的地方城市更新条例对城市更新的范畴采用了列举法(表 1-1),虽然两地列举的城市更新范畴不完全一致,但都认可城市更新活动不仅在于盘活低效存量建设用地,还包括提升建成环境品质,解决城市发展中的突出问题和短板。从更新对象来看,城市更新规划包括旧城镇、旧工业区、旧村庄、城中村、危破旧房、棚户区、老旧小区与楼宇、历史城区等。从土地权属来看,城市更新的对象既有国有产权用地,也有集体产权用地。存量国有产权用地包括国有招拍挂用地、协议出让用地(如国有企业)、直管公房等,存量集体产权用地包括集体工业、仓储等经营性用地与存量宅基地。

表 1-1　深圳和上海对城市更新范畴的界定

法　规	对城市更新范畴的界定
《深圳经济特区城市更新条例》(2020 年)	城市更新,指对城市建成区内具有下列情形之一的区域,根据本条例规定进行拆除重建或者综合整治的活动: (一) 城市基础设施和公共服务设施急需完善; (二) 环境恶劣或者存在重大安全隐患; (三) 现有土地用途、建筑物使用功能或者资源、能源利用明显不符合经济社会发展要求,影响城市规划实施; (四) 经市人民政府批准进行城市更新的其他情形
《上海市城市更新条例》(2021 年)	城市更新,指在本市建成区内开展持续改善城市空间形态和功能的活动,具体包括以下几方面: (一) 加强基础设施和公共设施建设,提高超大城市服务水平; (二) 优化区域功能布局,塑造城市空间新格局; (三) 提升整体居住品质,改善城市人居环境; (四) 加强历史文化保护,塑造城市特色风貌; (五) 市人民政府认定的其他城市更新活动

(二) 城市更新的实施主体

城市更新的实施主体包括政府、市场主体、土地权属人和合作实施主体。根据更新对象和更新模式的不同,各地城市更新的实施主体呈现较大差异性。长期以来,中国城市更新带有深刻的政府主导色彩,政府作为实施主体深度参与改造项目的拆迁安置与项目引入。由于城市更新项目在前期土地处置、产权交易与拆迁安置等环节成本巨大,政府有限的财政资金投入改造项目难以持续。20 世纪 90 年代起,城市更新逐渐从福利模式(welfare)向支持增长模式(pro-growth)转型。掌握资金的市场主体与主导更新规则的地方政府开始建立合作关系。开发商在土地开发利润的驱动下,在土地再开发过程中逐渐成为具有丰富经验的更新实施主体。如今,大部分旧改项目都涉及开发商参与投融资、与政府或原权利主体组建合作实施主体。在西方国家,私人投资是保证必要的金融资源的关键,土地再开发在很大程度上依赖社区和私营部门的资金参与(Amirtahmasebi et al.,2016)。

在珠三角,"三旧"改造政策允许村集体经济组织或其全资子公司作为实施主体,实施旧村庄和集体旧厂房的自行改造,以协议出让方式取得国有融资地块进行开发,或由村集体经济组织与市场主体通过签订改造合作协议合作实施。大部分城市也逐渐打开了原土地权属人和物业权利人作为实施主体参与更新的通道。深圳、广州、上海等地均允许国有土地上旧厂房由权属人采取不改变用地性质的升级改造方式自行改造。近年来,社区更新和营造更多鼓励居民业主参与更新治理,实现社区共创共建共享。总之,城市更新规划的编制需高度关注更新实施主体(单一或合作)的归属和内在结构。

二、城市更新规划的特征和空间层次

(一) 城市更新规划的特征

根据全国科学技术名词审定委员会公布的《城乡规划学名词》(2021),城市更新规划指为实现城市发展的综合目标、针对城市建成地区制定和实施的改造、整治与重建规划。城市更新规划是存量规划的一种类型,具有广泛的经济和社会意义;实质是指存量建设用地的再开发规划,主要关注土地利用方式的转变。20世纪90年代以后,大规模的城市空间结构调整催生了旧城区、旧住区、城中村等个案式的更新规划实践。直到2009年广东省实施"三旧"改造,珠三角城市开始探索基于"三旧"改造的系统性城市更新。随着规划编制实践的深入,城市更新规划的编制范畴已远远超越了物质空间规划层面,成为保障空间资源高效、公平配置的公共政策,具有广泛的经济和社会意义(邹兵,2013;黄卫东,2017)。

城市更新是一项社会过程属性显著的公共管理行为,因此城市更新规划具有多目标、多主体、过程性和行动性的特征。这些特征要求更新规划兼顾技术理性、政策导向和实施效用。城市更新规划的目标不仅包括土地效益的提升,还包括基于产权关系之上的经济利益重构和开发利益公共还原,以及文化资源和历史特色的传承、生态环境和建成环境的维育等多维目标(王世福 等,2015)。城市更新规划肩负着保障权利主体权益和维护城市公共利益的双重考量,需关注社会公平、扶持城市弱势群体。城市更新规划多主体协商的对象包括原业主为代表的权利主体、政府职能部门为代表的行政管理主体、开发商为代表的市场资本主体、企业租户为代表的土地使用主体、社会组织和公众为代表的第三方主体。因此,城市更新规划是一个多元主体逐步达成社会共识的过程,体现了合作规划(collaborative planning)和参与式规划(participatory planning)的特征。

城市更新规划并非是制定地区发展或地块开发的一次性蓝图,而是为更新范围的多方行动者提供实施更新活动的过程性引导。城市更新规划一方面需融入政策工具,嵌入实施管理,为解决城市问题提供政策工具与管理抓手;另一方面,城市更新规划需服务于更新活动的前期策划、协商谈判、规划设计、建设运营等全流程,保障更新实施。此外,更新规划亦具有行动性特征,关注规划时效性;更新规划目标的制定和实施途径的选择,需建立面向实施操作的规划技术和制度体系(阳建强 等,2016)。

(二) 城市更新规划的空间层次

城市更新规划贯穿在国土空间规划体系的各个层次,对更新活动的实施提供指引。根据广州和深圳的更新规划实践,并对应国土空间规划的总体规划、详细规划、专项规划这"三类",我们将城市更新规划编制分为总体、片区、单元和项目四个层次。

总体层面的城市更新专项规划属于国土空间规划专项规划的一类,对各类更新规划编制与实施起到纲领性统筹作用。城市更新专项规划属于中长期城市更新规划,规划时效因城市而异,或与国土空间总体规划编制年限衔接,或与中华人民共和国国民经济与社会发展五年规划纲要(简称"五年规划")相衔接。此外,2020年自然资源部颁布《市级国土空间总体规划编制指南(试行)》,将城市更新纳入开展国土空间规划需要开展的重大专题研究内容,在国土空间总体规划中亦可配套编制城市更新专题或专章。

片区层面的更新规划目标在于统筹各类更新项目和更新单元的空间要素,体现了对市场化更新运作机制的调节,促进成片连片更新。单元层面的城市更新单元规划属于实施性的城市更新规划,对应国土空间详细规划阶段,落实各类上位规划的管控要求,通过多元利益主体协商吸纳社会公众的诉求。各地对城市更新规划体系建构思路不同,对城市更新详细规划的界定存在差异。在深圳,城市更新片区统筹规划和城市更新单元规划都对应于国土空间详细规划阶段。

项目层面的更新规划主要表现为城市更新项目实施方案。项目实施方案在规划审批后,通过建筑方案设计和多方利益固化实现,实施方案对更新规划的调整仍需回到城市更新单元规划。在广州,城市更新项目实施需依据国土空间详细规划、片区策划方案组织编制项目实施方案。深圳城市更新单元批复后,更新项目实施需签订项目实施监管协议,产业发展监管协议,制定搬迁补偿指导方案和公开选择市场主体方案等。

城市更新规划的实施离不开更新管理职能部门的计划管理,大部分城市通过更新年度计划传导落实。城市更新年度计划是更新管理部门对更新规划实施的计划管理,例如:深圳年度城市更新和土地整备计划涉及上级更新任务部署、更新用地规模、单元计划管理、用地供应任务、土地整备入库任务、土地征收资金拨付等内容;广州的城市更新年度计划涉及更新片区计划、更新项目实施计划和资金使用计划。

第三节 本书的框架与结构

本书基于近10年来中国城市更新先行城市——广州、深圳、上海三地的更新实践为主,提出了在国土空间规划体系背景下城市更新规划编制的技术逻辑、政策逻辑和实施逻辑。全书以城市更新规划的基础理论、国际经验、编制内容框架与方法为主体内容,分为三个板块。各板块和章节的内容概要如下:

板块一：城市更新规划基础理论和国际经验（第一章～第三章）

第一章分析了中国城市发展模式转型背景下，国土空间规划从增量型规划向存量型规划的模式转型；进而提出了存量时代城市更新的范畴、对象和实施主体；基于城市更新规划的特征分析，提出了总体、片区、单元、项目四个城市更新规划的空间层次，探讨了国土空间规划体系与各层次城市更新规划的关系。

第二章从城市更新基础理论和城市更新规划方法论两个角度，介绍城市更新与城市更新规划的理论基础。值得注意的是，更新规划理论与城市规划的理论具有一定的共性，政治经济学、管理学和社会学等不同学科在城市规划领域的渗透促进了城市更新规划理论的生成。

第三章系统引介英美德日和中国香港地区、台湾地区城市更新规划体系的特征，及各类型更新规划的特征。进一步分析国际上城市更新的常用政策工具，包括土地增值收益管理工具、规划和开发管理工具、财政和金融工具。引介国际经验的意义在于通过分析各地城市更新规划的特征，为中国城市更新规划编制技术理性和政策理性的融合提供启示。

板块二：城市更新的实践历程和运作机制（第四章、第五章）

第四章梳理中国改革开放以来城市更新的实施历程与阶段演进，宏观层面透过城市发展阶段演化和城市更新实践、摸清中国城市更新的变迁特征。微观层面，选取已进入全面城市更新阶段的广州、深圳和上海为例，分析三地城市更新的政策体系变迁、实施成效与城市更新规划框架体系。

第五章解析中国城市更新中利益主体间的角色关系，特别是发展型地方政府的角色和政府权力对城市更新实施的影响；进一步剖析城市更新中的多维度利益博弈现象、成因机制和破解策略。

板块三：城市更新规划的框架体系与编制方法（第六章～第十一章）

该板块基于广州、深圳和上海三地为主的更新规划编制实践提出了国土空间规划体系背景下城市更新规划编制的技术逻辑、政策逻辑和实施逻辑；进而从总体、片区、单元、项目四个层面构建了城市更新规划编制的一般性内容框架，提出相应的更新规划编制指引。

第六章从技术逻辑、政策逻辑和实施逻辑三个维度，提出城市更新规划编制的内在逻辑和一般性内容框架；进而提出城市更新规划编制的组织模式和技术方法，以及基于参与式、协商式规划理念的更新规划编制流程与平台。

第七章以广州、深圳和佛山顺德区为例，分析了总体层面城市更新规划的编制技术。一是国土空间总体规划中的城市更新专题；二是城市更新专项规划；三是不同类型的城市更新专题研究。进而比较了广州和深圳城市更新专项规划的不同价值取向和内容框架。

　　第八章总结和比较了广州、深圳和上海开展的三类片区更新规划的编制内容框架,进而总结了片区层面城市更新规划的一般性内容框架。三地经历了零星碎片化的更新实践后,都已形成城市更新片区统筹的共识,推动单个项目更新实施与城市整体发展相向而行。

　　第九章为单元层面的城市更新规划编制。深圳最早建立了城市更新单元制度,广州近年来在国土空间规划体系架构中也确立了城市更新单元详细规划的法定地位。本章选取深圳的旧工业和旧村庄城市更新单元规划编制案例,总结城市更新单元规划的一般性内容框架,同时分析了广州、深圳两地城市更新单元规划的强制性内容差异及内在成因。

　　第十章为项目层面的城市更新实施方案的编制,选取广州的旧城镇、城中村和老旧小区更新案例,分析了全面改造类和微改造类更新项目实施方案的编制内容框架。

　　第十一章总结了城市更新规划实施的组织实施模式和多部门协同参与方式,提出了城市更新公众参与途径的改进策略;进一步梳理了广州、深圳和上海的政策体系和管理体系,提出了适应城市更新实施特征的公众参与途径、财税和金融工具。

小结

　　随着中国土地资源管理约束机制的调整和城市空间发展模式的转变,城市发展走内涵式、集约型的存量发展路径。中国沿海人口持续流入的快速城镇化地区,普遍面临新增建设用地资源投放"紧约束",通过城市更新拓展发展空间、破解高密度大城市病的需求早已显现。国家层面对土地管理的"五量"要求开启了全面存量发展的新阶段,凸显了城镇化下半场土地资源、资产、资本属性相互转化的理念。2016年以后,中国在全国层面开展了城镇低效用地再开发,城市更新规划逐渐取代增量规划成为建设用地资源稀缺地区城乡规划编制的主流类型。随着城市更新行动纳入国家"十四五"规划,亟须从发达地区城市更新规划实践中提炼出规划编制的一般性方法,为更新行动提供规划保障。

思考题

　　1. 城市更新规划与传统增量型空间规划存在哪些差异性?
　　2. 城市更新规划与国土空间规划体系的关系如何?

参考文献

何子张,李小宁,2012. 行动规划的行动逻辑与规划逻辑:基于厦门实践的思考[J].规划师,28(8):63-67.
黄卫东,2017. 城市规划实践中的规则建构:以深圳为例[J].城市规划,41(4):49-54.
李郇,彭惠雯,黄耀福,2018. 参与式规划:美好环境与和谐社会共同缔造[J].城市规划学刊,241(1):

24-30.

刘守英,王志锋,张维凡,等,2020."以地谋发展"模式的衰竭:基于门槛回归模型的实证研究[J].管理世界
    (6):80-92,119.

全国科学技术名词审定委员会,2021.城乡规划学名词[M].北京:科学出版社.

芮光晔,2019.基于行动者的社区参与式规划"转译"模式探讨:以广州市泮塘五约微改造为例[J].城市规
    划,43(12):94-102.

谭永忠,姜舒寒,吴次芳,2016.对我国闲置土地若干问题的研究与思考[J].中国土地,361(2):4-15.

田莉,2007.论开发控制体系中的规划自由裁量权[J].城市规划,31(12):78-83.

王富海,2013.城市规划:从终极蓝图到动态规划——动态规划实践与理论[J].城市规划(1):70-75.

王世福,沈爽婷,2015.从"三旧改造"到城市更新:广州市成立城市更新局之思考[J].城市规划学刊,
    223(3):22-27.

阳建强,杜雁,2016.城市更新要同时体现市场规律和公共政策属性[J].城市规划,40(1):72-74.

赵燕菁,2019.论国土空间规划的基本架构[J].城市规划,43(12):17-26,36.

周麟,2020."十四五"时期高质量发展视角下的工业用地配置优化[J].中国软科学,358(10):161-169.

周宜笑,张嘉良,谭纵波,2020.我国规划体系的形成、冲突与展望:基于国土空间规划的视角[J].城市规
    划学刊,260(6):30-37.

邹兵,2013.增量规划、存量规划与政策规划[J].城市规划,37(2):35-37,55.

AMIRTAHMASEBI R,ORLOFF M,WAHBA S,et al.,2016. Singapore:urban redevelopment of the
    Singapore city waterfront[R]//Regenerating urban land:a practitioner's guide to leveraging private
    investment. The World Bank,345-384.

WU F L,2015. Planning for growth:urban and regional planning in China[M]. New York & London:
    Routledge,RTPI Library Series.

第二章 城市更新的基础理论与更新规划的方法论

本章从形成背景、代表人物、理论内涵、核心观点、理论应用等方面梳理与城市更新相关的基础理论与更新规划方法论。基础理论指在城市更新规划中起基础性作用并具有稳定性、根本性、普遍性特点的理论原理，是认知和解构城市规划目的、内容、对象、动因等的普适性"规则"。由于时代、学科背景的差异，基础理论大致可以分为政治经济学视角、制度与管理学视角及社会学视角等类型。方法论则是对一系列城市更新方法进行分析研究、系统总结并最终提出较为一般性、普适性的原则。本章探讨了与城市更新规划密切相关的倡导性规划理论、公众参与、合作规划理论、渐进主义规划、有机更新规划的方法论。

第一节 城市更新的基础理论

一、政治经济学视角

(一) 增长机器理论

增长机器理论(urban growth machine theory)是从政治经济学视角对美国城市更新理论进行研究的经典理论之一，它把土地价值作为城市更新主体利益分配的核心(郭友良 等，2017)。该理论产生于20世纪中期精英论与多元论两大社区权力结构理论之论辩；精英论认为社区精英掌握城市的决策权力，并主导着城市的重大事务；多元论提出了城市事务决策受多元利益集团影响的相反观点。然而两者都忽视了土地的作用。哈维·莫洛奇(Molotch，1976)通过对"二战"后美国旧城中心经历的中高收入人群的郊区化和经济衰退的土地利益关系变化进行分析，以土地利益为核心，将土地与城市发展的议题紧密联系在一起，创造性地提出了城市增长机器理论。增长机器理论认为：增长是城市整治的核心问题，增长的核心是土地价值的增长，城市有大量的土地利益相关者；为了实现城市经济增长的目标，必须依赖政府、商业机构等各种利益团体的合作，实践中形成了各种各样的伙伴关系，以争取城市发展的资源、条件及规划、监管、财政政策等；伴随着城市发展和土地价值的提升，土地利益相关者获得了相应的边际收益，实现了多主体共赢的目标；这种以政治、经济精英联盟为主体，以土地利益为核心，以城市发展为共识，引发城市增长的机制，被称为"增长机器"。

增长机器理论框架作为城市批判理论，在城市更新中被广泛应用于各个主体之间的权利关系和所获利益(朱琳，2018)。美国的城市更新增长机器由土地精英主导，为获得土地自有的价值,开发商通过游说政府的方式获得更新权利(Gotham,2000),其中,政府的目标是保持经济增长与稳定税基(Gotham,2001)。增长机器理论这一框架同样适用于解决中国土地的发展问题(Zhang,2014),在经济发展分权背景下,地方政府为了获取更多的城市经济发展资金,长期以来以土地收益为驱动形成的土地财政带动城市增长的模式即为一种增长机器模式(郭友良 等,2017)。

(二) 城市政体理论

在分析发达国家政策演变的基础上,斯通(Clarence N. Stone)、罗根(John R. Logan)和莫罗奇(Harvey L. Molotch)于 20 世纪 80 年代末创建了城市政体理论(urban regime theory)。该理论认为社会由三方力量构成:具有行政力的政府、具有经济力的企业和具有社会影响力的社会。除了正式的政府决策体系,在地方层面还存在着由企业和社会公众力量组成的“政体”,而政策则是构成政体的各方力量博弈的结果。城市政体理论指出:市场社会里每个地方性的政体都受到等级结构及资本变化的影响;可供选用的政策总是受限于社会结构,而社会结构则是经济力量的指示器。城市政体理论的优势在于把社会力量加以分类,且克服了多元理论带来的不确定性,它强调城市领导精英们进入权力中心的特定途径,这些途径根植于社会结构及各种利益集团中。但城市政体理论对城市政府的分析存在不足,它可以在地方层面(如美国纽约、芝加哥等)解释不同的决策过程及政策要素,但未能在国家层面及国际层面解释各种力量的影响,也不能解释在不同时间、地点的公共政策如何干预城市发展。

城市政体理论是近 20 年来最具影响力的城市规划理论之一,在旧城社区更新项目中应用较广泛(洪亮平 等,2016)。城市政体理论主要用于分析围绕地方政府的各种力量联合,关注经济活动私有性和政府治理公共性之间的矛盾。由于可供地方政府支配的资源有限,地方政府必须和控制资源的私人部门结盟,成为治理城市中的“政体”。不同的政体决定了城市更新规划制定和实施的方式与取向(王兰 等,2007)。基于城市政体理论,张庭伟(2001)认为地方政府、市场和社会之间不同结盟所形成的发展战略模式对城市更新规划有着重要的影响。中国的社会力尚不成熟,因此,在与公共利益密切相关的城市更新之中,政府首要任务是重视规划的管理和调控职能,有效调动公众的积极性,培育和发展社会力,实现政府力、市场力和社会力“三足鼎立”的完整框架,通过政策导向和规划方法建立社会参与和监督规划决策的机制(洪亮平 等,2016)。

(三) 租差理论

“租差”(rent gap)是实际地租(现状土地利用下的资本化地租总量)和潜在地租(“最高且最佳”土地利用下的资本化地租总量)的差值。新马克思主义认为,城市的衰退与更新并非“自然而然”发生,而是资本过度积累引发的“创造性破坏”过程(Harvey,1985,1974),资本通过反复的投资和撤资引发城市的衰退和更新。通过对欧美内城地区“衰退—再开发”的中产阶层化过程的观察,以史密斯(Smith,1979)为代表的生产主导论学者提出:城市更新是由资本的回归而非由人导致的,而其中的关键要素就是“租差”的实现和分配。这与当时主流的“中产阶级消费文化倾向导致城市更新”的观点形成了强烈对比。租差模型的运行机制如图 2-1 所示：当任一地块刚开发时，或者上一轮更新刚完成时，业主往往致力于经济价值最大化，从而使得租差为 0，即实际地租与潜在地租相当。之后，租差会逐渐提升：一方面，随着地块周边城市环境的改善与基础设施的提升，潜在地租不断提高；另一方面，由于该地块资本短期内无法转变用途，且地块的建筑及设施等较为陈旧，导致实际地租下降（或增长过慢），从而使得租差逐渐增大。当租差超过一定阈值后，资本便有了足够的利润空间，通过整治修缮或者全面改造该

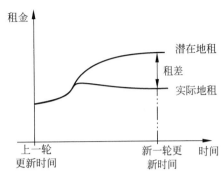

图 2-1　租差模型的运作机制

地块能获得更多的利润，此时，地块空间便具备了更新的可能（郭旭 等，2020）。

在国内，租差理论多应用于解释空间不均衡发展、居住空间演变等现象，以及从租差分配合理性角度评判城市更新的成效。租差作为衡量更新前后地租总量变化的工具，提供了城市更新的分析框架。通过创造差异化的"租差"和门槛值，推迟或提前不同利益主体的更新时机，从而决定利益分配方式（丁寿颐，2019）。租差理论除了应用于绅士化过程外，还可以分析诸如内城衰败、区域经济发展及居民迁移模式等其他城市与区域开发问题（洪世键等，2016a，2016b）。

二、制度与管理学视角

(一) 产权理论

产权理论的创始人是诺贝尔经济学奖获得者科斯（Ronald H. Coase）。其核心观点认为：一切经济交往活动的前提是制度安排，这种制度实质上是一种人们之间行使一定行为的权力。产权理论与城市更新和空间治理相结合，主要体现在土地产权的界定与重构方面。经济学中的产权通常是权利束，即产权所有人支配自身劳动、物品与劳务的权利，这种支配权是法律规则、组织形式、实施机制及行为规范的函数。从产权与财产权的关系而言，产权首先是一种财产所有权，而财产所有权中的分要素可以转移给他人。土地产权制度确定土地产权结构，土地产权主要是土地所有权，土地所有权的分要素如使用权、租赁权、收益权、转让权、处分权等通过转移而实现土地产权重构。清晰的土地产权，将会保障土地产权所有人的权益不会流落至"公域"（public domain）。利用产权改革推动城市更新的案例比比皆是，国内应用的典型代表是珠三角的"三旧"改造项目。在以往的城市更新过程中，原业主并不具有完整意义上的土地再开发权和收益权，再开发权被地方政府垄断。在珠三角的"三旧"改造过程中，政府通过改变土地产权结构进而重构了土地一级、二级市场，通过赋予原业主土地再开发的权利及部分土地收益权，原业主可以从更新过程中获得"租差"，从而推动了自下而上的城市更新实施（郭旭 等，2020）。

(二) 利益相关者理论与博弈论

利益相关者理论在 20 世纪 60 年代前后于西方国家逐步发展起来，到 20 世纪 80 年代

影响迅速扩大,并开始影响美国、英国等国家的公司治理模式的选择,促进了企业管理方式的转变。1984 年,弗里曼(Robert E. Freeman)在《战略管理:利益相关者管理的分析方法》中提出最具代表性的利益相关者管理理论概念,主要指企业的经营管理者为综合平衡各个利益相关者的利益要求而进行的管理活动,认为任何一个公司的发展都离不开各利益相关者的投入或参与,如政府、原居民、开发商、业主、金融机构、研究机构、供应商、社会群众等。利益相关者理论对解决利益冲突和管理等问题具有重要意义,但也存在由于公共利益色彩而导致的企业利润损失的风险,利益相关者边界过于宽泛,实践难度较大等不足(黄沛霖,2018)。在城市更新中,利益相关者主要包括政府、开发商、原居民(业主)及其组织,以及次要利益相关者,根据不同利益相关者对城市更新的热情,满足利益要求的紧迫性,可分为主要利益相关主体和次要利益相关主体;城市更新能否顺利进行取决于各利益相关者博弈的平衡(李剑锋,2019;王一鸣,2019)。

博弈论(game theory)是经济学、现代数学和运筹学的重要理论,中国古代的《孙子兵法》中的田忌赛马即为最早的博弈,博弈论开创性的学者有策梅洛(Ernst F. Zermelo)、波莱尔(Felix E. Borel)及冯·诺依曼(John von Neumann)等。博弈实则为一种过程,即某一群体(可以是个人、团体或组织)在既定的环境条件下,事先制定行动的规则,行动方事先按照约定规则在各种备选行为或可以采取的策略中确定最有利于自己的方案并实施,从而得到相应的结果(廖涛,2017)。博弈论主要研究决策主体的行为发生直接相互作用时的决策问题及这种决策的均衡问题,并试图将研究内容数学化、理论化,从而更确切地理解其中的逻辑关系,为清晰地描述与解决现实问题提供理论方法(廖玉娟,2013;李剑锋,2019)。博弈论研究假设在博弈过程中完全理性决策的主体能最大化自己的利益,参与主体(局中人)、博弈规则(行为、时间和信息)、博弈结局(结果)、博弈效用(收益、均衡),是一个标准博弈模型所要具备的基本要素,博弈主体围绕核心规则进行博弈,得到一定的结局,结局反映出不同主体之间的利益和均衡状态(图 2-2)。可根据约束力的协议存在与否,分为合作博弈与非合作博弈;根据参与人了解程度,可分为完全信息博弈和不完全信息博弈;根据博弈的时长,可分为有限博弈和无限博弈等。

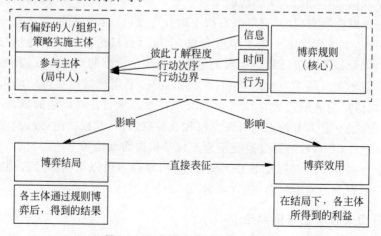

图 2-2   标准博弈模型的基本要素

通常情况下,利益相关者理论与博弈论同步使用。利益相关者理论可为博弈论识别参与主体提供理论支撑,而博弈论则为利益相关者在城市更新过程中争取各自利益提供平台。二者同步使用能够应用于研究城市更新过程中政府、居民、开发商等众多利益主体的行为选择问题,解释各利益主体的决策行为(廖玉娟,2013;黄沛霖,2018;李剑锋,2019)。例如钱艳等(2019)将利益相关者理论与博弈论应用于工业遗址保护与更新的可持续性评价框架的构建:将利益相关者分为政府部门、非政府的影响群、开发建设运营商、非政府专业人员及咨询机构、最终使用者共 5 个群组,每个群组若干二级利益相关者;利用博弈论建立将工业遗址改造为"文创园"过程中的利益相关者关键程度矩阵,以此为基础对文创园的改造进行了社会、经济、环境效益的可持续性评价。黄沛霖(2018)将利益相关者理论与博弈论应用于规划方案的选择中:他将城市更新过程中的利益相关者划分为核心型、蛰伏型和次要型;利用博弈论构建出决策权重,据此对城市更新规划方案的满意程度进行评价,并以此为依据选择规划方案。此外,李彦伯等(2014)、廖涛等(2017)将该理论应用于历史文化街区更新与保护过程中的影响机制研究中。李剑锋(2019)利用利益相关者理论界定了城市更新核心利益相关者为政府、居民和开发商的角色;运用博弈理论,构建三者两两静态博弈模型,分析得出城市更新过程中的博弈重点在拆迁补偿工作,据此构建了多种基于利益相关者的城市更新模式。

(三) 城市治理理论

城市治理理论在分析制度多样性和制度经济的嵌入性时,与城市政体理论相比更为包容和开放。城市治理理论探讨的是如何促进跨区域治理或推动协商治理机制,主要集中于中央、地方政府与非政府组织(non-government organizations,NGO)等公私行动者的互动模式。它注重的是过程,即地方政府协同私人组织力求实现集体目标的过程,因而城市治理的焦点是各个利益集团之间的权利与责任的调整,核心是权力再分配和向非公共机构让渡。不同学者从不同实践基础、学科背景和研究视角出发,提出了若干不同的城市治理理论范式,如大都市政府理论(或传统区域主义理论)、新区域主义理论、公共选择理论、地域重划与再区域化理论等理论范式(曹海军 等,2013;沈体雁,2020)。1999 年,著名政治学家皮埃尔(Pierre)通过将制度理论与城市政体理论联系起来,提出可以把"城市治理"划分为管理型城市治理、社团型城市治理、支持增长型城市治理与福利型城市治理四种模式,并归纳出决定每一模式的制度因素。近年来,随着城市治理理论与方法研究的不断深入,学者们还提出了超多元治理模式、规制型政府模式、公私合作治理模式、多中心治理模式等城市治理理论和实践模式(Pierre,1999;Lin et al.,2015;陈易,2016)。总体而言,城市治理研究尚处于发展阶段,各种理论模型和实践模式层出不穷,具有普遍解释性的城市治理的一般理论与方法仍在形成之中。

传统的单中心治理认为"政府—市场"即为公共管理的治理核心(林日雄,2013)。"二战"后,以奥斯特罗姆(Ostrom)夫妇为代表的一批制度分析学派研究者,基于城市治理理论,在亚当·斯密经济理论中"看不见的手"之外还发现了公共事物治理领域:市场运行秩序和政府主导秩序之外社会运转的多中心秩序,并以此为基础,构建了多中心治理理论。

其核心观点认为社会公共事务的治理过程中,并非只有政府一个决策主体,而是存在着包括政府、非政府组织、私人机构及公民个人在内的许多在形式上相互独立的决策中心,他们在一定规则的约束下,通过共同参与、互相合作、民主协商、平等竞争等方式形成了一个由多个权力中心组成的多元化互动治理网络(奥斯特罗姆 等,2000)。在城市更新实践中,程佳旭(2013)、易志勇等(2018)、万成伟等(2020)采用多中心治理理论对城市更新治理模式进行了相关研究。其中,易志勇等(2018)以深圳市为例,构建了多中心治理理论下的城市更新治理模式(图 2-3),具有典型性和代表性。该模式的主要特征如下:①该模式要求实现治理主体的多元化,充分发挥政府、营利组织、非营利组织、社区居民等多元主体的协作参与和角色作用;②要求多元主体之间平等协作,建立法律法规和合法程序,充分保障各方主体的合理建议和利益诉求;③构建完善的城市治理网络体系,将社会网络通过制度和理念形成真正意义上的治理网络,保证网络中每个中心体与其他中心体之间的交流渠道畅通。

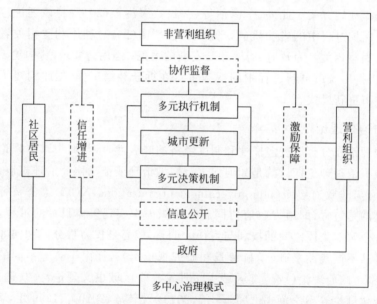

图 2-3   多中心治理理论下的城市更新治理模式

来源:易志勇 等,2018

三、社会学视角

(一) 空间生产理论

空间生产理论是由法国社会学家亨利·列斐伏尔(Henri Lefebvre)于 1974 年在《空间的生产》一书中首次提出,是在批判传统的将空间视为容器和无价值判断的空间观的基础上形成的,是新马克思主义者关于城市空间研究最重要的理论进展(叶超,2011;孙全胜,2015)。其核心观点是(社会)空间是社会的产物。列斐伏尔将空间划分为感知的空间(the perceived space)、构想的空间(the conceived space)、生活的空间(the lived space):(1)感知的空间,是具有物理形态的社会空间,如城市的道路、网络、工作场所等。这个空间是空间学科的基础研究对象,可借助仪器和工具进行精确测量、描绘和设计。(2)构想的空间,是概念化的空间,体现了生产关系的要求,是现实的生产关系构建自己空间秩序的过程。这种空间秩序生产出相应的空间语言符号系统,后者通过控制空间的知识体系成为一种隐性的空间权力,干预并控制着现实的空间构建。其本质是一个被城市规划师和专家所创造出来以维护现有秩序的抽象空间。(3)生活的空间,是艺术家、作家和哲学家视野中想象和虚构的空间、各种象征性的空间,是一个被动体验或屈服的空间,是被想象力改变和占有的空间。生活的空间是一个被统治的空间,同时也是为了斗争、自由与解放而选择的空间(郭文,2014;王佃利 等,2019)。

空间生产理论为解释空间现象和演变机制提供了有效工具,其逻辑是基于社会生产关系之上的再生产,是资本、权力和利益等要素在博弈过程中对空间的重新塑造,即城市更新,并以其作为底版、介质或产物,形成空间的社会化结构和社会的空间性关系过程。其中,"资本"通过在空间中的循环,主要完成了"社会经济空间的生产",这是空间生产加速推进的根本原因所在。"权力"在资本循环过程中的介入,为"政治制度"和"游戏规则"的出台起到了推动和调节作用,完成了空间生产过程中"制度规则空间的生产"。"资本与权力的结合"在生产上述空间的同时,为了释放"过度积累危机",优化并提升劳动力效能,通过运用"长期(或短期)投资式"的时间转移,完成(或部分完成)了"社会公共空间的生产"(图2-4)(郭文,2014)。

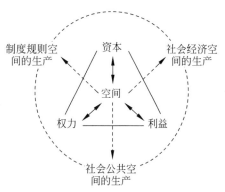

图 2-4　资本循环与多维空间生产
来源:郭文,2014

在实践中,学者可借助空间生产理论分析城市更新中的相关要素及利益群体的关系,例如茹晓琳等(2020)基于空间生产三元组,分析了广州恩宁路的城市更新实践,通过引入经济、文化、政治三个维度对其三元组进行细化,发现政府、企业、公众、媒体、专家学者五大关键主体及其协作联动是形成这些要素差异化的根本原因。麦咏欣等(2021)借助空间生产理论的基本要素,分析了珠海北山城中村更新为"文创+"历史街区保护与更新过程中的多元空间主体,并利用定性系统动力学方法,分析了他们之间的互馈关系,认为:政府是更新的开端,文化企业家是创意空间的生产者,多元化旅游主体与媒体是更新的信息生产者,多元化利益主体在各阶段的协商博弈是城市更新趋于稳定的重要路径。孙世界等(2021)从空间生产视角,分析了"利益—资本—权利"在旧城空间再生过程中的内在机理,在此基础上总结出南京大行宫地区文化空间更新过程可分为选址、开发和运营三个阶段,分别对应着政策性分配、资本性分配及消费性分配三个更新生产过程;并认为在城市更新空间生产过程中,政府是主导,公共利益是目标,专业群体作用巨大。空间生产理论在解释城市更新过程中并非单独出现,大多情况下需要与其他理论相结合,如赵康琪等(2021)结合供需理论分析了广州城市再开发供需模型,将城市更新归纳为供需平衡初次形成、潜在供给反复徘徊、潜在供给持续增加和供需双向效用叠加等阶段；姜凯凯等(2021)结合租差理论将成都太古里消费空间生产过程划分为自然衰败、政府开发、政府和资本合作、外部性释放等阶段。

(二) 结构化理论

现代西方社会在政治、经济和文化层面发生了巨大变化后,迫切要求社会理论家对现代社会(特别是当代资本主义社会)做出具有深度的分析和批判。同时,自20世纪60年代以来,西方社会理论陷入了方法论的二元纷争之中,即将宏观与微观、个人与社会、行动与结构、主观与客观视为彼此独立存在的两极:要么强调"社会结构的物化观",将社会结构视为独立于个人行动的像"物"一样外在于个人实践的东西;要么强调微观的个人行动、人与人之间的面对面互动和个人的意义建构,将宏观现象还原为微观现象来解释。在此背景下,英国社会学家安东尼·吉登斯(Anthony Giddens)在批判二元论的基础上,将整体与个体、宏观与微观、主观与客观的"二元对立"局面相统一,提出以社会实践为核心的"结构化"理论,并于1984年在《社会的结构》一书中形成系统的著述。该理论认为,宏观与微观、个人与社会、行动与结构、主观与客观双方都是相互包含的,并不构成各自分立的客观现实,社会结构并非外在于个人行动,而是由规则和资源构成:"规则"指行动主体在实践能动性中所依赖的各种制度、规范或文化性符号;"资源"包括配置性资源和权威性资源,配置性资源指各种物质实体,权威性资源为行动主体所拥有的权威和社会资本等。结构具有二重性:社会结构不仅对人的行动具有制约作用,而且是行动得以进行的前提和中介,它使行动成为可能;行动者的行动既维持着结构,又改变着结构(余颖,2002;高宁,2019;王远,2020)。

法因斯坦(Fainstein)夫妇认为:研究地方层面的城市更新政策时,城市政体理论对关键因素的分析更加深入;但是在讨论全球层面及未来倾向时,结构化理论更加有用。他们建议把两者结合起来,可以达到兼顾特殊性(地方城市层面)和普遍性(全球趋势层面)的平衡(Fainstein,2016),这一建议对分析城市更新动力机制具有较强的指导作用。结构化理论在城市更新过程中强调:源于资本主义及国家社会主义的普遍的经济力量,由于资本主义市场的全球竞争,导致了对经济不断增长的需求,由此产生的冲突引发了不少城市问题;而国家层面及全球范围社会阶级力量的平衡,会影响地方层面城市问题的范围及规模。结构化理论把地方层面的城市更新政策的目的及特点放在国际政治经济学中去解释,从而弥补了城市政体理论的不足(张庭伟,2020)。

(三) 法团主义理论

法团主义(corporatism)又被译为统合主义、组合主义、合作主义等,起源于近代欧洲斯堪的纳维亚地区的权威主义政体,并成功运用于以日本、韩国、中国台湾、新加坡为代表的东亚新兴经济体的分析。法团主义作为一个利益代表系统,由一些组织化的功能单位构成,它们被组合进一个有明确责任(义务)的、数量限定的、非竞争性的、有层级秩序的、功能分化的结构安排之中。法团主义的核心观点是:经济、社会、政治行为之间,不能仅仅根据主体的选择和偏好来理解,或仅仅根据公共机构的指令来理解,而是在三者之间存在大量的中介性组织和媒介,政府、市场和社会需要依赖这些中介性组织和媒介搭建沟通、合作甚至解决冲突的桥梁,从而达成一种共赢(冯灿芳 等,2018)。法团主义一方面强调了国家或政府通过中介团体发挥对社会与市场的渗透、协调和引导能力,提高政府自身的正统性、合法性及行政效率;另一方面,又保持了社会与市场选择的自由性,肯定了市场、社会的合法性与独立性。

法团主义可以被视为一种对国家和社会团体间常规互动体系的概括,存在三种概念模型(表 2-1)。在城市更新过程中,可借鉴这三种模式,遵循其相关原则指导更新试点实践。

表 2-1 法团主义的三种概念模型

概念模型	国家-团体之间关系	团体间关系	合作关系基础
同意型	国家允许中介组织存在,且国家对经济和社会事务拥有行动权力	合作团体间价值和目标一致程度较高,国家控制影响较小	促进认同
权威型	国家允许中介组织存在,中介组织接受国家的干预,否则国家将限制社会行动者的经济自由	合作团体间价值和目标存在差异,国家控制影响较大	尽可能保证国家控制权
松散的合约型	国家通过保证合约实施,或同生产者集团的谈判取得支配权,功能团体建立合作约定	原则上同意支持现有秩序,但团体的特别需求和冲突威胁着现有秩序的维持	自主决定规则

来源:张静,1998

法团主义理论主要应用于剖析政府、非政府、公众等团体在城市更新实践过程中的关系。如李广斌等(2013)基于法团主义,从"国家法团主义"→"地方法团主义"→"社会法团主义"的治理形态,分析了政府、市场和社会力量此消彼长的治理结构对城市群空间资源配置过程中的影响机制。郭圣莉(2006)利用法团主义分析了国家、社会及当代城市社区发展之间的关系,认为建立居民参与自治团体与国家和社会间的良性互动是社区更新与建设的主要内容。冯灿芳等(2018)借助法团主义分析了苏州高新区城市空间开发治理模式,认为面对市场和社会日益多元的利益诉求,政府通过实施"嵌入性"治理手段,可以卓有成效地吸纳新型的市场和社会力量参与城市治理,提升自身对市场与社会需求的响应能力,维护地方政府对城市空间发展干预的权威性与韧性。法团主义理论将城市更新过程中的利益群体进行打包,有利于研究者从宏观层面剖析城市更新利益相关团体的互馈机制。

第二节 城市更新规划的方法论

一、倡导性规划理论

1965 年,保罗·戴维道夫(Davidof,1965)开创了倡导性规划(advocacy planning)理论,他对传统的理性规划提出了质疑,认为任何人都无法代表整个社会的需求,城市规划师不应该试图制定能代表公共利益的单一规划,而应服务于各种不同的利益团体,尤其是社会上的弱势群体(包括低收入家庭、少数族裔等),通过交流、辩论和谈判来解决城市规划问题,这样的规划师被称为"倡导规划师"(advocate planners)。

在美国民权运动蓬勃兴旺的背景下,戴维道夫认为理性主义的规划师不能保证自己的价值观中立,应该剥除其公众代言人和技术权威的形象,把科学和技术作为工具,把规划作为一种社会服务提供给大众。在实践中,倡导规划师使用其在规划领域的经验和知识来代表其客户(通常是社会经济地位较低的弱势群体)的想法和需求,与客户一起制定规划方案,以纳入并维护其社会和经济需求。倡导性规划能从三个方面改进规划实践:首先提高公众对规划方案的了解和支持程度;其次,促使公共机构改进工作,与其他规划团体竞争以获得政府的支持;再次,倡导性规划促使规划批评者拿出更优秀的规划成果,而不仅是指责他人的成果,从而营造一个鼓励对参与规划建设持积极态度的环境(Davidoff,1965)。

倡导性规划号召规划师中激进的左派们进行职业实践,实现"自下而上"的规划和多元化的规划理念,它第一次对规划师长期以来的价值观进行挑战,否定了城市规划师救苦救难的"圣者"形象,指出规划中所蕴含的价值不能仅靠技术手段来衡量(于泓,2000)。它增加了社会对弱势阶层社区的关注,使得更多公共、私人资源流向这些社区,体现了社会公正。但倡导性规划在实施中也出现不少问题。首先,很多规划师自身的背景与所服务和代表的社区居民不同,他们潜在的价值观差异导致了对问题的理解存在差异和分歧。其次,为了影响地方政府决策,倡导规划师们动员居民参与地方政治,规划面临着成为地方政治工具的危险,规划工作的过度政治化偏离了规划师的职业范围(张庭伟,2006)。倡导性规划理论是美国规划理论的一次重大制度创新:在一个以市场为主导和提高效率为目标的社会中,倡导性规划以社会公平为诉求,第一次直接提出为弱势群体利益服务的规划理念并付诸实践,其基本做法"依靠公众代言人来参与决策,解决利益争论"也被应用到环保团体、工会组织等群众运动中(张庭伟,2006)。

二、公众参与阶梯理论

公众参与城市规划的概念创始于英国。公众参与是一种有计划的行动,它通过政府部门和开发行动负责单位与公众之间的双向交流,使公民们能参加决策过程,防止并化解公民和政府机构与开发单位之间、公民与公民之间的冲突。公众参与阶梯理论是公众参与这一规划方法的理论基础(倪炜,2017)。1969年,谢里·阿恩斯坦(Sherry Arnstein)提出"公众参与阶梯理论",将公众参与分为八个参与程度阶梯,并对应三种权力范围(图2-5)(Arnstein,1969)。该模型对公众参与的方法和技术产生了巨大的影响,为公众参与成为可操作的技术奠定了定理性的基础。

梯子底部包括:①操纵。②治疗。这两个阶段描述了一些人设计的用来代替真正参与的"无参与"的状态。他们的真正目标不是让人们能够参与计划或实施项目,而是让权力者能够"教育"或"治愈"参与者。③告知。④咨询。第③和第④条进入"象征主义"水平,允许有知情权和发言权;但他们没有权力确保他们的观点得到权力者的关注。当行径至第⑤展示阶段时,是一种更高层次的象征主义,保留了权力持有人继续决定的权利。

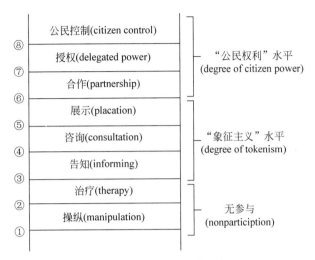

图 2-5　公众参与阶梯理论

来源：Arnstein，1969

到"公民权利"水平，公众决策的影响力越来越大。公民可以成为⑥合作者，使他们能够与传统的权力所有者进行谈判和进行权衡。在最顶端，⑦为授权，⑧为公民控制，公民获得多数决策席位，或完全的管理权力。八级梯是一种简化模型，但它详细划分了公众参与的程度。

阿恩斯坦对公众参与的探讨仅根据政府与公众互动过程中的作用大小进行了划分，对参与本身的性质未予以全面的解释。欧洲一项公众参与的跨国研究"Four Cities Projects"对公众参与性质的划分更为直接，按照参与程度从低到高分为：没有参与（non participation）、被动参与（passive participation）、虚假性参与（hollow participation）、工具性参与（instrumental participation）、咨询性参与（consultative participation）、互动性参与（interactive participation）和自我维持性参与（self-sustaining participation）（孙施文，2009）。

三、合作规划理论

20 世纪 90 年代，英国传统的空间蓝图式规划逐步被"政策规划"取代，使得发展计划的执行过程变成了多元利益主体互动与斗争的平台，造成了资源分配不均的现象。在这一背景下，基于"交往规划"（communicative planning）、"结构-化理论"和"城市政体理论"，英国的佩西·海利（Pastsy Healey）提出了规划理论界普遍认同的合作规划（collaborative planning）理论，也被称为协作规划理论。该理论认为，规划师在城市发展中应处于"中立"地位，与多元利益主体一同工作，强调规划过程及居民直接且平等地参与到整个规划过程的重要性，在理性交流的基础上达成规划协议和共识。其核心内容主要有：①规划是一个交互过程；②规划是被社会、经济、环境因素和动态制度环境影响的治理行为；③规划政策通过创新以维护场所的质量；④规划的过程和结果都需要公正。英尼斯（Judith E. Innes）在复杂科学和交流理性的基础上，建立了评价合作规划过程和结果的指标体系(表 2-2)。

表 2-2　评价合作规划过程和结果的指标体系

规划过程评价指标	规划结果评价指标
◆是否包括相关利益团体代表;	◆是否形成了高质量的共识;
◆是否有明确和实际的目标及任务,并且受参与者认同;	◆与其他规划方法相比是否具有更好的成本和效益;
◆允许参与者决定是否为自主组织,自发形成工作团队和组织讨论;	◆是否产生了创造性的建议;
◆是否保持了参与者较高的参与度;	◆是否存在相互学习,给团队带来了变化;
◆参与者是否通过深入非正式的交流互动学习经验及知识;	◆是否创造了社会资本和政治资本;
◆是否反思现状,促进创造性思考	◆是否创造了利益相关者能够接受和理解的信息;
◆是否整合了各种形式的高质量信息,确保形成的共识有意义;	◆是否形成了态度、行为、合作关系,以及新的机制的梯度变化;
◆充分讨论各种焦点之后,是否寻求参与者的共识,是否考虑和回应了各种焦点	◆机制和时间的结果是否具有灵活性,使社区能够创造性地应对挑战

来源:洪亮平 等,2016

在实际规划中,受政治、社会和资本的影响,平等的参与者权利及规划师的"中立"无法真正实现,使得合作规划难以实现,这种矛盾均存在于中西方的城市规划中。但合作规划理论强调规划过程的开放参与性和公平公正,规划师通过对未来图解式的意象,以及与其利益主体共同合作,全面剖析旧城社区更新项目的经济与社会属性,在多元化的利益群体中达成各种共识,这对于依赖政府投资的城市更新规划,将会是有益的补充(洪亮平 等,2016)。

四、渐进主义规划理论

20 世纪 50 年代末,学界对传统理性主义规划问题的批判越来越多,美国政治学家林德布洛姆(Charles E. Lindblom)从政治决策和政策分析的视角提出了渐进主义(incrementalism)决策理论。他认为理想主义模型在现实中无法推行,决策者处理问题往往采用连续有限比较(successive limited comparison)的方法,他们的能力来源于经验及对以往政策实施结果的判断。规划工作具有阶段性、渐进性、机会性和实用性的特征,在具有高度复杂性和不确定性的现实公共政策的决策过程中,传统蓝图式的理性综合规划是无能为力的,规划制定更符合公共政策决策的渐进主义特征(Lindblom,1959)。

林德布洛姆认为公共政策(包括规划)的要旨不在于确定宏伟的目标,并且对这一目标作周详完备的理性分析,而只需要根据过去的经验对现行的政策做出局部的边际性的修改,从边缘的改进最终趋向一种整体的和谐。他进而提出了渐进主义决策模式,即把政策制定看作是对过去的政策加以修正、补充的渐进过程。他假定政策制定是一个序列,通过一条政治和分析步骤的长链,一条没有开端和终结、没有准确的边界的长链来展开(孙施文,2007;于泓 等,2000)。林德布洛姆在《决策的策略》一书中将渐进主义模式进一步界定

为"分离渐进主义"(disjointed incrementalism)(图 2-6),其
只考虑有限的政策方案和有限的行动后果,作连续不断的
补救性的分析评估及社会片断分析(孙施文,2007)。

　　林德布洛姆的渐进主义后来发展成为渐进式规划
(Incremental Planning)。渐进式规划为了应对规划的不确
定性,从规划手法和规划结果(means and ends)上做出响
应,使政策科学为城市规划的转型提供了源泉,丰富了规划
的理论和方法论。在相当程度上,渐进式规划表现出现实
主义或实用主义对理想主义的修正(张庭伟,2006;李东
泉,2013)。渐进式规划方法强调的内容埃齐阿泰奥尼
(Amitai Etzioni)在讨论混合审视规划方法时进行了总结,
包括以下六点(于泓,2000)。

图 2-6　分离渐进主义规划模式
来源:郭彦弘,1992

　　(1)决策者集中考虑那些对现有政策改进的政策,而不是尝试综合的调查和对所有可
能方案的全面评估;

　　(2)只考虑数量相对较少的方案;

　　(3)对于每一个政策方案,只对数量非常有限的重要的可能结果进行评估;

　　(4)决策者对所面对的问题进行持续不断的再定义;渐进式规划方法允许进行无数次
的"目标—手段"和"手段—目标"的调整,以使问题更加容易管理;

　　(5)不存在一个决策或正确的结果,而是由一系列没有终极的、通过社会分析和评估对
面临的问题进行不断的处置;

　　(6)渐进地决策是一种更适合于缓和现状的、具体社会问题的改善,而不是对未来社会
目的的促进。

　　渐进主义思想对城市规划产生了深远的影响,简·雅各布斯(Jane Jacobs)继承了渐进
主义传统,她认为基于理性设计的激进式社会改良方案忽视了遵循自然秩序的城市的内在
复杂性和多样性,城市问题属于有序复杂性问题。《美国大城市的死与生》一书中的全部观
点均源自她对纽约的真实观察和生活体验,而非来自经典城市规划理论。城市规划需顺应
市场规律和人类社会的自发性秩序,并以审慎的态度渐进地推进社会改良(于洋,2006)。
渐进主义改变了人们对规划的认识,让规划师们认识到在决策过程中达成共识的重要性,
从重视结果到更重视过程(于泓,2000;李东泉,2013;孟延春,2018)。

五、有机更新规划理论

　　有机更新规划理论是吴良镛先生于 1983 年在中西方理论及规划发展历程的认识基础
上,结合北京旧城社区更新建设的实际情况提出的,并在 1987 年对菊儿胡同住宅的改造中
得到了实践应用。有机更新即采用适当规模、尺度,依据改造的内容与要求,妥善处理目前
与将来的关系,不断提高规划设计质量,使每一片的发展都达到相对的完整性(吴良镛,
1994)。有机更新的含义主要有三点。第一,城市整体的有机性。城市各组成部分应像生

物体组织一样,彼此关联、和谐共处,形成整体秩序与活力。第二,细胞核组织更新的有机性。与生物体新陈代谢一样,城市细胞(如社区)和城市组织(如街区)也处于不断更新中,新的细胞仍应当与原有城市肌理相协调。第三,更新过程的有机性。城市更新过程应当像生物体新陈代谢一样,遵从内在秩序和规律,产生逐渐的、连续的、自然的变化(方可,2000)。

有机更新规划理论主张"按照其内在的发展规律,顺应城市之肌理,在可持续发展的基础上探求城市的更新与发展",是一种观念、思想,一种方法、手段,更是城市健康发展的一个过程,注重城市形态外在的物质秩序(张晓婧,2007)。其主要包含以下三方面的内容:第一,强调城市与自然界的有机结合,设想提出一种兼有城市和乡村优点的新型城市结构;第二,试图在城市物质秩序(主要指建筑和城市空间布局)的安排上,建立一种健康的、有自律能力的有机秩序,用以改造旧城市建设新城市;第三,把城市的有机生长作为城市规划的一种思想和指导原则(刘源,2004)。

小结

政治经济学视角的理论为城市更新动力机制的解析提供了理论依据,制度与管理学视角的理论为城市更新提供了政策工具参考,社会学视角的理论则为城市更新提供了关注利益群体的思路,规划方法论为"如何做"更新规划与实践提供了方法。无论是规划基础理论还是规划方法论,都需偏向于解决各利益主体之间的关系。伴随着城市"增量"发展转型至"存量"挖潜阶段,规划理论也从早期的"自上而下"塑造城市的理论,逐渐扩展到关注"自下而上"的公众参与理论,关注多元利益主体在规划与实践中的能动性。源自西方的经典城市规划理论对中国的城市更新与空间治理有一定的借鉴意义。同时,应结合中国国情与政体,不断探索适应中国国情的规划理论,以构建适应中国当代国情的城市更新规划理论。

思考题

1. 选取一个案例,探讨公众参与在城市更新规划编制中的运用场景,实施模式和具体成效。

2. 参与式城市更新规划中第三方的重要性体现在哪些方面?

参考文献

奥斯特罗姆,施罗德,薇恩,2000.制度激励和可持续发展[M].上海:上海三联书店.
曹海军,霍伟桦,2013.城市治理理论的范式转换及其对中国的启示[J].中国行政管理(7):94-99.

陈易,2016.转型期中国城市更新的空间治理研究:机制与模式[D].南京:南京大学.

程佳旭,2013.多中心治理视角下城市更新模式转变研究[J].现代管理科学(10):87-89.

丁寿颐,2019."租差"理论视角的城市更新制度:以广州为例[J].城市规划,43(12):69-77.

方可,2000.当代北京旧城更新调查·研究·探索[M].北京:中国建筑工业出版社.

冯灿芳,张京祥,陈浩,2018.嵌入性治理:法团主义视角的中国新城空间开发研究[J].国际城市规划,33(6):102-109.

高宁,2019.基于结构化理论视角下小城镇空间扩展研究:以济南市历城区为例[C].重庆:2019中国城市规划年会.

郭圣莉,2006.国家与社会关系视野中的当代中国城市社区发展[J].理论与改革(4):56-60.

郭文,2014."空间的生产"内涵、逻辑体系及对中国新型城镇化实践的思考[J].经济地理,34(6):33-39.

郭旭,严雅琦,田莉,2020.产权重构、土地租金与珠三角存量建设用地再开发:一个理论分析框架与实证[J].城市规划,44(6):98-105.

郭彦弘,1992.城市规划概论[M].北京:中国建筑工业出版社.

郭友良,李郇,张丞国,2017.广州"城中村"改造之谜:基于增长机器理论视角的案例分析[J].现代城市研究(5):44-50.

洪亮平,赵茜,2016.从物质更新走向社区发展:旧城社区更新中城市规划方法创新[M].北京:中国建筑工业出版社.

洪世键,张衔春,2016a.租差、绅士化与再开发:资本与权利驱动下的城市空间再生产[J].城市发展研究,23(3):101-110.

洪世键,2016b.创造性破坏与中国城市空间再开发:基于租差理论视角[J].厦门大学学报(哲学社会科学版)(5):50-58.

黄沛霖,2018.基于利益相关者理论的城市更新项目规划方案决策研究[D].重庆:重庆大学.

姜凯凯,高浥尘,赵泰合,2021.租差理论视角下城市消费空间生产的机制与特征研究:以成都太古里为例[J].国际城市规划(a):1-15.

李东泉,2013.从公共政策视角看1960年代以来西方规划理论的演进[J].城市发展研究,20(6):36-42.

李广斌,王勇,袁中金,2013.中国城市群空间演化的制度分析框架:基于法团主义的视角[J].城市规划,(10):9-13.

李剑锋,2019.城市更新的模式选择及综合效益评价研究[D].广州:华南理工大学.

李彦伯,诸大建,2014.城市历史街区发展中的"回应性决策主体"模型:以上海市田子坊为例[J].城市规划,38(6):66-72.

廖涛,2017.历史文化街区利益相关者诉求及其影响研究[D].成都:西南交通大学.

廖玉娟,2013.多主体伙伴治理的旧城再生研究[D].重庆:重庆大学.

林日雄,2013.基于多中心治理理论的城市违法建筑治理问题研究[D].南宁:广西大学.

刘全波,刘晓明,2011.深圳城市规划"一张图"的探索与实践[J].城市规划,35(6):50-54.

刘晓斌,温锋华,2014.系统规划理论在存量空间规划中的应用模型研究[J].城市发展研究,21(2):119-124.

刘源,2004.现代城市有机更新的适应性理论及方法探析:以川渝地区城市为例[D].重庆:重庆大学.

麦克劳林JB,1988.系统方法在城市和区域规划中的应用[M].王凤武,译.北京:中国建筑工业出版社.

麦咏欣,杨春华,游可欣,等,2021."文创+"历史街区空间生产的系统动力学机制:以珠海北山社区为例[J].地理研究,40(2):446-461.

孟延春,郑翔益,谷浩,2018.渐进主义视角下2007—2017年我国棚户区改造政策回顾与分析[J].清华大学学报(哲学社会科学版),33(3):184-194.

倪炜,2017.公众参与下的城市更新项目决策机制研究[D].天津:天津大学.

钱艳,任宏,唐建立,2019.基于利益相关者分析的工业遗址保护与再利用的可持续性评价框架研究:以重庆"二厂文创园"为例[J].城市发展研究,26(1):72-81.

茹晓琳,线实,顾忠华,2020.基于列斐伏尔空间生产理论的城市更新空间异化研究:以广州市恩宁路为例[J].现代城市研究(11):101-109.

孙全胜,2015.列斐伏尔"空间生产"的理论形态研究[D].南京:东南大学.

孙施文,2007.现代城市规划理论[M].北京:中国建筑工业出版社.

孙施文,殷悦,2009.西方城市规划中公众参与的理论基础及其发展[J].国际城市规划,24(S1):233-239.

孙世界,熊恩锐,2021.空间生产视角下旧城文化空间更新过程与机制:以南京大行宫地区为例[J].城市规划,45(8):87-95.

孙小涛,徐建刚,张翔,等,2016.基于复杂适应系统理论的城市规划[J].生态学报,36(2):463-471.

万成伟,于洋,2020.公共产品导向:多中心治理的城中村更新——以深圳水围柠盟人才公寓为例[J].国际城市规划,36(5):1-15.

王佃利,王玉龙,黄晴,等,2019.古城更新:空间生产视角下的城市振兴[M].北京:北京大学出版社.

王兰,刘刚,2007.20世纪下半叶美国城市更新中的角色关系变迁[J].国际城市规划(4):21-26.

王一鸣,2019.城市更新过程中多元利益相关者冲突机理与协调机制研究[D].重庆:重庆大学.

王远,2020.福利资本主义的结构性矛盾及其再生产:基于吉登斯"结构化理论"的动态分析[J].求是学刊,47(4):63-69.

吴良镛,1994.北京旧城与菊儿胡同[M].北京:中国建筑工业出版社.

叶超,柴彦威,张小林,2011."空间的生产"理论、研究进展及其对中国城市研究的启示[J].经济地理,31(3):409-413.

易志勇,刘贵文,刘冬梅,2018.城市更新:城市经营理念下的实践选择与未来治理转型[J].《规划师》论丛(0):123-130.

于泓,2000.Davidoff的倡导性城市规划理论[J].国外城市规划(1):30-33,43.

于泓,吴志强,2000.Lindblom与渐进决策理论[J].国际城市规划(2):39-41.

于洋,2016.亦敌亦友:雅各布斯与芒福德之间的私人交往与思想交锋[J].国际城市规划,31(6):52-61.

余颖,2002.城市结构化理论及其方法研究[D].重庆:重庆大学.

张静,1998.法团主义[M].北京:中国社会科学出版社.

张庭伟,2001.1990年代中国城市空间结构的变化及动力机制[J].城市规划(7):7-14.

张庭伟,2006.规划理论作为一种制度创新:论规划理论的多向性和理论发展轨迹的非线性[J].城市规划(8):9-18.

张庭伟,2020.从城市更新理论看理论溯源及范式转移[J].城市规划学刊(1):20-35.

张晓婧,2007.有机更新理论及其思考[J].农业科技与信息(现代园林)(11):29-32.

赵康琪,曾鹏,李晋轩,2021.空间生产视角下广州城市再开发政策的再讨论[C].成都:2021中国城市规划年会.

朱琳,2018.增长机器理论视角下的深圳湖贝村更新历程研究[D].深圳:深圳大学.

ARNSTEIN N S,1969. A ladder of citizen participation[J]. Journal of the American Institute of Planners,30(4):216-224.

DAVIDOFF P,1965. Advocacy and pluralism in planning[J]. Journal of the American Institute of Planners,31(4):331-338.

FAINSTEIN S S,2016. Readings in planning theory[M]. New Jersey:Wiley-BlackWell.

GOTHAM K F,2000. Growth machine up-links:urban renewal and the rise and fall of a pro-growth coalition in a US city[J]. Critical Sociology,26(3):268-300.

GOTHAM K F,2001. A city without slums:urban renewal,public housing,and downtown revitalization in

Kansas city，Missouri［J］. American Journal of Economics and Sociology，60(1)：285-316.

HARVEY D，1974. Class monopoly rent，finance capital and the urban revolution［J］. Regional Studies，8(3)：239-255.

HARVEY D，1985. The urbanization of capital：studies in the history and theory of capitalist urbanization［M］. Baltimore：The Johns Hopkins University Press.

LIN Y，HAO P，GEERTMAN S，2015. A conceptual framework on modes of governance for the regeneration of Chinese 'villages in the city'［J］. Urban Studies，52(10)：1774-1790.

LINDBLOM C，1959. The science of "muddling through"［J］. Public Administration Review(19)：79-88.

MOLOTCH H，1976. The city as a growth machine［J］. American Journal of Sociology，82(2)：309-332.

PIERRE J，1999. Models of urban governance：the institutional dimension of urban politics［J］. Urban Affairs Review(3)：372-396.

SMITH N，1979. Toward a theory of gentrification：a back to the city movement by capital，not People［J］. Journal of the American Planning Association，45(4)：538-585.

ZHANG S，2014. Land-centered urban politics in transitional China：can they be explained by growth machine theory？［J］. Cities(41)：179-186.

第三章 城市更新规划与实施的国际经验

20世纪以来,西方城市更新经历了"城市重建→城市更新→城市再生→城市复兴"的理念转变,其内涵越来越综合。本章以英国、美国、德国、日本四个国家和中国的香港、台湾地区为例,剖析城市更新规划体系构建、更新规划的类型、规划实施政策工具等方面的国际经验,并通过代表性的更新案例深入分析城市更新规划对更新实践的引导作用。由于行政架构与空间规划治理体系的差异性,许多国家都把城市更新规划和计划从城市空间规划体系中独立出来,如法国、德国的更新计划与空间规划管理体系独立性较强,仅开发类更新项目涉及对规划土地使用条件的调整才会反馈规划管理部门。日本则是将更新计划与城市空间规划体系二合为一,采用将各层级更新计划分别对应纳入不同层级的城市规划之中。对国际城市更新规划体系的深入研究有助于完善中国正在建构中的城市更新规划体系和内容框架。

第一节 城市更新的规划体系

一、英国的更新规划体系

(一) 英国的城市规划体系和更新规划

1. 城市规划体系的演变

英国的规划体系采用了指导型规划(discretionary planning),一般以判例法和以往的案例作为决策和政策制定的基础。英国的城乡规划体系与政治环境和政府执政理念的变迁息息相关,1947年英国颁布《城乡规划法》以来,英国城乡规划体系发生了三次重大转变。

1947—2004 年("结构规划—地方规划"两级体系):

1947年的《城乡规划法》确立了以"发展规划"为核心的规划体系。发展规划由战略性的结构规划和实施性的地方规划构成两级体系。结构规划是由郡级政府组织编制的一个战略规划,其任务是为未来15年或以上时期的地区发展提供战略框架,作为地方规划的依据,确保地区发展与国家和区域政策相符合。地方规划的任务是为未来10年的地区发展制定详细政策,包括土地、交通和环境等方面,其类型包括地区规划、行动地区规划和各类专项规划。地方规划是开发控制的主要依据,必须与结构规划的发展政策相符合(王丽萍,1993;唐子来,1999)。

1991—2010 年("区域空间战略—地方发展框架"两级体系):

为了与地方政府结构的变化相适应,这一时期原来由伦敦政府和大都市地区的郡所执行的城市规划责任就相应地转移到了这些大都市的区政府,英国大都市地区和大伦敦地区实行单一发展规划,兼具结构规划和地方规划的双重作用。2004年,英国颁布《规划和强制购买法》(*Planning and Compulsory Purchase Act*),英国的城乡规划体系出现重大转变,由"发展规划—地方规划框架"的传统二级结构转向"区域空间战略—地方发展框架"的空间规划体系。区域规划政策调整为"区域空间战略"(region spatial strategy),结构规划,地方规划和单一发展规划被"地方发展框架"取代(孙施文,2005;于立,2011;于立 等,2020)。

2011年至今("国家规划政策框架—地方规划和邻里规划"二级体系):

2011年,英国政府颁布了《地方主义法》(*Localism Act 2011*),强调把更多的政府规划权限下放给地方政府和邻里社区,尤其在住房和规划等公共事务方面,地方政府被赋予了更大的自主权。2012年英国议会通过《国家规划政策框架》(*National Planning Policy Framework*)后,空间规划体系变革为"国家规划政策框架—地方规划和邻里规划"二级结构。新的规划体系强调地方规划(local plan)的核心地位,地方规划的编制主体为当地规划管理机构(local planning authority,LPA),地方规划需要在空间布局上考虑住房供给、经济发展、社区设施和基础设施建设的需求,并提供适宜用地;规划的内容涵盖了环境保护、应对气候变化等政策和措施要求。地方规划实施一年一审核,地方发展规划应当根据社会经济发展的不同情况每年都作出相应的修改(于立 等,2020)。新的空间规划体系引入了"邻里规划"制度,规定邻里社区公民投票的同意率只要超过50%,邻里规划即可通过,并被纳入地方规划,在此基础上邻里社区可以自行行使规划权,从而提高开发项目的规划审批效率。

2. 伦敦城市更新的规划框架

2008年的全球金融危机对伦敦的经济与社会发展带来巨大考验,借助2012年伦敦举办奥运会的契机,伦敦大力推进城市更新与复兴运动,以经济复苏引领城市复兴。伦敦城市更新的规划框架总体分为战略规划中的分区管控、机遇区规划和重建战略性地区三类。

2014年发布的大伦敦空间发展战略将大伦敦地区细分为三个空间发展类型:机遇性增长区、强化开发地区及复兴地区(图3-1)。机遇性增长区覆盖了伦敦大部分棕地,以容纳新的住房、商业发展,通过改善地区公共交通可达性促进其他产业的发展。机遇性增长区预计可以容纳至少5000个工作岗位或者2500个新的家庭(或同时容纳这二者)。强化开发地区一般属于建成区,当前或潜在的公共交通可达性较好,能够支持更高密度的再开发活动。强化开发地区可提供新的就业机会和住房,但是低于机遇性增长区可达到的水平。复兴地区的目标是改善伦敦地区存在的社会排斥现象,降低贫困的空间集聚度(杜坤 等,2015)。

2015年伦敦市政府制定了《伦敦机遇区规划框架》(*Opportunity Area Planning Framework*,OAPF),通过交通、住房和土地功能设计来实现机遇区的增长。OAPF是一个基于空间规划,通过机遇区来综合考虑经济、社会和环境更新的规划。以伦敦滨河机遇区为例(图3-2),其面积为30km²,在土地利用规划层面,通过用地指标的跨区域转移实现土地的集约节约使用,推动工业用地的工业/商业混合使用。

彩图 3-1

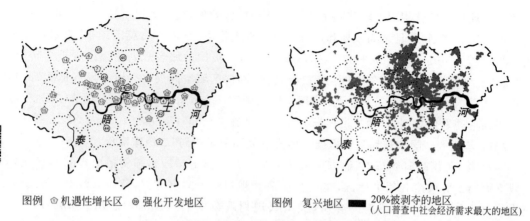

图例 ⌂机遇性增长区 ⊕强化开发地区　　　图例 复兴地区 ■■■ 20%被剥夺的地区
（人口普查中社会经济需求最大的地区）

图 3-1　大伦敦机遇性增长区、强化开发地区及复兴地区

来源：Draft further alterations to the London Plan Spatial development strategy for Greater London. 2014

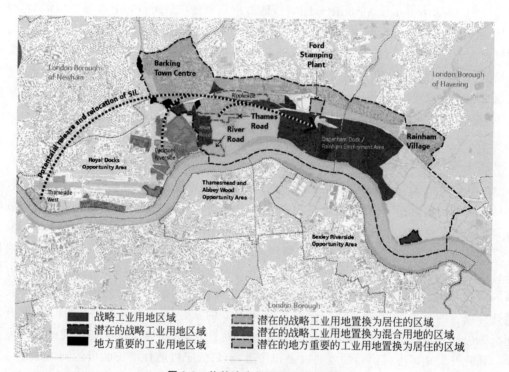
彩图 3-2

■ 战略工业用地区域　　　　▨ 潜在的战略工业用地置换为居住的区域
▨ 潜在的战略工业用地区域　　▨ 潜在的战略工业用地置换为混合用地的区域
■ 地方重要的工业用地区域　　▨ 潜在的地方重要的工业用地置换为居住的区域

图 3-2　伦敦滨水机遇区土地使用

来源：London Riverside opportunity area planning framework. Mayor of London, 2015

2021 年，伦敦又发布了《大伦敦空间发展策略》（*The London Plan, 2021：the spatial development strategy for Greater London*），也称"伦敦规划 2021"，并将这些框架转化为发展规划文件和补充规划文件中的政策。OAPF 引入了时间尺度的概念，对于"刚刚启动"或"蓄势待发"的机会领域可能需要 10～15 年的时间才能完全发展成熟，但是这些项目早期阶段就有可能提供新的住房和工作岗位。

　　《伦敦规划 2021》为地方规划划出了大伦敦的重建战略性地区(strategic areas for regeneration)①(图 3-3),在全面了解社区人口结构及其需求的基础上制定了更新政策。发展计划、机遇性增长区规划框架和发展建议应通过解决影响该地区人民生活的不平等和环境、经济和社会障碍,特别是在复兴战略和地方地区促进复兴。策略性更新区域的重建计划、策略和行动,各区的规划人员应利用他们的本地知识和社区知识来确定和了解这些地区的特殊需要,并在当地计划中确定战略性和地方性的再生地区,提出解决影响他们和周围地区的特定问题的政策。在重要的新开发和重建领域,社会基础设施需求应通过地域性的规划来解决,如机遇性增长区规划框架、地区行动计划、发展基础设施资助研究、邻里规划或总体规划。

彩图 3-3

图例 ■重建战略性地区(基于多重剥夺指数,20%最贫困地区)

图 3-3　重建战略性地区(基于多重剥夺指数,20%最贫困地区)

来源:The London Plan,2021

(二) 城市更新规划的类型

1. 开发导向的更新规划

　　开发导向的更新大多以大型旗舰式的房地产开发(flagship development)为主,通过政府管制与市场资本相结合,打造城市新的功能区,刺激经济增长。典型项目如 20 世纪 80 年代中期启动的金丝雀码头商业区开发,21 世纪前 10 年的国王十字街区更新,以及 2015 年启动的老橡树地区和皇家公园地区更新(表 3-1)。

　　以伦敦国王十字街区更新计划为例,该更新开发项目是英国 20 世纪以来最大的都市更新计划。国王十字街区位于伦敦肯顿区,该区一直是伦敦发展较为落后的地区。在 20 世纪末伦敦前 100 个"被剥夺住宅区"(deprived wards)中,国王十字街区占其中的 24 个,《大伦敦规划 2021》将该区纳入机遇发展区。国王十字街区更新计划的确定跨越了近 20 年。整

---

　　①　重建战略性地区是人口普查(census local super output areas,LSOAs)中社会经济需求最大的地区。根据多重剥夺指数(index of multiple deprivation),他们属于英格兰人口中最贫困的 20%。

个街区再开发项目占地 27 万 m², 以摄政运河为分界线, 基于"交通枢纽带动经济"的目标, 运河以南地块主要用于开发办公楼, 住宅区与相关配套被规划在运河以北。

表 3-1   三个英国大型再开发项目基本情况

更新项目名称	更新区域面积	更新动力	更新前	更新功能业态
金丝雀码头	29hm²	制造业和海运事业的衰落, 英国政府决定重振港口区	码头区	新金融中心, 金融、商业、购物
国王十字街区再开发	27hm²	国王十字火车站及圣潘克拉斯火车站的改造	工业棕地, 贫困社区	交通枢纽、办公、零售、住宅区、酒店/公寓、公共空间
老橡树和皇家公园	650hm²	高速铁路建设(高铁 2 号线)和轨道交通线建设(伊丽莎白线)	工业棕地	可负担住房、住宅、办公、公共服务

肯顿区政府就更新规划举行多次听证会, 开发商(投资开发、未来土地所有者)、伦敦复兴联盟(土地所有者)、社区居民组织团体、历史遗迹保护组织和本地私人资本组成发展论坛, 定期召开会议, 开发商提供基于公众协商的规划建议文件, 包括设计原则、更新参考要素、更新框架和更新框架协商研究。更新计划包括交通枢纽的升级利用、物质空间的修补、多元功能植入, 规定了各类功能的建筑面积上限及住宅单位数量。更新计划于 2007 年正式批准生效, 2008 年国王十字街区的拆除整建工作正式展开(图 3-4)。

图 3-4   伦敦国王十字街区更新规划平面图

来源: Townshend Landscape Architects

2. 文化导向的更新规划

文化导向的城市更新存在改进式(progressive strategy)、创意式(creative strategy)和商业式(entrepreneurial strategy)三种策略(Grodach et al.，2007), 对文化策略分类的标准主要考虑目标、配备设施、地理分布和受益群众四方面特征(表 3-2)。文化导向的城市更新项目的代表有发电厂改造完成的伦敦泰特现代美术馆, 公交厂改造的伦敦交通博物馆、工业老区改造的伦敦克勒肯维尔艺术区等。以伦敦克勒肯维尔艺术区为例, 在 20 世纪 80 年代,伦敦年轻的创意产业从业者、艺术家和设计师将克勒肯维尔区部分老厂房改造成工作室。随着创意产业公司、文化机构、餐厅及酒吧的入驻,克勒肯维尔区逐渐成为伦敦知名的创意产业区。克勒肯维尔艺术区定期举办一系列艺术展览和文化节,如伦敦建筑双年展、克勒肯维尔设计周等(陈洁,2020)。

表 3-2　城市更新文化策略的类型和特征

策　略	目　标	配套设施	地理分布	受益群众
改进式文化策略	促进社区发展,扩大对公众的艺术文化教育	社区文化中心,艺术教育项目	缺少文化设施的老城区	普通市民
创意式文化策略	提高城市的创意文化产业经济	艺术文化区	内部历史遗产区	受过高等教育的各类从业者和从事创意产业的"知识型人才"
商业式文化策略	促进经济增长,吸引私人投资	文化旗舰项目,大型文化节	城市中心	外地游客,经济富足的市民

来源:陈洁,2019,转译自 Grodach et al.,2007

3. 社会修复导向的社区更新规划

英国社区规划的编制主体是教区/镇议会、社区组织,规划文件主要包括社区规划、社区开发令。社区规划需向 LPA 提出申请,并获得社区公投 50% 以上同意后,由地方规划当局(地区议会)赋予合法性。为鼓励各社区自主编制邻里更新规划,《地方主义法》在社区更新中引入基础设施税,规定已编制邻里规划的社区居民可从新的开发中获得 25% 的社区基础设施税,未编制邻里规划的只能获得 15%。社区更新的对象不仅仅是住房,还包括商业和基础设施完善、场所营造。

20 世纪 90 年代起,英国社区更新就从物质更新转向了综合性反贫困行动,贫困社区更新规划主要解决的是社会排斥问题,同时解决贫困和城市破败的问题,并提高贫困社区的就业能力。1998 年,英国工党上台提出"社区新政"(New Deal for Communities),并于2001 年正式出台《社区新政计划》,旨在缩小贫困社区与其他社区之间的差距,缓解社会排斥。居民、政府、非政府组织和开发商等主要利益相关者通过合作伙伴组织这一形式,对项目边界内的就业、教育、医疗、治安等一系列社区问题提供综合性的反贫困计划。2011 年英国推行地方主义改革,更多的规划权力下放给地方政府和社区,社区被允许根据自身需求编制邻里规划这一法定规划,催生出更为本地化和社会化的新模式(严雅琦 等,2016;袁媛等,2012;忻晟熙 等,2020)。

以英格兰桑尼赛德(Sunniside)社区更新为例,桑尼赛德是一个密集的城市小区,占地约 17hm²。20 世纪后期在去工业化和全球经济重构过程中,随着企业迁出、就业岗位流失,桑尼赛德进入了持续衰落时期。2003 年桑尼赛德成立了非营利性合作伙伴组织桑尼赛德伙伴关系(Sunniside Partnership)推动社区更新,启动桑尼赛德地区再生计划,为发展社区提供全面的规划和设计指导。SARI(*The Sunniside Area Regeneration Initiative*)提出了六项更新战略目标以促进桑尼赛德的密度、使用量和经济活动,以实现混合社区的目标

(Pugalis,2013)(表 3-3)。2006 年,桑德兰市议会(Sunderland City Council)组织编制了桑尼赛德规划和设计框架(*Sunniside Planning and Design Framework*,SPD)作为该社区地方发展框架的补充规划文件,为桑尼赛德未来的开发与再生活动提供框架和设计指导。

表 3-3　桑尼赛德社区再生计划的六项更新战略目标

战略目标	概要
多样化的土地使用	对该地区的定位为一个混合使用的城市居住小区、包括居住、商业、休闲、文化和零售功能,创造 1000 户新的住宅和超过 500 个新的就业岗位
确保适当的发展	创造一个充满生机的地区,支持品质生活,吸引外来投资者、当前和未来的商业贸易和居民
改善公共领域和环境	引导并实现高质量的设计和环境改善,以改善社区安全性,最大化桑尼赛德的历史特征,创造一个独特的、值得纪念的、舒适的,高品质城市环境
改善入口通道和小汽车停车	优化入库通道,当平衡所有道路使用者和行人需求时应改善公共安全
加快商业发展	扩展现有的商业基础,形成能够维持稳定商业经济的市场环境
提升意识和利益	形成一种强烈的意识,桑尼赛德是一个推动地区发展的整体

来源：Pugalis,2013

二、美国的更新规划体系

(一) 美国城市规划体系与城市更新的发展

1. 美国的城市规划体系

美国是一个联邦制国家,行政上分为“联邦政府—州政府—地方政府(县、市、镇)”三级,市议会、规划委员会、上诉委员会等是地方的规划决策机构。联邦政府将规划事权下放到州,各州拥有制定各自城市更新政策的权力,州宪法和法律的授权地方政府行使规划权力。美国城市规划具体负责部门在地方政府这一级,城市规划类型可分为“发展规划—社区规划—区划”三类。发展规划主要内容是战略构架与发展纲要,主要形式是综合规划、城市总体规划及发展指导纲要。这类规划作为地方发展的长远规划,是一种政策说明而不是实施方案,需要编制下一层级的社区规划指导具体建设。社区规划中的典型要素包括土地利用、交通、城市设计、公共服务设施、自然与文化资源和经济发展。区划(zoning)作为城市土地利用(开发)管理的核心,是实现城市总体规划的最重要的手段。总体规划通过土地用途政策分区与区划的基本用途分类紧密呼应,区划的用途细分进一步落实用途政策的目标,反映了美国“控制性(regulatory)规划体系”的特点。区划法规是美国城市中进行开发控制的重要依据,确定了地方政府辖区内所有地块的土地使用、建筑类型及开发强度(孙施文,1999;石坚 等,2004;庞晓媚,2018)。此外,美国还有各类规划代理机构所制定的规划,可以称为“专项规划”。

2. 城市更新的演变与实施特征

美国城市更新起源于 20 世纪初期城市贫民窟的清理,20 世纪 50 年代之后,随着美国制造业迁出中心城至大城市郊区和相对落后的西南部,中心城的税收大幅减少,导致中心城衰退,高速公路的建设和郊区购房的优惠政策推动中产阶级向郊区外迁,加速了城市空间的向外蔓延。伴随着郊区化和内城衰败的两极化倾向,美国进入大规模的城市更新时期。面对内城交织的经济和社会问题,城市更新不再是消除贫民窟那么简单,社区重建不仅是为了建造更好的房子,还要兼顾地方的经济发展,城市更新的目标从消除破败走向了城市再生(姚之浩 等,2018)。

基于1949年《国家住宅法案》制定的"城市重建计划"(urban renewal program),极大地推动了美国大都市旧城中心区的更新。20世纪50年代,超过50万纽约中产迁离纽约,约有1.25万英亩(1英亩=4046.856m²)的住区因衰退而需要更新或再开发,加上发展较差的工业和商业区,全市约有14%的区域亟待更新改造(黎淑翎,2020)。匹兹堡旧城中心被拆除大半,改建为公园、办公楼、体育场,城市面貌明显提升。在波士顿,几乎1/3的旧城中心区被拆毁,重建为新的快速路、住宅区、商业区和新政府中心(周显坤,2017)。20世纪50—60年代,由于财力有限、精英主导、缺乏弹性,推土机式的城市更新对城市的多样性产生破坏,产生了社区割裂、居住隔离等问题,成为雅各布斯笔下《美国大城市的死与生》的抨击对象。在密苏里州堪萨斯城,1954—1969年间18个大规模旧城更新项目导致至少1783个黑人、1960个白人被驱逐,755家企业被迫搬迁,低收入阶层和少数族裔被迫搬迁至居住品质较差且存在种族和阶层隔离的住区(Gotham,2001)。安德森对城市更新运动初期的大规模改造提出了强烈批评,认为政府完全不应该以公权力干预城市发展,特别是不可动用由政府垄断的征用权(Anderson,1964)。

20世纪70年代后,美国大规模的基础设施建设接近尾声,联邦政府财政萎缩,城市更新的责任和权限逐渐下放到地方,私人投资部门在城市发展与更新中扮演着越来越重要的角色。城市更新从以贫民窟改造为主的"居住取向"转向以中心区商业复兴为主的"商业取向"(Zhang et al.,2004)。80年代,城市更新受到房地产等私人利益的绑架,政府对衰败地区的定义模糊导致政策工具使用不当,引发社会公众对城市更新中"公共利益"实现的强烈质疑。90年代以来,美国城市更新从房地产开发商主导、以振兴经济为目的的商业性开发走向经济、社会、环境等多目标的综合治理,大规模的拆除重建逐渐转变,被小规模的渐进式更新所取代。

(二) 美国城市更新规划的类型

美国的城市更新规划处于社区规划层级,各城市根据规划治理架构与城市更新的需求形成了不同的更新规划类型。主要包括以下几类。

1. 市区重建规划

市区重建规划是一种详细规划,为了市区重建项目而不定时存在,用于保证市区重建项目按照联邦法规运行并获得联邦财政支持。当规划获得市区重建机构批准后成为更新区内再开发方案审查的依据。市区重建规划授权本地建设主管部门在市区重建区运用一系列工具,包括土地征收权、区划、可支付住房限制、联邦和州财政支持及有机会建造示范项目等。具体的行动方式是划定更新区、组建专门"市区重建机构",并编制专门的"市区重建规划"以推进土地征收、整理和再开发(周显坤,2017)。以哈德逊广场再开发为例,2001年纽约市政府开启了曼哈顿远西的重建计划,希望将历史上的港口、老工业区打造成集商务、休闲、会展于一体的新曼哈顿中心。哈德逊广场由瑞联、三井、安联保险等在内的多个资本实体共同投资,总面积达10.5hm²。整个哈德逊广场开发项目不仅是一个综合的规划系列,还包括咨询、财务、规划、实施等专项。空间要素上,整体的土地复合与立体化开发使得城市空间更加紧凑,并利用弹性区划促进空间的经济与社会效益的统一(吴志强 等,2020)。为促进该地区成功转型为一个商业、居住高度混合的区域,纽约市政府实施了区划重划,提升了居住量占比,并鼓励新建经济适用房以确保街区多样性。

  2. 社区更新规划

  1974年,美国国会通过了具有标志性意义的《住房与社区发展法案》,该法取代了之前大肆拆建的模范城市等项目,向地方政府推出了社区发展补助金(community development block grants,CDBGs)。地方政府机构开始逐渐与社区发展公司(community development corporation,CDC)等社区非营利组织联系社区更新事宜。CDC本身的发展目标是支持和振兴在贫穷边缘挣扎的社区,为社区争取权益。

  可负担住房短缺是社区发展最为棘手的问题。纽约2050规划提出了推广在地性(place-based)的社区规划和策略,发起"纽约住房"(housing New York,2017)以创造更多的可负担住房,保护弱势群体、避免租客被驱散,增强社区的品质和包容性(表3-4)。纽约市通过了最激进的强制性包容性住房政策(mandatory inclusionary housing),要求开发商在重建中建设一部分永久的可负担住房。同时,倡导模块化建造(modular construction)以最大限度降低可负担住房供给的成本和时间(One NYC 2050,2019)。

表3-4　纽约2050规划的社区发展指标

指　　标	参 考 数 据	目　　标
增加或保留的可负担住宅单元	121919(2018年)	300000(2026年)
被城市司法部门收回的居住单元	18152(2018年)	降低
居住在公园步行距离范围内的纽约人占比	81.7%(2019年)	至2030年85%

　　来源:One NYC 2050

  以纽约南布朗克斯(South Bronx)为例,20世纪50年代,在人口大量外移与租金管制政策约束下,南布朗克斯社区蓄意纵火案频发,加上这里承担了过多的废物处理厂,环境污染严重。外来移民的涌入加剧了社区这里的复杂性,使之成为纽约最贫困的地区之一。1976年,南布朗克斯6900多个住宅地块欠税至少一年,最终被市政接管。20世纪70年代以来,纽约市政府与由商人经营的非政府组织合作参与了大量融资计划,加上公共财政补贴,为低收入者建造了大量可负担住房,激发了社区活力(Chronopoulos,2017)。2018年,在市长环境整治办公室(Mayor's office of environmental remediation)的支持下,在新建立的南布朗克斯土地和社区资源信托体系下,南布朗克斯启动了社区棕地规划研究。规划目标是通过为土地和社区资源信托基金创建一个规划框架,以及为住宅和混合用途开发机会提出战略建议,以提高社区永久性的负担能力和自决能力。在报告和研究中,规划编制机构研究了当前的土地和社区资源信托模型及空置土地,为收购和发展绘制战略地点图并提出社区分析和设计概念,同时让利益相关者参与整个过程,提出了近期实施计划。

3. 旧工业更新规划

通常借助再区划(rezoning)技术,对旧工业、旧码头、交通走廊与站点区域的闲置建筑、废弃停车场进行改造再利用,将旧楼改造为新用途,为新的住区开发寻求空间。纽约市2005年通过了对绿地—威廉斯堡滨水区的重新区划,用住房、商业和开放空间的混合组合取代闲置工业用地,预计将产生1万套新住房(PLaNYC 2030,2006)。以纽约多米诺糖厂地块更新为例,该项目毗邻2005年5月重新区划的地区,为绿点—威廉斯堡(Greenpoint-Williamsburg Rezoning)重新区划的一部分。该地块原本区划用途为重工业用途(M分区),或轻工业用途(M1分区),以及受限制的商业使用。改造项目功能包括住宅、零售/商业、社区公共服务设施和开敞空间。通过营造公共开放空间,修复和适应性再利用的历史建筑,建设配置经济适用房的住宅建筑,促进空置的海滨工业区重新焕发活力。经过重新区划,改造项目将提供2400个住宅单位,最高达127537平方英尺(1平方英尺=0.09290304m²)的零售/商业空间和146451平方英尺的社区设施空间,多达98738平方英尺的商业办公空间。预计660个住房单元将分配给经济适用房,其中大部分将提供给低收入家庭。沿着海滨的地标性建筑——炼糖厂将被适应性地重复利用。该项目约4英亩的公共开放空间将包括沿着水边的一个休闲广场,连接项目场地和大渡河公园(Grand Ferry Park),以及一个大型开放草坪。

4. 填充式开发

填充式开发(infill development)指在城市既有建成区内,利用零星空地、未充分开发地块、未充分利用地块等进行的开发建设。随着城市建设用地的减少与碎片化程度的加剧,以小地块、小规模建筑为主的填充式开发与更新逐渐作为一项明确的政策工具被讨论和使用以促进中心城的复兴。居住型开发是填充式开发的主要类型(文萍 等,2019)。纽约通过对公共部门持有的不规则及小尺度空地进行填充开发,以及对现有公共住宅项目中的空地进行二次开发,为可负担住房建设用地筹集用地资源,公共住宅得以重新规划地块划分,改善了超大街区与周边路网的隔离问题,修复了街道界面的延续性,促进了步行友好环境的形成(李甜,2017)。截至2011年,纽约市5个区的零星空地中67%的用地被再开发利用,其中27%的用地用于住宅开发,12%的用地用于住区树木覆盖(Kremer et al.,2013)(图3-5)。

5. 棕地再开发

纽约州棕地修复项目覆盖了5个城区中270块总计超过1900英亩的土地,棕地再开发的类型多样,包括棕地治理项目、环境修复项目等(图3-6)。棕地再开发往往与公共住房供给联系起来。纽约市致力于通过棕地开发解决土地供需矛盾,提高住宅供应量。2011年,纽约棕地修复办公室(office of environmental remediation,OER)推出了全州第一个棕地自

空地的实际用途

- 未使用土地
- 私人住宅
- 商业用地或工业用地
- 社区花园
- 公园
- 住区道路林荫覆盖
- 运动场地
- 道路和人行道
- 废品清理场
- 停车场
- 非商用停车场
- 其他用途

图 3-5　纽约市 2011 年零星空地使用类型的空间分布

来源：Kremer et al. ,2013

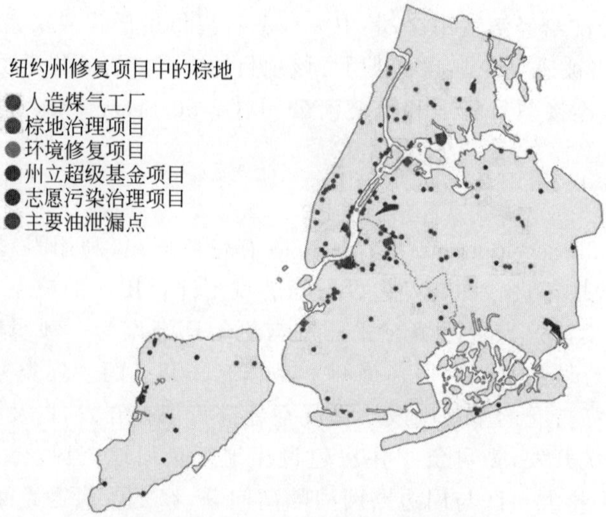

纽约州修复项目中的棕地

- 人造煤气工厂
- 棕地治理项目
- 环境修复项目
- 州立超级基金项目
- 志愿污染治理项目
- 主要油泄漏点

彩图 3-6

图 3-6　纽约州修复项目中的棕地

来源：The City of NewYork,A Greener Greater NewYork,PLANYC 2030

愿清理计划,加入该计划的项目可以获得低成本或零成本的土地回收,抵免部分清理费用,减免部分政府的税费。纽约棕地清理计划涉及的棕地再开发中,69％的土地用于住宅开发(其中 19％用于可负担住宅),填充开发的效果显著。截至 2017 年,纽约市已经修复了 577 块棕地,完成超过 475 个点的 260 多个项目的修复工作,建设了超过 2350 万平方英尺的新建筑空间,其中大约 23％的项目用于建造新的保障性住房(the City of New York,2017)。

三、德国的更新规划体系

(一) 德国的城市规划和更新计划体系

德国是一个联邦制国家,有联邦政府、州和市镇三级政府,规划体系分为"空间秩序规划—城市规划—专项规划"三个层面(表 3-5)。在中央一级,只有一般的法律指导方针,法律框架包括《联邦区域规划法典》和《联邦建设法典》(*Baugesetzbuch*,BauGB),它们为州一级的区域规划和地方一级的城市规划提供了法律文本,并确保了在较低层次上的规划的一致性。德国每个州都以不同的方式组织区域规划,地方市镇政府在规划方面享有高度自治。自 20 世纪 90 年代中期以来,可持续发展成为空间发展的重要总体目标,随着市政府的财政状况越来越困难,大的城市项目活动以公私合作的方式进行,放松管制就成为德国规划政策的一个主要导向。

表 3-5　德国规划体系的主要层级与类型

规 划 类 型	管 理 层 级	法 定 规 划 名 称
空 间 秩 序 规 划(raumordnungsplanung)	联邦	依据《空间秩序法》等法律法规,联邦仅在特别经济区(AWZ)编制《联邦空间秩序规划》
	州	依据《空间秩序法》和各州的州空间秩序法等法律法规,各州负责编制各自的州空间秩序规划,其名称存在差异,如《州发展规划》等
	地区	依据《空间秩序法》和各州的州空间秩序法等法律法规,由地区行政机构(行政区)(仅石勒苏益格—荷尔斯泰因州由州负责,下萨克森川由县负责)编制地区空间秩序规划,其名称存在差异,如《地区规划》等
城市规划(stadtplanung/stadtebau)	市镇	依据《联邦建设法典》,州建设规章等编制法定的建设指导规划,法定规划分为土地利用规划和建造规划两个层次
专项规划(fachplanung/sektoraleplanung)	联邦、州(地区)、县、市镇	依据各类专项立法编制,针对城市发展与住房、农业与乡村、森林、景观与自然保护、环境、国防、历史遗迹、交通与通信、设施与公共事业等九大领域,如森林框架规划、废弃物管理规划等

来源:周宜笑 等,2020

德国城市规划是指依据《联邦建设法典》、州建设规章等编制法定的建设指导规划,包括概况性的土地利用规划(flächennutzungsplan,F-plan)和具有法定约束力的建造规划(bebauungsplan,B-plan)两大规划层次。土地利用规划通过规定管控范围内土地主要使用性质的方式,对城市进行主要功能分区,保障对于城市运行有重大影响的基础设施和公共服务设施布局,并为微观层面的建造规划编制提供依据。建造规划主要对建设用地的土地使用性质、建筑功能与空间形态、环境设施等方面提出要求,通过图则和文字说明对建设行为进行管控。建造规划编制的对象和规模相对灵活,以实际建设需要为准,大至整个街区,小至一个街坊或一个地块,都可以编制建造规划,作为对具体项目进行审批的依据(唐子来等,2003;殷成志,2008)。

德国城市再生问题在 20 世纪 80 年代初被提上了地方规划的议程。德国城市再生可划分为四个时期:①20 世纪 70 年代经济危机的背景下,以内城邻里复兴、拆除低密度老旧小区以兴建大型集合住宅为特征的市区重建(urban renewal);②80 年代人口发展停滞时期的城市重建(urban reconstruction),城市政策的重点转向城市内城发展;③90 年代以来,随着全球化和德国的重新统一,城市统筹发展和城市重建成为对社会、经济和人口挑战的回应;④21 世纪以来,德国政府开始更多地寻求社会问题干预视角下的城市更新路径和社会治理策略,以应对移民和难民迁入带来的社区贫困,街区的社会结构稳定化和可持续健康发展成为城市更新的目标(谭肖红 等,2021)。

德国城市重建的重点区域包括老工业区(如鲁尔区)、旧的铁路场址、前军事区和遗弃的军事基地。在德国,城市重建项目被视为地方事务,最重要的行动者是市/镇政府,因此其规划职能也体现在城市规划层面。由于城市再生项目非常复杂,要求调整投入、组织和管理能力以形成广泛的共识,联邦政府和各州政府为城市更新项目提供资助,并设置了专门的法律规划和融资工具以促进城市更新项目的实施(Jessen,2008)。

德国的城市更新计划体系包括"联邦、州、城市型地区/自治市"三级。联邦和州两级侧重项目和资金的引导,制定促进城市更新的资金准则和项目指南。城市型地区/自治市层面的更新计划以城市更新区(更新单元)的划定、数量和空间分布为核心,项目计划为辅助的地区统筹计划,并以此为材料,经过地区议会审核通过后,作为与上级州及中央政府或区域联盟(例如欧洲联盟负责城市更新的专项基金委员会)申请专项基金的依据。德国的更新计划与空间规划管理体系基本相互独立,仅开发类更新项目涉及对规划土地使用条件的调整才会反馈给规划管理部门,规划管理部门按照通过审批的更新计划方案替换和修改原空间规划中该地块的相关内容(刘迪 等,2021)。

(二) 德国城市更新的资金来源

德国城市更新资金制定是维持更新体制稳定和更新实施开展的最重要保障。1971 年,德国颁布《城市建设资助法》,旨在以联邦政府为启动资金平台,全面推动全国范围的城市更新,标志着国家层面系统性城市更新制度的建立(谭肖红 等,2021)。联邦政府和州政府达成的联邦—州城市更新促进框架本质上是一个城市更新公共资金分配框架,至今已资助了东西德更新计划、社会城市计划、城市纪念地计划(历史保护)、活跃城市和地区中心计划、小市镇计划和未来"城市绿色"计划。州层面的城市更新促进项目和资金资助范围包括工商业区更新、军事区更新和城市更新项目。

德国联邦层面的城市更新资助计划与一定时期的城市发展理念相关。例如 1999 年,德国正式启动名为"社会城市"(soziale stadt)的综合性城市更新项目,探索把城市空间、经济、社会和文化等多维度策略综合起来的社区干预方法和城市更新路径,通过社区参与和沟通式规划来促进社区的稳定化和可持续健康发展(谭肖红 等,2021)。为了应对气候变化带来的居民生活多样化需求和城市韧性发展要求,2017 年,以"东、西部城市更新计划"合并为契机,德国启动了适应气候变化的城市综合更新项目,大量城市绿地与开放空间改造项目获得了联邦城市发展资金的资助,形成"气候适应＋绿色生态＋城市更新""综合规划＋资金整合＋项目融合""联邦引导＋部门协作＋地方落实"的城市更新模式(董昕 等,2021)。2019 年,德国对城市更新项目体系进行了重大调整,已有的六个城市更新资助项目被简化为三个,分别是:生活中心—城镇和市中心的保护和发展,社会凝聚力—共同塑造社区共存,增长与可持续更新—设计宜居社区(谭肖红 等,2021)。

市和城镇层面根据实际需要制定城市更新目标和计划。城市建设资助计划是德国城市更新的基本支持平台,包括数个不同重点的子项目,是德国围绕城市建设/城市更新在过去 30 年的主体政策平台(张亚津,2021)。自治市和市镇层面,地方政府规划部门根据城市建设发展理念、社会—空间状况评估等划定城市更新区和城市再开发区,确定更新目的,按类型统筹城市更新的成本和融资计划。在划定城市更新区的同时,必须提出相应的成本预算与资金筹措规划。对城市更新区范围内各建筑的未来发展从维护更新的角度考虑确定保留的城市遗产、待维护更新的既有建筑、待拆除的建筑、结构框架保留型新建建筑和彻底新建建筑等各类对象。提倡维护式更新,鼓励尽可能继续使用既有建筑(单瑞琦 等,2017)。

(三) 城市更新规划的理念

1. 整合性城市发展构想

20 世纪 90 年代,德国引入整合性城市发展构想(integrierte städtebauliche entwicklungskonzept,ISEK)作为新型的城市更新规划工具,并为德国城市更新资助立项提供重要参考。ISEK 是城市更新程序中前期调研的重要任务,文本内容包括更新区域、社会空间和 SWOT 分析、愿景分析、具体策略等内容(表 3-6)。ISEK 建立了城市更新的过程和实施评估机制,评估的内容包括社区参与情况、项目实施、更新目标、实施进度和效果等;基于社区更新需求,对实施策略的主次和先后进行细致研究,优先实施具有触媒效应的更新措施,通过有效的前期公共资金投入来带动后续的社会资本投入,从而实现更新资金效益和效率的最大化(谭肖红 等,2021)。

表 3-6　ISEK 的文本主要内容

大　纲	主　要　内　容
更新区域	历史、区位、结构、功能、范围、现状
社会空间和 SWOT 分析	地区分析;城市空间结构;社会空间和社会结构;优劣势、机会和风险;具体问题;发展潜力
愿景分析	更新地区发展的关键因素、发展目标和实施战略
具体策略	具体措施;空间安排;目标(战略重要性和子目标);资源统筹;实施策略
组织和参与	组织结构;ISEK 的公众参与形式和落实(区议会、工作组等)
具体项目	项目名称;措施的实施者;参与人员;成本(总成本估算);融资(社会城市或其他资助计划);实施时间安排;目标,战略重要性
资金安排	年度成本预算计划;第一年实施的详细计划;五年实施计划

来源:谭肖红 等,2021

2. 谨慎城市更新的理念

地方层面的更新政策受到联邦政府政策的影响。以柏林为例,城市更新政策可以清晰地分为三个阶段:一是 1963—1981 年间的"区域再开发",二是 1981—1989 年间的谨慎城市更新政策,三是从 20 世纪 90 年代初开始的东柏林的后福特主义(post-fordist)城市重建(Holm et al.,2011)。其中,谨慎城市更新政策对柏林城市更新的理念和实施转变意义深远。

1984 年,德国举行了以"在内城中居住"为主题的柏林"国际建筑展"(Internationale Baufach-Ausstellung,IBA),并针对旧城区提出了"谨慎城市更新"的概念。"谨慎城市更新"指以全面综合的眼光和行动解决无法满足现代城市功能需求的旧城区中所存在的城市问题,持续改善该区域的经济、自然、社会和环境条件,使其全方位复兴,并走上可持续的发展道路。谨慎城市更新摒弃了大拆大建的更新方式,强调在公共财政支持下开展的街区更新和现代化改造,其主要特点是大量自下而上的公众参与和沟通式决策(谭肖红 等,2021)。IBA 提出了谨慎城市更新的 12 条基本原则(表 3-7),体现了谨慎城市更新策略对大拆大建改造方式痛定思痛的反省,以及对被改造地区社会组织结构的特别尊重(杨波 等,2015)。

表 3-7　谨慎城市更新 12 条原则

1	城市更新的规划和实施必须考虑本地居民和商家
2	将技术规划与社会规划结合考虑
3	保留街区的独特风貌以唤醒信任感;实体结构的损坏应尽快修复
4	建筑的一层应允许变更其用途
5	更新需循序渐进,逐步推进
6	尽量少的拆除,提升现有建筑的庭院绿化,并修复或重新设计外墙
7	按照实际需要对公共设施和街道、地方及绿色空间进行改善或建设
8	在社会规划方面,务必考虑到所有相关人员的参与权和物质权力
9	所有决定在信任和开诚布公的基础上完成;加强本地利益主体代表性
10	城市更新需要可靠的资金,并恰当使用资金
11	必须建立新的、关注地方利益的董事制度
12	谨慎的城市更新是长期的责任

来源:谭肖红等,2021。转引自 HARDT-WALTHERR H. Behutsame Stadterneuerung[M] //Stadterneuerung Berlin. Berlin: Senatsverwaltung für Bau-und Wohnungswesen,1990

以柏林施潘道郊区(Spandauer Vorstadt)社区更新为例,该社区更新是 20 世纪 90 年代以来柏林谨慎更新的典范。该社区位于柏林的中心区,面积 67hm²,1990 年改造前,这里 25% 的店铺和 20% 的住房处于闲置状态。在 ISEK 规划工具的引导和支持下,通过多元主体的参与,该社区制作了地区性的"框架性更新规划"(图 3-7),开展了"调研评估—规划—实施"三个阶段的谨慎城市更新。规划鼓励社区的多功能适度混合,以社区为单位,规划设计师组织相关的利益主体对社区更新的具体目标和措施进行讨论和协商,以填充式更新修补社区的空间肌理。截至 2015 年,该区在多个城市更新项目公共资金的支持下获得总额为 12.69 亿欧元的资助,完成改造项目共 191 个;对公有和私有房屋进行了翻新,提供了大量公共住房,建设了大量社会设施和高质量公共空间(杨波,2015;谭肖红 等,2021)。

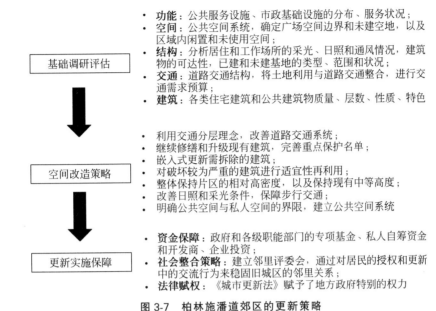

图 3-7　柏林施潘道郊区的更新策略

来源：杨波 等,2015

四、日本的更新规划体系

(一) 日本城市更新的制度与规划体系

日本有 47 个一级行政区(都、道、府、县)和 1804 个市、町、村。一级行政区指定的城市规划区(city planning area,CPA)可能对应一个或覆盖多个地方自治市或区(municipality)。一级行政区层面会制定城市规划区的总体规划(CPA-MP),CAP-MP 最重要的作用是划定城市化促进区和城市化控制区,自治市层面负责辖区土地使用区划(Kidokoro et al.,2008)。

日本城市规划区域范围内的规划分为三类:一是土地利用规制,包括城市化促进区(urbanization promotion area,UPA)、限制区(urbanization control area,UCA)规划,土地使用区划(Zoning);二是城市基础设施规划,包括道路、停车、排水系统、河道等;三是土地开发项目,包括土地区画整理、市街地再开发项目等(图 3-8)。在开发建设的管控方面则根据以上各类规划编制的结合,通过"开发许可制度""建筑确认制度"对开发建设行为进行开发控制和审查(Japan Land Readjustment Association,2003;赵城琦 等,2019)。

日本城市更新法律体系中最关键的两个立法分别是 1969 年的《都市再开发法》和 2002 年的《都市再生特别措置法》。《都市再开发法》的颁布为日本市区重建提供了整体政策指引和建设行为控制,将市街地再开发事业的土地获取方式分为权利转换和收购两种方式。《都市再生特别措置法》的颁布标志着日本迎来了新一轮的城市再生运动,制定了以"规制缓和"为目的的"再开发等促进区的设定"及"土地高效利用型地区规划",以促进市中心地区的城市更新规制。都市再生经历了先导性的个体改造探索,到地域整备改造与部分民间资本项目落地,再到城市综合功能强化、区域发展结构优化阶段(赵城琦 等,2019;张朝辉,

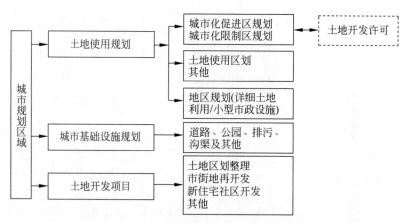

图 3-8   日本城市规划区域内的规划类型
来源：Japan Land Readjustment Association, 2003

2021)。至今，日本的城市更新主要通过土地区画整理事业(又称"土地重划")和市街地再开发事业两种模式实施。

(二) 土地重划

1. 土地重划的制度背景

土地重划(land readjustment)的制度原型是日本 1910 年颁布的《耕地整理法》中的农地地权交换制度。1919 年，日本颁布实行了《都市计划法》，并于同年底施行《市街地建筑物法》，两部法规构成了日本近代城市规划体系的基础。1923 年关东大地震后，日本迅速颁布了新的《特别都市计画法》，授权国家和市政府作为主体直接制定规划并施行土地整理，无偿征收 1/10 的土地用于城市公共设施建设(傅舒兰，2020)。1954 年《土地区画整理法》作为单独法规正式颁布实施。20 世纪 50 年代后期，随着战后日本经济高速发展，大量人口向城市聚集，使城市居住环境恶化，并带来了一系列交通、卫生、消防等方面的隐患。私有土地经过了多年演变，相互混杂，犬牙交错，宏观规划确定的设施布局往往要侵占部分私有土地，而土地增值收益难以公平分配，规划往往因为利益受损者的反对而难以实施，土地重划在此背景下应运而生。为了保证土地重划工作顺利进行，《土地区画整理法》还附有《土地区画整理法实施细则》，该细则规定了区画整理技术的标准，即《土地区画整理实施规则》和《土地区画整理注册细则》。

2. 土地重划的原理与实施

土地重划指在城市规划决定的实施土地区画整理的地区内，遵照"对应原则"[①]将私有的、不规整的用地进行有规划的重新区划。通过土地所有者一定的土地出让，取得所需的公共设施用地，并利用项目实施后地价升值带来的收益来平衡道路及公共设施建设费用。

---

① 对应原则是对应土地区画整理之前的宅地的位置、面积、土质、水利、利用状况、环境条件等因素，决定土地区划整理后的宅地(魏羽力，2003)。

土地重划以土地权益人在规划变更前后的土地价值不变为基准,若整理后土地价值增值部分无法平衡原地权人土地面积的损失,政府将通过"减价补偿金"的方式对原地权人进行补偿,若土地价值增值超过原有土地价值,原土地权利人则会被征收高额的增值税。规划可通过对整理后土地的建设与规划指标进行变动,来达到业主前后不动产价值不变的目的(图 3-9)。

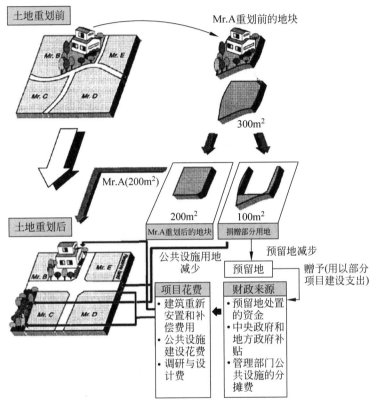

注：①公共设施指道路、公园、广场等，但不包括邮局、医院、学校。
②在这个例子中贡献率占1/3，且图表中的数字是假设的。

图 3-9 日本土地重划的框架

来源：Japan Land Readjustment Association，2003

"让地"和"换地"是土地重划的关键。让地的实质在于土地权利者个人土地财产权的无偿出让,土地区划中权利者也是受益者,让地是受益者负担的一种方式,强调的是公平受益、公平负担,日本全国的土地重划地区的平均让地率为 25% 左右。关东大地震灾后重建,规定"一成让地",即要求所有地主无偿提供 1/10 的土地,有效解决了灾后重建资金不足的问题(郭小鹏,2015)。换地指经过土地重划,代替以前的宅地经整理后重新分配的宅地。换地必须与以前的宅地相对应,换地的位置由换地规划决定。

土地重划分为土地减步(contribution)、地块重整(replotting)和预留地(reserved land)三个环节(魏羽力,2003)。

1) 土地减步

土地减步指地产主缩减宅地面积,出让土地供规划使用。贡献出的土地将作为公共设施用地和保留地,用于基础设施建设和平衡资金。土地献出量的计算需要准确评估前后地价,还要综合考虑资金投入、地块献出的比率和地产主的承受能力等因素。土地献出的最大值=土地价值总增量/土地重划后的单位地价。在保证项目实施后居住地块总地价不低于实施前的前提下,可得出土地献出的最大值。规划后不同区位的地块其献出率略有差别,通过计算最后得出规划后各地块应有的大小。

2) 地块重整

地块重整是土地重划的基本工具,实际上是设计、评估与计算的过程,最终结果是将重整前的杂乱地块置换成符合道路及其他设施的形状,并在地块献出计算的基础上合理确定绿地、公共设施用地的规模与位置,确定各地块的实际大小、形状与区位关系,确定资金地的大小与布局。在实际项目中,还应考虑很多具体的环节,比如,重整的土地力求与调整前有相似的区位关系,如和道路的关系、出入口位置、相邻地块等。地块重整是一项综合而复杂的工作,往往要在住区中经过反复交涉、协调才能最终确定。在进行土地评估时,通常使用的标准土地评估方法是街道价值法。

3) 预留地

预留地指土地重划后,经过土地贡献后产生的除换地与公共设施用地之外的宅地,它的位置由换地规划决定。预留地用于两部分用途:一部分作为道路及公园、停车场等设施的建设用地;另一部分称为"资金地",用于平衡基础设施建设费用,在整理之后出售,以取得资金作为工程费和补偿费的一部分。

土地重划的实施主体包括个体实施单位、土地重划合作组织、都道府县、市町村政府、行政管理机构、住房与都市开发公团、日本区域开发公团和地方公团。根据日本国土交通省的估算,土地重划项目中80%为政府部门组织实施的重点项目,如新区建设、城市蔓延预防等,约占项目总量的80%,其余20%的项目为基础设施开发类型(Japan Land Readjustment Association,2003)。土地重划项目的资金来源主要为通过处置保留地而获得的项目资金,这部分资金占比达到63%。由于土地重划主要解决基础设施开发的问题,其实施也得到了中央和地方政府的财政补贴,这部分资金占比达27.4%;其余资金来自地方管理当局的公用设施共同支付体系。此外,银行贷款和税收减免有时也能够缓解土地重划的资金压力。土地重划方法的运用较好地解决了建设用地短缺、城市开发受阻的问题。

(三) 市街地再开发

1. 市街地再开发的分类

1998年,日本颁布《中心市街地活性化法》,市町村一级的基层政府可制定中心市街地活性化基本规划。市街地再开发通常围绕轨道交通一体化建设,以集聚城市功能为目标,通过一系列鼓励政策和协商机制,实现政府、企业、市民的多元共赢。市街地再开发由统一的实施主体整体化建设,包括附带商业设施的公共住宅、大型办公楼、商业设施、文化设施和酒店等综合体,更新后获得等价值的楼板面积,将"保留楼板"转让给第三方来平衡项目资金。市街地再开发仅限由公共部门管理,民间部门实施者仅能以"权利转换"方式进行。"市街地再开发事业"对应的规划文件是《都市再开发方针》,它是"城市化地区的整治、开发和保护方案"的一部分,并且是一个独立的规划类型;与其他新建项目的设计方案相比,区别在于考虑了更多场地现状、土地整理、经济可行性等与实施有关的内容(周显坤,2017)。

　　市街地再开发事业原则上仅限于城市规划确定的市街地再开发促进区域、高度利用地区,或属于特定街区和城市更新紧急建设区域指定的区域。根据土地产权运作分类,市街地再开发项目分为两种类型,第一种是使用权利变换的更新项目,第二种是难以通过权利变换解决土地整理问题的更新项目,实施主体只能对土地进行征收。根据实施主体分类,市街地再开发项目分为:①政府部门或公共机构实施;②利益相关方共同组成的实施主体。两种类型的市街地再开发项目的类型具体差异如表 3-8 所示。

表 3-8　市街地再开发项目的类型

类型	政策工具	实施对象	实施主体	实施情况(至 2002 年)	
				数量	面积/hm²
第一种	权利变换	城市规划指定的高度利用地区、建筑用地防火建筑占总建筑面积的 1/3 以下	再开发组合为主,政府部门和公共机构为辅	664	796.57
第二种	土地征收	除类型一以外的情形,还包括非防火建筑密集地区或重要的公共设施即将建设的地区,面积不少于 1hm²	政府部门或公共机构实施	30	269.33

来源:Japan Land Readjustment Association,2003

　　第一种市街地再开发的原理是通过实施"权利变换"(right conversion),土地产权人或建筑所有人基于更新前的占有比例获得更新项目部分楼面面积。更新项目通过整合的方式增加了楼面面积,提供了建筑、道路、公园、广场及其他公共设施。虽然因城市公共设施用地增加,开发建筑项目的用地会减少,但通过高度利用地区指定和特定街区制度等城市更新激励机制,建筑项目的容积率上限通常会大幅度提高,以确保原有的土地业主的土地业权被转换为楼板面积所有权后,仍有较多的保留楼板(reserve floor)。保留楼板将出售给第三方,获取项目开发建设资金。再开发实施前,项目主体需对土地所有人在再开发区域内持有的土地、建筑物和租赁情况进行资产评估,再开发项目竣工后,土地所有人将获得与评估价值等值的"楼板面积所有权"。无论是楼板面积所有权区分所有还是共同持有,土地所有权都转变为共同持有(图 3-10)。

　　对于涉及城市防灾、公共交通等基础设施的更新项目,基本都采取第二种市街地再开发模式,以政府或公共机构为土地再开发项目主体的再开发项目,前期通常会通知土地权利人以沟通交流会等形式宣讲再开发项目相关内容,及时告知土地权力人项目的意图、拟采用的规划方案、进展方式和准备情况等。剩余楼板面积的处置办法由政府部门自行研究决定,规划设计顾问公司仅限于调查和规划设计,再开发建成的物业优先出售给有购买意向的原土地所有人。

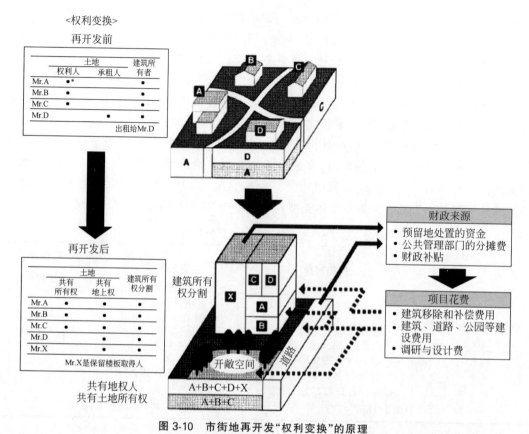

图 3-10   市街地再开发"权利变换"的原理
来源：Japan Land Readjustment Association，2003

2. 市街地再开发的实施

根据更新对象分类，市街地再开发项目分为四种类型，分别是：①城市主干道、轨道交通站等基础设施和功能区开发项目；②在土地高度利用地区内增加高质量集合住宅的项目，提高既有商业街区的利用强度；③在高密度地区的防灾减灾设施建设项目和灾后重建项目；④行政设施、文化设施、公益设施等建设项目。

规划设计顾问公司承担市街地再开发项目设计任务包括两方面，一是政府部门委托的再开发项目可行性研究；二是开发商委托进行再开发项目强度测算分析。规划设计机构作为中立方，与土地权利人、开发商和政府部门等方面进行沟通协调，提出各方均能接受的规划设计方案。如果一个区域申请高度利用地区、特定街区或城市更新紧急建设区域获得政府批准，就具备成为市街地再开发促进区域的条件。

再开发项目将按三步开展实质性的前期工作。再开发项目实施前，再开发实施主体一般会聘请商业与营销顾问公司开展市场调查，并对项目建成后的租赁收支情况进行模拟验证，以确保再开发实施方案的经济合理性；再开发组合经政府批准后，经过专业测量和评估，确定各土地权利人的资产评估值，再根据建筑设计方案、初步设计图纸及工程造价等文件进一步明确再开发项目的总成本,预测剩余楼板面积的销售价格及各土地权利人能兑换的建成后的建筑面积;权利变换计划最终确定后,再开发项目才能获得政府部门正式批准。

市街地再开发事业以市场资本和社会团队为主导。根据日本 2005—2014 年的 149 个更新项目统计,75% 以上的项目由再开发组合作为实施主体,而政府部门和公共机构负责的项目约占 8%(同济大学建筑与城市空间研究所 等,2019)。以东京六本木新城(Roppongi Hills)再开发项目为例,东京六本木新城位于东京中心城区,距离丸之内中心商务区 3km,总面积 11.6hm²,总建筑面积 73 万 m²,容积率达 5.3。该地区原来是一个以朝日电视台为中心的地区,南部被约 17m 的落差分割。土地由将近 400 个小地块合并而成,地界不规则,木结构房屋和小型楼宇集中,地形高低落差很大,界内还有历史庭院毛利花园,环状 3 号线(东京都内交通干线)和榉树坂(区内主干道)穿过地块。

1986 年 1 月,东京都政府的城市再开发方针指定六本木六丁目地区为“再开发引导地区”,朝日电视台和森大厦株式会社开展了对当地居民的动员工作,森大厦株式会社与朝日电视台发出了再开发的号召,1990 年成立了由地区内 500 位地权人组成的项目实施准备组织“再开发准备组合”。1995 年 4 月,作为第一类市街地再开发事业的“都市计画”得到批准。1998 年,设立的“六本木六丁目地区市街地再开发组合”得到批准。2000 年 2 月,权利变更计划得到批准,共有 80% 的地权人参与了此项目,通过“权利变换”确保所有参与者的利益,确认都市更新经费的来源。六本木新城从 1986 年纳入开发计划,至 2003 年项目竣工,历时 17 年,已成为日本国内规模最大的由民间企业承担的城市再开发项目。

五、中国香港地区的更新规划体系

(一) 香港市区重建的规划体系

中国香港地区的城市规划体系可划分为“全港发展策略→次区域发展策略→地区图则(分为法定图则和部门内部图则)”三个层次,其中法定图则具有法律效力。发展计划图是法定图则的一种类型。若重建项目需要修改有关分区计划大纲图上的土地用途,市区重建局(简称市建局)会以“发展计划”的形式推行重建;若更新项目的发展符合分区计划大纲图上的土地用途,市建局便会以“发展项目”的形式推行重建。

发展计划图在被城市规划委员会(Town Planning Board)认为适宜公布后,则被当作由城市规划委员会(简称“城规会”)为实施第 131 章《城市规划条例》的草图,并可取代该图则所划定及描述地区有关的任何草图或核准图。市建局每年需拟定《五年业务纲领草案》和《周年业务计划草案》,并提交财政司长批准,进而为特区政府实施城市更新提供依据。发展计划图的审批采取较为严格的法定管理手段。市建局的审批流程严格遵守法定图则审批要求,且发展计划的详细规划审批也较为严苛,需要提交城规会进行审批(郭湘闽 等,2019)(图 3-11)。

(二) 香港市区重建的规划编制方法

1. 市区重建局组织的发展计划图编制:以皇后大道西/贤居里为例

发展计划图的内容包括计划更新实施主体、更新范围、计划安排和影响评估。发展计

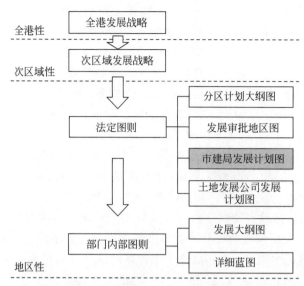

图 3-11　市区重建规划与中国香港城市规划体系的关系

划图包括核准图、注释和说明书三部分。核准图、注释属于法定文件，说明书属于技术文件，说明书的修订不需要经过法定程序，但是仍然可作为规划许可和法院判决的重要依据（林强 等，2014）。"注释"说明图则涵盖范围的土地上经常准许的用途或发展，以及须向城规会申请许可的用途或发展，但在土地用途表第二栏所载的用途或发展则除外。注释具有法律效力，其核心是对土地用途和建筑类型的管控。

以皇后大道西/贤居里发展计划为例，财政司 2017 年初核准皇后大道西/贤居里发展计划，2019 年 7 月公布发展计划图则核准图。发展计划范围的界线在该图上以粗虚线显示，总面积约为 2046m²。该区包括一列唐楼、垃圾收集站、公厕、五人足球场、政府巷道及行人路，区内建筑物楼高 4~6 层，主要作住宅用途，并包括商业/零售店铺，楼宇状况残旧，面向皇后大道西的住宅单位受到路面交通带来的噪声及空气污染影响。在发展计划前，该地块在《西营盘及上环分区计划大纲核准图》上被划为住宅（甲类）、政府、机构或小区及休憩用地地带。

该地块在发展计划中被指定为住宅（甲类）地带，此地带的规划意向主要是作高密度住宅发展，并提供政府垃圾收集站及公厕、长者邻舍中心及公众休憩用地。重新布局的公众休憩用地除提高其可见度外，连接皇后大道西与高升街，为区内提供舒适的步行环境，改善行人畅达度及行人流通。在建筑物的最低三层，或现有建筑物特别设计的非住宅部分进行商业用途，必须先取得城规会的规划许可。办公室及酒店发展用途，需向城规会提出申请。根据《城市规划条例》第 16 条有关申请规划许可的规定，当局可较灵活地规划土地用途及管制发展，以配合不断转变的社会需要。

2. 市区更新地区咨询平台组织的更新计划编制：以九龙城为例

九龙城区是香港的旧区之一，区内楼龄达 50 年或以上的楼宇约占全港逾 50 年楼龄楼宇总数量的1/4,失修楼宇亦有不少。2011年6月,政府于九龙城区成立全港首个市区更新地区咨询平台(简称"咨询平台"),委员来自社会不同界别,并由规划署提供秘书处服务及专业支援。成立咨询平台的目的是就九龙城区内的更新计划向政府提供意见,包括建议重建及复修的范围,以及就保育和活化的项目提出建议,以塑造优质的城市环境。由咨询平台负责开展的研究内容主要包含市区重建的规划研究、公众参与和社会影响评估三部分。

1)规划研究

2012年5月起,由艾奕康(AECOM)公司编制了九龙城市区更新计划规划研究,由香港城市大学应用社会科学系编制了社会影响评估,世联顾问有限公司联合香港理工大学应用社会科学系社会政策研究中心于2012年8—9月和2013年4—6月开展了两次公众参与调查,广泛听取了区内居民及不同利益相关方对市区更新计划的意见,通过全面及综合的方式制订了九龙城的市区更新计划,作为更新九龙城区的蓝本。规划研究、公众参与活动和社会影响评估在编制过程中相互支撑,规划研究及社会影响评估顾问向公众参与顾问建议了咨询重点,协助拟备公众参与摘要等所需资料,并在所属范畴向公众解释有关建议(图3-12)。

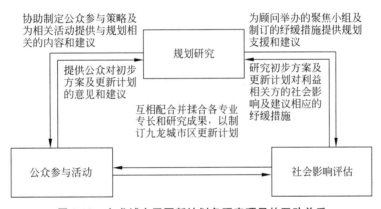

图3-12　九龙城市区更新计划各研究项目的互动关系
来源：AECOM.九龙城市区更新计划规划研究最终报告[R].2014

规划研究的目标是协助咨询平台以全面及综合的方式为九龙城区拟备市区更新计划。更新计划包括确定适合进行重建及复修的范围,就保育和活化项目提出建议,继而提出响应不同地区议题的更新计划方案,并建议可行的实施机制及时序,以响应区内人士对市区更新及改善区内环境的要求。规划研究的重要内容是确定该地区的主要更新议题。包括不相协调土地用途区内外的联系、区内社群的需要、公共空间的质素和现有资源的利用等方面,为更新计划的制订提供依据。

更新计划主要包括基本框架及更新计划方案。基本框架就区内不同的社区提出市区更新方向及范围,例如,划定为重建优先范围、复修及活化优先范围、重建及复修混合范围。而更新计划方案则包括针对不同地区议题及问题的回应方案,这些方案旨在:配合区内个别小区未来的定位为小区营造地区形象,活化文物及设立主题步行径,优化海滨和地区联系和善用土地资源以推动市区更新(图3-13)。

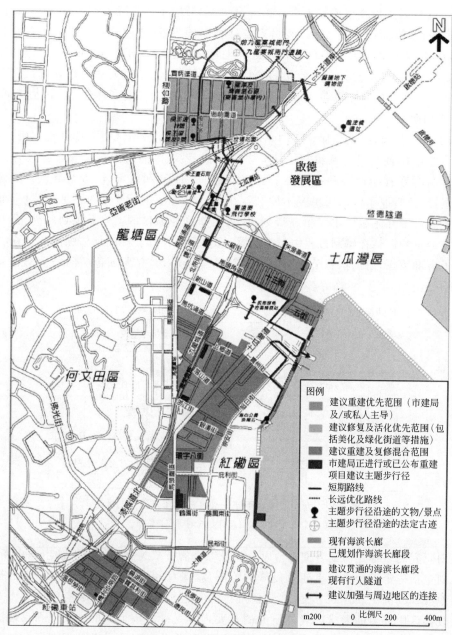

图3-13　九龙城市区更新计划图
来源：AECOM,2014

2）公众参与

公众参与分为两个阶段。第一阶段公众参与顾问为世联顾问有限公司,公众参与问卷调查由香港理工大学应用社会科学系社会政策研究中心负责。在为期约1.5个月的第一阶段公众参与期间,咨询平台在公众参与顾问的协助下共举行了9场聚焦小组讨论、3次工作

坊、2 场公众论坛、7 场意见交流会及多场巡回及流动展览。顾问通过不同途径共收集到
301 份来自不同利益相关方的意见。第二阶段公众参与顾问继续由世联顾问有限公司担
任,在为期约 2 个月的第二阶段公众参与期间,咨询平台在公众参与顾问的协助下总共举行
了 4 场社区工作坊、5 场专题讨论、1 场公众论坛、6 场简介会,以及多场巡回及流动展览[①]。

　　3) 社会影响评估

　　社会影响评估研究从九龙城区、各分区及受市区更新计划影响地区的居民生活环境着
手,制作社区概览;然后利用问卷调查评估市区更新建议对受影响地区的潜在影响;继而
以社区专探访问重要的持份者,为各个受影响的持份者制定合适的纾缓措施,同时通过与
公众参与顾问及规划团队的互动,提供实用及具参考价值的资料[②]。

　　社会影响评估旨在评估规划研究所建议的市区更新计划对小区造成的影响,并提出
社会影响纾缓措施的建议。有关评估分两个阶段进行(图 3-14)。第一阶段评估主要包
括小区概览和社会影响评估问卷调查两部分,揭示了居民中较受市区更新影响的社群,
他们分别是长者、新移民、少数族裔及顶楼加盖屋居民,他们当中包括了业主和租户两种
类型的居民。顾问需在第二阶段的评估中,更深入了解各群组的实际困难,以及探讨纾
缓措施的具体安排建议。第二阶段社会影响评估包括以下三部分:更新小区概览、收集
社会组群的意见和检视现有与市区更新有关的支持服务及措施。在市区更新过程中可
能受到影响的持份者大致可分为业主及租客。在两个组群之中,长者、新来港人士、少数
族裔及顶楼加盖屋居民是较需要协助的弱势社群。社会影响评估最终也提出了社会影
响纾缓措施。

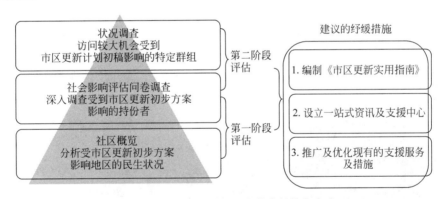

图 3-14　社会影响评估研究的资料搜集方法
来源:香港城市大学应用社会科学系.九龙城市区更新计划社会影响评估最终报告[R].2014

　　3. 法定图则中的综合发展区

　　为提高土地使用的弹性,香港法定图则中,对法定图则中不确定性较大的若干地块,
通过划定控制单元的方式“留白”(其第一栏准许的建筑类型通常为空白),设立“综合发

　　① 来源:世联顾问有限公司,九龙城市区更新计划第一、第二阶段公众参与报告[R].2013.
　　② 来源:香港城市大学应用社会科学系,九龙城市区更新计划社会影响评估最终报告[R].2014.

展区"(comprehensive development area,CDA)。CDA 作为一种特殊的规划管理单元,通常将周边几类不同用途的土地进行合并(以住宅或商业为主,包括政府或社区设施、运输及公共交通设施和休憩用地等),鼓励建设主体整合土地进行综合发展。香港城规会认为:CDA 地带的设立对于城市更新意义重大。CDA 有助于促使市区重建及重整土地用途,鼓励残旧地区(包括旧工业区)进行市区重整,并且淘汰不符合规划意向的用途,例如,乡郊地区的露天贮物及货柜后勤用途;提供合并土地及重整道路模式的机会,并确保各种土地用途及基础设施互相配合,从而改善土地发展潜力①。CDA 的土地面积越大,在发展计划内纳入公共设施、重整土地用途(包括更改道路模式)及地区发展潜力也越大。在厘定"CDA"用地界线及发展密度时,城规会会顾及现有土地用途模式、最新的发展需求及基础设施容量的限制。

　　香港港岛规划区第 4 区分区计划大纲图划定了两块用地为 CDA,CDA 区域应采用整体性规划方法和创新的建筑设计,中环新海滨城市设计研究对 CDA 区域提出了详细的管控要求和设计引导(图 3-15)。CDA 的用地性质类似于内地控规中的商办混合用地、住宅混合用地等。通常在没有其他规划机制可达到所拟规划目的的情况下,香港城会会将一幅土地指定为"CDA"。它的作用在于令市区得以重建及重整,为乡郊地区提供新的发展机会,以及确保特殊地点有适当的布局设计等(宣莹,2008)。根据香港《城市规划条例》,在划定为 CDA 的地区进行发展,建设主体必须拟定一份总纲发展蓝图,并将其呈交城规会核准。在 CDA 开发完成后,城规会根据建成用途变更 CDA 功能。由于 CDA 属于一种"过程中"的用地功能,体现了规划对未来不确定性的预控和引导,因此在促使市区重建、重整土地用途及进行重点地区开发时发挥了重要作用(林强 等,2014)。

彩图 3-15

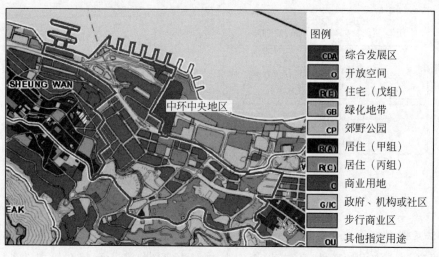

图 3-15　香港港岛规划区第 4 区分区计划大纲图
来源:香港法定图则综合网站,2021/10/16

---

① 来源:香港城市规划委员会.规划指引 17,指定"综合发展区"地带及监察"综合发展区"发展计划的进度。

对于土地发展公司发展计划或香港房屋协会的市区改善计划所涵盖的土地,一般都会指定为 CDA 地带,其中一个原因是防止这些地点进行零碎的发展,以致无法有效地推行综合重建及市区重整工作。对于涉及私人土地的 CDA 用地,由于业权分散会影响 CDA 的发展和实施,因此在划为 CDA 地带时,大部分私人土地通常由单一业权拥有。由于 CDA 地带的划设或会影响第三者的发展/重建权利,发展商必须述明其拥有的土地及是否有计划收购综合发展计划的余下土地。在划设 CDA 地带时,土地拥有权只是其中的一个考虑因素,委员会还会考虑其他因素,例如,是否需要促使市区旧区进行市区重建工作及重整土地用途,以及淘汰不相协调或不符合规划意向的用途(香港城市规划委员会,1995)。

六、中国台湾地区的更新规划体系

(一) 中国台湾地区都市更新的制度与规划体系

1. 都市更新的制定

中国台湾地区的城市更新被称为"都市更新",在 1973 年所谓"都市计划法"的修订中,首次使用了"都市更新"一词。"都市更新"(urban renewal)是指通过维护、改建、重建等方式,使都市土地得以在经济合理的原则下进行再开发与再利用,或合理改变都市功能、增加社会福祉、提高生活品质、促进都市发展。都市更新分为政府主导与民间自发(分别简称公办都更,民办都更),其各自又分为自行实施与委托专业单位实施。

自 20 世纪 60 年代开始实施都市更新以来,中国台湾都市更新经历了政府主导,市场主导、政府监督,公私合作投资多个阶段,近年来逐渐回归政府主导,以公办都更带动民办都更。都市更新从政府主导的衰败区物质性更新演化到开发商主导的城市物业价值再造。2006 年,所谓"都市更新条例"大幅修订通过缩小更新单元面积等举措进一步降低门槛,通过赋税减免和容积率奖励吸引市场资金,同年推出所谓"加速推动都市更新方案"以扩大容积奖励和民间办理渠道。都市更新出现新的发展趋势:呈现由以"基地再开发"为主的更新模式,推进到"地区再发展"及"都市再生";由"重建型"都市更新推进到"整建维护型"都市更新;由"投资型"都市更新推进到"社区自力型"都市更新(陈慈玲等,2014)。

2. 都市更新的基本流程

根据所谓"都市更新条例"的相关规定,中国台湾地区现行的都市更新基本流程分为 6 个阶段:更新地区划定→更新计划拟订→更新事业概要→更新事业计划→实施计划→计划执行。

地方政府就城市发展实际状况、居民意愿、原有社会经济关系及人文特色,进行全面调查及评估后,在城市更新计划书中划定需要更新的地区。都市更新地区划定内容包括:①更新地区范围;②基本目标与策略;③实质再发展;④划定的更新单元或其划定基准;⑤其他应表明事项。都市更新地区划分为一般更新地区、优先更新地区和政府征用更新地区三大类。其中,优先更新地区采取列举法,包括 6 种情形:①建筑物窳陋且非防火构造,或邻栋间隔不足,有妨害公共安全之虞;②建筑物因年代久远有倾颓或朽坏之虞,建筑物排列不良或道路弯曲狭小,足以妨害公共交通或公共安全;③建筑物未符合都市应有的机能;④建筑物未能与重大建设配合;⑤具有历史、文化、艺术、纪念价值,亟须办理保存维护;⑥居住环境恶劣,足以妨害公共卫生或社会治安。

1998—2017 年,中国台湾地区共划定更新地区 3335hm²(丁致成,2018),仅占全台湾都市计划住宅区及商业区的 4.58%,且主要集中在台北市(543hm²)和新北市(458hm²)。2018 年,台北市政府划定都市更新地区计划面积 655hm²。政府划定都市更新地区内的更新单元数量远远不及区外,至 2018 年 10 月底,更新地区内划设 261 处更新单元,区外划设 993 处。

更新地区划定后视实际需要分别制定都市更新计划,作为都市更新事业计划的依据。所谓"都市计划法"第 65 条规定,都市更新计划应以图说表明下列事项:①划定地区内重建、改建及维护地段之详细设计图说;②土地使用计划;③区内公共设施维修或改善之设计图说;④事业计划;⑤财务计划;⑥实施进度。都市更新计划需要详细说明未来将如何使用更新地区的土地,更新地区内的人如何安置,违建户如何处理及可行性等问题。更新计划分成"经政府划定"与"未经政府划定"两种,都市更新实施主体根据都市更新事业计划拟定实施计划。

3. 都市更新的规划体系

中国台湾地区的空间发展计划体系包括:地区综合开发计划、区域计划、县市综合发展计划、都市计划(市镇计划、乡街计划、特定区计划、都市更新)和非都市土地用途分区①。都市更新是都市计划的重要组成部分,与市镇计划、乡街计划、特定区计划同属于都市计划。都市更新规划由所谓"都市更新条例"保障实施,都市更新规划下设主要计划和细部计划(detailed plan)。主要计划指市区层面总体的规划设计,细部计划指更新单元的详细规划设计(图 3-16)。

以台北市都市更新为例,台北市都市发展局统筹都市更新相关事宜,负责编制台北市都市更新的主要计划、细部计划等。2015 年,台北市政府制定"台北公办都更实施办法",选定"公办都更优先推动案件",聚焦于台北都市再生任务的关键地区。台湾都市更新规划编制在更新地区和更新单元层面均有不同的细分和安排。

1)都市更新地区层面

都市发展局需要拟订都市更新计划的目的、核定已划定更新地区;同时需要确定划定更新地区的标准并划定台北市都市更新地区,进而统计市内各行政区划定更新地区的地理位置、面积、土地用途,并阐明更新地区内与建筑容积率奖励的相关规范等,最后拟订都市更新计划书。2018 年,台北市政府对 2000—2002 年公告的更新地区进行调整,划定更新地

---

① 2016 年 5 月,台湾地区发布实施《国土计划法》,整合原有的都市区与非都市区的土地管制,建立全省一元体系,构建了四大"国土"空间功能分区——"国土"保育地区、海洋资源地区、农业发展地区及城乡发展地区。2018 年 4 月中国台湾地区出台了省域总体"国土"计画,台湾地区将以"国土"计画逐渐替代现行区域计画(陈璐 等,2021)。

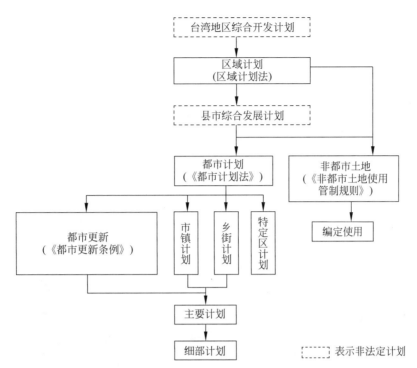

图 3-16　台湾地区的空间发展计划体系
来源：根据台北市都市发展局网络页面改绘

区 85 处，共计 655hm²（图 3-17）。都市更新计划书的内容包括：①缘起与目的；②已划定更新地区发展概况；③检讨划定基准；④更新地区划定范围；⑤实质再发展概要；⑥更新地区内建筑容积率奖励的相关规范；⑦其他；⑧台北市都市计划委员会审议情形；⑨根据委员会决议内容修正。

2）都市更新单元层面

重点是：划定地区内重建、改建及维护地段之详细设计图，土地使用计划，区内公共设施维修或改善的设计图；明确更新事业计划、财务计划和实施进度等。在更新地块层面，需要划定地区内重建、改造和维护地段的详细设计图、地段的土地使用计划、区内公共设施维修或改善之设计图、事业计划、财务计划和实施进度等。台北市都市更新地区和都市更新单元的划定表明，"都市更新地区"划分出若干个不同的范围，代表政府的偏好，但由于中国台湾地区私有产权制度的限制，政府不能强迫划定区域进行都市更新，民众对更新地区的选择不必受此限制（林钦荣，2019）。

1998—2013 年间，台北有超过 700 个项目提交了更新的商业计划，共有 179 个都市更新实施计划通过评估（Yang et al.，2018）。2015 年，台北都市更新处提出"公办都更"。台北市政府制定所谓"台北公办都更实施办法"，选定"公办都更优先推动案件"，聚焦于台北都市再生任务的关键地区。台北市公办都更优先推动计划里分出"公设充实型""经济引导型""咨询辅导型"和"弱势辅导型"四类优先推动更新地区，对于区位条件相对较好的地段

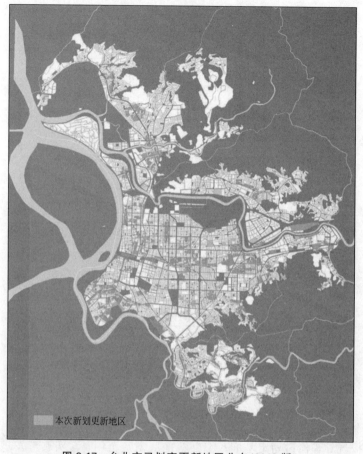

图 3-17　台北市已划定更新地区分布(2018 版)

来源：台北市政府,台北市都市更新计划书,2018 年 12 月 10 日府都新字第 10720232311 号公告发布实施

招商实施更新,相对弱势地区则由政府扶助并自行更新,为地区置入公共设施和功能住宅,以提升城市环境促进都市再生。

台北都市更新 2050 愿景提出"都市更新不仅是促进老旧地区在发展策略方案,更是构建都市未来的重要行动"。台北都市更新处认为,都市更新应当一方面通过制度检讨和调整来鼓励民间都市更新;另一方面应更进一步依照再生计划的指导,主导"公办都更"并完善相关的配套措施,以"公办都更"带动"民办都更",从点到线到面全面更新老旧街区。2015 年以后,基于台湾新的发展局势,台湾提出推动整合型都市更新示范计画,整合灾害预防、改善建筑物结构安全、创造防救灾避难空间、改善居住环境品质、推动地域再生等理念(陈慈玲 等,2014)。

(二) 都市更新单元规划制定与实施方法

1. 都市更新单元划定及单元规划

都市更新单元既是指城市更新事业具体落实的范围,又是体现城市更新事业的最基本单元。它作为单独实施城市更新的分区,强调城市更新唯有在划定区域内开展,同时也明确更新单元内对各项改造项目(商业性质的开发、公共文化基础设施的建设等)的有机结合,实现城市利益的最大化。更新单元的划定要求包括:①原有社会、经济关系及人文特色的维系;②具有整体再发展效益;③符合更新处理方式一致性的需求;④公共设施的合理公平负担;⑤土地权利整合的可行性;⑥环境亟须更新的必要性。具体的划定办法依《地方更新单元划定基准》中的各项标准确定是否符合更新条件。

在实际操作中,都市更新单元划定分为政府划定、更新地区内自行依政府公告基准划定、更新地区外自行依政府公告基准划定三类(图 3-18)。以台北某都市更新单元划定为例,图中虚线圈出区域即为一个都市更新单元,开发商可通过单元内的土地使用分区类别决定土地的建设强度。例如,图中的土地使用分区类别包含住三、住三之一、商三特^①,这些分区是开发强度相对较高的地方。

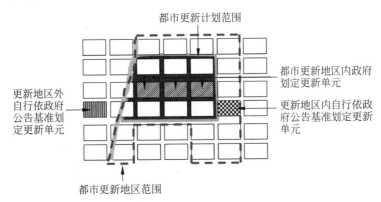

图 3-18　更新地区和更新单元的相互关系图

来源:严若谷 等,2012

2. 市地重划与权利变换在规划中的运用

台湾地区旧市区更新的困难主要源自复杂的产权形态导致开发成本偏高、无利可图的问题。由于更新过程中参与者的有限理性、不确定性、机会主义、少数交易、信息不对称,在土地产权整合与开发利益分配的过程中产生了许多不同形态的交易成本,以致交易成本过高难以推动更新(张能政,2015;边泰明,2009)。通过采取多数表决的方式降低开发过程中的交易成本,但这涉及不同意者的权益保障,解决方式是通过"权利变换"制度给予不同意者财产权的保障。权利变换与市地重划类似,但存在实质差异,市地重划仅处理重划范围内土地的分配,主要应用于未成熟的都市地块。而权利变换既处理土地所有权,还包括地上建筑物及他物权、违法建筑的分配,主要应用于已成熟但老化的城市区域(于凤瑞,2015)。

1) 市地重划

中国台湾都市更新的整体开发模式,通常指市地重划和区段征收,两者的本质都是"地价

---

① 住三、住三之一、商三特是中国台湾地区的土地使用分区类别。住三即"第三种住宅区",建蔽率 45%,容积率 225%;住三之一即"第三之一种住宅区",建蔽率 45%,容积率 300%;商三特即"特别的第三种商业区"。同种用途的土地,其类别中数字越大,土地使用强度越高。

地权化"。市地重划指：政府依据规划内容，将一定区域内零散细碎的土地整理成大小适宜、相对规整的用地，并兴建配套的公共设施和基础设施，其余用地按照原地籍所处位置分配给原土地所有权人；重划范围内的道路、绿地、沟渠等设施用地和工程费用，由土地所有权人根据其相应的获益比例共同承担，是一种有效促进城市更新的手段。市地重划主要依靠协商，政府在重划过程中仅扮演组织者或协调者的角色。从领回土地的比例来看，区段征收之后原土地所有权人领回的土地比例较低（以征收总面积的 50% 为原则，不得少于 40%），而市地重划之后可以领回的土地至少为 55%（黄道远 等，2017）。区段征收是政府基于都市开发建设、旧都市更新、农村社区更新或其他开发目的需要，对于一定区域内的土地全部予以征收。土地重新加以规划整理后，政府取得开发所需的土地及公共设施用地、国宅用地及其他可供建筑用地，原土地所有权人领回一定比例抵价地，再将剩余土地进行公开标售、标租或设定地上权，并将土地处分后的收入用于偿还开发总费用。区段征收实质上是一种具有强制性，同时又具有合作性的整体开发方式。对原土地所有权人采取抵价地补偿方式，就相当于土地所有权人与政府进行的"合作开发"，即由土地所有权人提供土地，政府提供开发费用。

2）权利变换

权利变换制度是 1998 年所谓"都市更新条例"所规定的权益分配制度。权利变换的宗旨是等比例，无论更新之后的总价值增加或者减少，各主体都需按照各自在其中的占比共同分享利益并承担风险，即按更新中相关主体的贡献比例来确定更新后的房地分配比例。权利变换制度采用的是立体分配方式，即实施者在权利变换计划书中写明权利人应分配的建筑物及基地的比例，按照此方式进行立体分配，区别于以往的平面分配方式（图 3-19）。权利变换的参与者包括四类：土地所有权人、权利变换关系人、其他权利人、实施者（实施都市更新事业的机关、机构或团体）。多数决是权利变换的重要机制，实务中的实施者多为土地及合法建筑物所有权人委托的建筑商（于凤瑞，2015）。

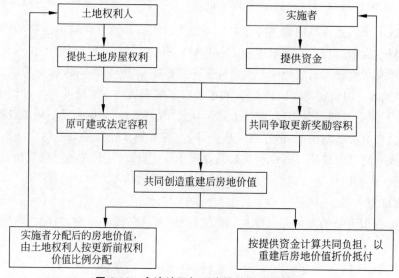

图 3-19　台湾地区权利变换价值配置模式

来源：杨松龄 等，1998

权利变换采用的是以不动产估价制为基础的权益公平保障机制,在进行不动产估价时,估价机构需要提交估价报告书,其中须包含更新前各宗土地的权利价值及更新前各主体的权利价值比例等内容。须由实施者委托三家以上不动产估价机构去评估各主体所拥有的房、地价值,以保证估价的合理性。权利变换前的权利价值评估须测算各利益主体的权利价值总额,由估价师出具完整估价报告书,出席需要估价报告书说明的会议,按照权利人的贡献价值比例分配土地开发权益。

第二节 城市更新的政策工具

城市更新的实施涉及规划管理与配套的财政金融工具等,其核心是对更新后的土地增值收益进行分配。城市更新中的土地增值收益管理既涉及土地储备、土地税收等制度,与更新方式和规划管理的关系亦十分密切。本节从土地增值收益管理方式、规划与开发管理工具、财政与金融工具三个方面总结城市更新的政策工具。

一、土地增值收益管理制度

(一) 土地储备制度

土地储备(land banking)指为了公共用途提前征用土地或大规模预征未开发的土地用于未来的城市发展。另外,土地储备通过提供土地用于基础设施建设,可以影响未来城市发展的方向。通常,土地储备发生于政府购买并不急需的土地,然后对土地进行改良,待土地增值后以较高价值卖给私人业主,也就是我们通常所说的将"生地"变为"熟地"的过程。土地储备活动根据储备目的可以分为两类:一般性土地储备(general land banking)和特定性土地储备(special land banking)。一般性土地储备指由公共部门预先征收已开发或未开发的土地,但对征收的土地并不明确开发用途。其主要目的是导控城市的发展,控制低价,使土地增值的收益归政府和社区所有。强制征地权的界定对一般性土地储备的成败十分重要。特定性土地储备则指在某些公共设施建设之前政府提前征收土地,它的主要目的是降低政府公共设施建设的成本,对控制土地宏观市场的作用远不如一般性土地储备明显。

通常,土地储备具有很多明显的优势,例如:预征时的地价尚未上涨,因此有利于政府节约投资;政府在为项目选址时有更多的余地等。此外,土地储备还是导控城市发展、基础设施建设和土地利用规划最有效的手段。典型的代表是瑞典首都斯德哥尔摩。早在20世纪早期,斯德哥尔摩政府就利用银行贷款和皇室的拨款大量购买土地,到20世纪末期,斯德哥尔摩市政府已拥有全市土地的74%和所有未开发土地的所有权。斯德哥尔摩的土地储备制度对导控城市开发的进程起到了积极的作用,政府从土地储备中获得了大量收益并用于社会住宅的建设,改善了低收入者的居住状况。

土地储备具有很多理论上的优势,但在许多发展中国家的实践中却存在很多问题。世界银行的经济学家索普(Shoup,1983)提出土地储备潜在的问题包括以下几方面。

（1）政府购买土地预示着该区的地价可能上涨，有实力的开发商有可能跟进，使土地增值的收益部分流向开发商。

（2）土地储备要求大量的资金，政府可能面临金融风险。银行利率、运营管理成本等可能会高于土地增值的收益。

（3）政府在预征土地后可能发现另外的基地更适合公共设施的建设，但基于成本考量，政府往往不会放弃原来选择的区位。

（4）土地储备的机会成本相当大，亦即用于土地储备的资金应用于其他用途或会产生更多收益。

瑞典和荷兰从20世纪初期就开始逐步引进土地储备制度，已积累了相当的经验，形成了完善的运作管理制度。中国香港地区和新加坡在20世纪60年代也借鉴了土地储备制度用于市区再开发，并取得了成功。

（二）土地税收制度

土地税收（land taxation）是迄今为止收取土地增值收益最重要和有效的手段之一。公共活动常会带来土地价值的升高，因此通过税收来回收部分土地增值的收益就显得十分必要。哈利特（Hallett，1988）把土地税收划分为两种类型。一种是针对所有城市土地收取的土地税，另一种是对特定情况下的土地增值收益进行评估并征税，包括物业税、土地增值税和基础设施收费。

土地税收被普遍认为是回收土地增值效益、分担基础设施建设投资的有效方式。征收土地税具有很多理论上的优势，但在现实操作中却存在很多问题。一般而言，增加新的税种在政治上往往不受欢迎，尤其是对受益的现有业主征税十分困难。例如，常见的由于地铁建设引起站点周围物业的增值，但如果对增值的物业进行征税可能相当困难。受益的业主会认为是他们的投资眼光或运气导致了其物业的增值而不愿意纳税。地方物业年税是迄今为止使用最为广泛的税种①，通常它是在周期性评估物业价值的基础上收取的，为地方政府提供了稳定的收入来源。但很多学者，包括世界银行的经济学家都认为物业税并不令人满意。主要是由于几乎所有居民都必须纳税，因此在政治上不受欢迎；加上物业税的评估相当繁杂，发展中国家可能不具备它要求的专业技能。此外，收取物业税的成本也相当高昂。它需要建立全面的地籍资料并进行定期更新。如果物业税的税率较低，可能导致收取的物业税还不足以涵盖这些成本。

即使在发达国家，土地税收政策也是相当复杂和具有争议性的。例如，英国工党政府的纲领是防止土地自然增值的收益归土地的业主所有，因此在1948年引进100%的土地开发税（在土地转让时收取），此项税费的收取使得房地产市场几乎处于停滞状态。1952年，保守党政府上台，全面废除这一税费，使沉寂一时的房地产市场重新活跃起来。20世纪50年代末至60年代初，英国的房地产市场盛极一时，但同时房价、地价飞涨，土地投机猖獗。1967年，重新执政的工党政府再次引进土地开发税，不过吸取工党政府20年前的教训，将

---

① 多数发达国家和部分发展中国家采用此种形式。

税率定在 40%,以达到增加政府收益和不挫伤土地业主积极性的双重目的。但由于评估和收取此税的成本过高,在 1972 年又宣告取消。美国的开发影响费也争议颇多。反对者认为它导致了房价的升高和穷人住房购买力的下降,对穷人的影响要远远超过富人。

(三) 土地重划

土地重划(land readjustment)是对多个分散的土地业主拥有的土地进行整合,统一布置基础设施和公共设施,然后再返还原有业主部分土地的做法。它广泛应用于人口和地价增长较快、但政府缺乏足够的资金用于公共设施和基础设施建设的地区。例如,澳大利亚、德国、韩国、日本及中国台湾的部分城市。由于土地重划在改善地块条件后返还了原有地块的相当一部分土地给原业主,因此相对异地搬迁而言,更易被人接受。此外,和土地税收相比,它能使政府保留一部分土地用于公共设施的建设,从而更快地回收土地增值的收益。在内城高密度、低收入住宅区的改造中,土地重划尤其适用。

尽管土地重划有这样或那样的优势,但是并不意味着它可以广泛运用。土地重划的成功需要一系列先决条件,如完整的地籍统计资料、业主权益登记信息、训练有素且公平的房地产估价师和管理人员,以及来自国家、地方政府的政策支持。由于土地重划减少了原业主的用地,所以只有在该地块基础设施条件较差,而且居民改善地块状况的愿望比较强烈的情况下,土地重划才有吸引力。更重要的是,用于再调整的地块必须足够大,使之可涵盖项目成本并将土地增值收益的一部分返还给原业主。

土地重划潜在的一些问题也不能不引起人们的注意。复杂的技术问题涉及地籍的调查及统计,确定返还原有业主土地的比例,物业、地块价值的综合评估等。社会问题包括土地重划常常引起该地区的低收入居民被迫搬离、而中高收入者搬入的情况。在对原业主分配调整后的土地也常面临是否公平的考验。其问题还包括:政府采用了以回收部分土地来补偿公共设施投资的方法,因此倾向于提高该地区的地价,使得政府的投资获得更高的收益。

总而言之,土地重划在一些城市的实践证明了它是一种行之有效的回收土地增值效益和促进旧区改造的方法,但它能否成功应用取决于复杂的技术问题能否得以解决,土地原业主的态度、地块的大小及行政管理是否有效公平等。

二、规划与开发管理工具

(一) 容积率管理

1961 年,新的纽约区划法引入了"容积率"的概念,以此来决定每一地块上允许的最大建筑面积,自此容积率成为区划强度管控的核心指标,建筑密度、限高及空地率(open space ratio)为辅助指标(王卉,2014)。1970 年以后,中产阶级的郊区化、中心区的持续衰败、大规模的城市开发对美国城乡土地使用带来一系列经济、环境和社会的负面影响。在城市更新领域,以容积率奖励(floor area ratio bonus/density bonus)、容积率转移(floor area ratio flow)、容积率转让(transfer of development right,又称开发权转移)、容积率储存(floor area ratio reserve)为代表的容积率调控技术是最为有效的增长管理工具(戴铜,2010)。这些政策工具通过各类调控技术致力于城市中心区空间品质的再造和历史文化环境的保护,调节土地再开发中的私人利益和社会公众利益。英国、日本、澳大利亚等国也借鉴美国的容积率调控技术,实施容积率奖励和转移办法,以此鼓励私营业主提供更多的公共空间,或者保护历史建筑、自然资源和景观环境(金月赛 等,2019)。因容积率转让、容积率储存技术与发展权转移密切相关,将在下一小节"发展权转移"部分进行介绍。

1. 容积率奖励

容积率奖励指政府通过放宽开发地块法定容积率上限的方式,来吸引开发商提供城市公共空间或公共设施的技术。1961 年,美国纽约的新区划法首次提出"容积率奖励"的概念,规定高密度地区开发商若提供额外公共空间可增加一定楼板面积。此项政策推出的十多年间,曼哈顿几乎每个大型建筑均充分利用此政策,至 1973 年,曼哈顿中心约 4.45 万 m^2 的公共步行广场由私人提供(马库斯 等,2001;侯丽,2005)。日本在 1970 年修改了《建筑基准法》,增加了有关容积率奖励的规定:建筑区内有效公开空地面积不低于 20%,若高于 20%可获得额外的容积率奖励。由于日本地震多发,容积率奖励除了鼓励开发商在高密度开发区为公众提供公共活动空间的目的外,更延伸于鼓励预留更多的防灾避难场所(运迎霞 等,2007)。

2. 容积率转移

容积率转移是美国政府为改善传统区划中因标准化空间生产模式创造出单一、雷同的住宅形态而提出的一种创新手段,是指利用容积率所具有的空间设计弹性,在满足开发控制要求的基础上,开发地块内的容积率只要保持总体开发强度不变,可以根据设计者的要求任意浮动,创造出不同特色的空间形态。这里的转移是指在开发地块内局部空间容量位置的改变,并无开发强度的改变,也无产权交易的发生,与容积率的转让有一定区别。为避免歧义,本节所述"容积率转移"均指不涉及产权交易的、不改变地块总体开发强度的、地块内部的转移。

在城市更新中,容积率转移可以带来更多的设计自主权。美国传统区划中为达到通风、采光等要求,通过建筑限高、建筑退后等指标来限制建筑体量。中国也采用日照时长、建筑间距等指标来控制住宅形态。然而这种方式使得开放空间成为一种副产品,缺少了对居民日常活动需求的考虑,且在很大程度上影响了空间的创造性。容积率转移基于开发总量的控制而不是空间形式的控制,可以使城市设计更具特色且更能贴合居民需求,例如,将建筑下层公共空间转移到顶层,将历史建筑上空的容积转移到其他地块进行集中开发等。

(二) 发展权转移

1. 美国的发展权转移

城市更新与存量用地再利用在实际推进过程中时常面临更新成本与收益难以平衡的问题,例如:历史保护街区的更新成本与收益如何平衡?存量用地中增加开放空间的拆除安置成本如何承担?发展权(development right)转移是一项用于平衡土地开发与空间资源保护的弹性工具(覃俊翰,2013),美国、中国台湾地区等地的实践可以充分显示出发展权转移制度在城市更新开发建设、生态保护、历史建筑保护、公共空间开发、公共设施建设等方面所起到的作用,以及中国实施该项调控技术的必要性。

在美国的规划管理中,容积率不仅是开发强度的控制指标,也具有产权属性,能衡量空间的财产价值,容积率的改变对应的是开发权的调整。Kruse(2008)指出"容积率是用于限制一个地区潜在开发权的数值",因此容积率可以看作是"发展权"的数值表达(戴铜,2010)。

美国的发展权转移制度最早于 1961 年由杰拉尔德·劳埃德(Gerald Lloyd)提出,指将土地发展权从限制开发地块转移到鼓励开发地块,可在受让地块上与其现有的发展权相加存在的一种权益转移制度(Barnett,1974)。在发展权转移政策工具中,土地发展权的核心内容是用途、容积率与密度,对可转让的发展权来说主要指容积率,以便于量化、测算价格和比较,因此,发展权转移(移让)也称为容积转移。发展权转移目前已经正式成为美国城市增长的有效管理工具,也是很多研究引用和借鉴的重要内容。发展权转移能实现将一个地块(发送区)的发展权利以容积率的形式转移到另一个地块(接收区)上,从而达到发送区的土地保护和接收区的建设强度提升(图 3-20)。

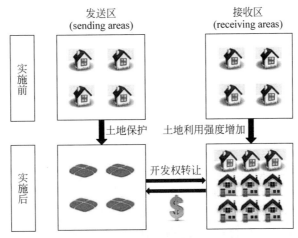

图 3-20　发展权转移政策工具示意图

来源:整理自丁成日,2008

发展权转移在美国各州根据项目的目标在实施时略有差异,总体来说可以分为以下流程:①规划分区与限制,确定土地发展权的发送区和接收区(Pruetz,2003);②土地发展权确权,确定规划分区后,由发送区的符合土地发展权条件限制的土地所有者向当地农业保护局或环境保护局提出申请,相关机构会对发送区土地进行评估并按照容积率转换标准进行土地发展权的数量计算,在审查完毕后双方进行签约备案;③土地发展权交易,在发送区土地所有者获得土地发展权确权后,以市场主导的方式,由中介机构联系买卖双方交易,或土地发展权拥有者与需求者自行交易。具体运行机制如图 3-21 所示。另外,为了保障土地发展权交易的顺利进行,美国许多州在实施发展权转移项目时运用了如发展权转移银行、发展信用银行等发展权转移储存技术(Mercer,2008)。发展权转移存储技术有两个功能：一是充当中介角色,提供交易平台；二是适时调节开发市场,维持供需平衡。

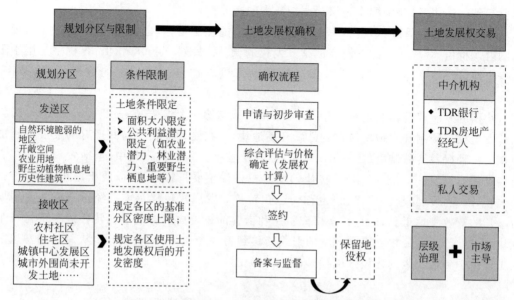

图 3-21　美国发展权转移政策工具的主要运行机制
来源：顾汉龙 等,2015；刘国臻,2007

由于在发展权转移过程中,土地所有者很难及时确定合适的容积率接受地,产生了容积率储存这种辅助手段,在实践中也被称为"容积率银行"(FAR bank)或是"发展权转移银行"(TDR bank)。发展权转移银行指将容积率作为一种特殊资产,以"虚拟货币"的形式由政府或其他非营利机构进行购买储存,再视开发需求进行分配或转让(戴铜,2010)。发展权转移银行作为发展权转移制度的辅助技术,在城市更新的过程中,能调节发展权交易市场的交易时间差,储存未利用的容积率,为发展权交易提供信息平台,并且突破了"相邻地块"原则,实现了广域范围开发强度的整体调控,并弥补了市场需求滞后性的不足。发展权转移银行使得发展权转移计划覆盖的影响范围更广,对发展权送出区和接收区在区位上的限制相对较小。1972 年在纽约市的南街海港特区(special south street seaport district)保护计划中,由于历史街区亟须资金进行保护更新,而接收区的项目不会立即进行开发,导致没有足够的开发商购买历史街区的空间区,南街海港博物馆的银行贷款又即将期满,最终南街海港博物馆决定将其未利用的空间权直接抵押给银行,以偿还贷款,由此诞生了最初的发展权转移银行(翁超 等,2021)。

发展权转移解决了政府区划对容积率粗线条的划分与市场供需不同产生的矛盾,应对规划和市场开发的不匹配,通过市场手段调整开发权。以纽约高线公园(High Line Park)为例,由于高线公园拥有的开发权有限,如果周边地区建筑的开发权完全运用,会将高线公园完全遮蔽。高线公园将高线廊道内原土地所有者的开发权转移到其他符合条件的接收地块,并将转出的开发权出售给开发商。参与高线之友的开发商须接受开发权转移从而获得容积率奖励。

2. 中国台湾地区的发展权转移

中国台湾地区实施的发展权转移制度(当地称之为"容积转移制度")借鉴了美国的经验,最初是为解决历史古迹保护与市场开发之间的矛盾,随着技术的发展及在城市更新过程中对公共设施、开放空间的重视,发展权转移逐渐应用到公共设施保留、公共空间取得、土地征收等多元空间资源层面(金广君 等,2010;任洪涛 等,2015)。

与美国类似,中国台湾地区将发展权转移制度实施地块分为容积率发送区(sending area)和容积率接收区(receiving area)。依照台湾地区与发展权转移相关的规定,台湾地区的容积发送区可归纳为三种类型:①历史资源保护区;②城市公共空间;③公共设施保留地。当这些区域由政府相关部门进行价值评估认定后,便可成为受法律保护的可转移容积率储存区。同时,台湾地区通过"都市计划容积转移实施办法""古迹土地容积转移实施办法"两部所谓的"法律"来设置最基本的容积率价值转换标准及容积率转移量的上限要求。容积率价值转换标准主要以台湾地区各城市的公告土地价格现值及容积率控制指标为基准进行设置,容积率转移量一般规定不超过接收区基准容积率的30%,有特殊情况最高也不得超过50%。容积转移范围内的所有权人可以根据此标准,结合政府部门公开的转移条件和奖励机制来对个人获利进行测算(李文胜,2001)。

台湾地区的发展权转移形式较为灵活,且大多是通过自由市场的交易,主要可概括为三种交换形式。第一种为自愿型转移,即在政府划定的容积率转移区域里的土地所有权人自愿提交转移申请,发送区的土地所有权人从接收区的土地所有权人处获得相应补偿。第二种为奖励型转移,若发送区产权可归国家所有或接收基地产权所有人可提供一定数量的公共设施建设,则双方可获得一定利益奖励。第三种为强制型转移,发送区的产权需划定为国家所有,带有土地征收的性质(金广君 等,2010;任洪涛 等,2015)。中国台湾地区通过尽可能多地扩大容积率转移范围、增加奖惩机制等措施来吸引所有权人参与到制度中,从而节省大量公共建设资金,容积率发送区所有权人获得了经济补偿,接收区所有权人获得更高的开发强度。而这在实践中也引发了一些问题,例如容积率过高引发的居住品质问题(王莫昀,2007)。

(三) 特别意图区和弹性区划技术

1. 特别意图区

发达国家针对城市特色的保护与塑造展开了较长时间的实践,20世纪60年代,美国区划的管控方向从"禁止性"的控制转向了"鼓励性"的引导,并为实现特殊片区的风貌塑造与发展目标提出一项工具——特别意图区(special purpose districts),其内部各项规划要求与基准片区(即传统区划中对土地用途和开发建设强度的划分)有所不同,往往包含更多样化的管控与激励措施,以保护该区域的独特特征。特别意图区不仅是美国区划的重要组成,在其他国家也普遍存在。例如,新加坡特征规划中的特征区(identity area)、伦敦机遇区发展框架中的特色分区(character area)、日本的景观地区等。

美国许多城市更新项目都涉及建立特别意图区,用以筹集公共资金和撬动私人资本投资更新项目。美国的特别意图区可根据强度或功能用途分为不同类型。针对建设强度有特别要求的特别意图区,大致可分为以下几类。①鼓励发展区:包括城市重要中央商务区(central business district,CBD)、商业区、滨水区、鼓励混合发展的片区等,通常容积率更高,或者有更丰富的奖励机制和转移机制;②特色发展区:对某类功能有特别鼓励和考虑,通常允许用地的容积率上浮一定比例;③协调发展区:考虑与周边重要设施的协调或者激励其发展,通常在设施的周边有容积率转移和上浮政策;④风貌保护区:为了协调传统历史风貌、保护城市肌理,对容积率、建筑高度有一定限制(薄力之,2017)。根据功能用途大致分为以下几类。①商业意图区:包括特别商业强化、特别商业限制区,目的为强化某种商业特色或对允许存在的商业类型进行限制,例如,为强化某地区的时装成衣制作和销售特征,设立了特别成衣商业区。②自然景观保护区:包括特别自然区、特别景观保护、特别海岸危险区,以自然景观边界、视廊平面、自然灾害评估的危险范围进行划定。③特色公共空间区:如中央公园区、联合广场区等重要的特色公共空间。④特别混合使用区:主要是为鼓励工厂与住宅的混合开发,如纽约莫里斯港区、亚特兰大区(吴迪,2018)。

在美国,地方政府将废弃工业空间改造与产业发展相结合划定为特别意图区。例如,纽约、芝加哥、匹兹堡、波特兰等多个传统工业城市制定了相应的空间政策来支持都市制造产业的发展。在纽约,地方当局为促进新都市制造业的发展,对工业用地更新划定"产业经济区"(industrial business zones,IBZ),为工业地产业主及入住企业提供税收抵免;通过试点"商业改良区"(enhanced business areas,EBA)的特殊区划,使更新项目在原有的规划指标基础上增加开发强度和用途调整、减少原工业用地规划要求的停车和装卸空间指标(李珊珊 等,2020)。

纽约的特别意图区始于1969年,通过制定针对性的管控和激励措施(通常是容积率奖励)以解决传统区划中标准化、刚性控制对城市特色空间如城市景观、历史保护区等引导失效的问题。至2018年,纽约共划定了72个独立的特别意图区,根据"一区一议"的方式对每个特别意图区的功能业态特色、建筑风貌特色、街道空间特色、三维形态特色等进行引导,并以区划和文本条例的形式进行落实。纽约的特别意图区在某种程度上是对传统区划的一个"补丁",其本身的调整存在程序烦琐、论证期极长的问题,甚至需要1~2年的时间,很难应对快速发展、动态变化的实际情形。

新加坡特征规划中提出的"特征区",是基于国家认同感的产物。新加坡2001年的概念规划中提出要"注重认同感和地区特色",在此指导下,新加坡城市更新局编制特征规划,通过保留和强化城市的特征区域来强化新加坡人的认同感(孙翔 等,2004)。特征规划对特征区边界进行划定,类型可分为四类——魅力老街、乡村海滨、城市村庄、山腰村落(吴迪,2018),并从功能规划、空间指引、建筑保护、交通优化四个方面对特征区提出具体行动建议。

在新加坡规划体系中,特征规划是战略性概念规划与实施性总体规划中间的衔接者,仅仅作为一个专项性的研究而存在,类似于中国的专项规划,并无强制性的编制技术要求。但其问题导向的特征区规划思路值得学习:在特征规划提出具体的行动建议前,至少进行四轮现场调研以充分了解当地居民生活问题与空间需求,依托于居民参与渐进式、小规模地进行建设,当地居民只有亲自参与的规划才有可能产生真正的认同感。

2. 日本都市再生特别地区

2001年6月,日本时任首相小泉纯一郎内阁公布《有关都市再生项目的基本宗旨》,提出"都市再生项目"的概念,旨在为再生活动(即城市更新)提供核心行动方针(山内健史 等,2015)。2002年4月,为了通过城市更新刺激经济复苏和提升城市竞争力,日本出台《都市再生特别措置法》,设立都市再生紧急整备地区和都市再生特别地区,后在2013年又增加了特定都市再生紧急整备地区。这些区域可以不受既有规划中关于功能、容积率和建筑高度等规划条件的限制,有较高的自由度。

"都市再生特别地区"由东京都政府决定,其实施办法是:根据私人开发商的提议划定"都市再生特别地区",容积率分配基于该项目对城市再生的贡献,例如,加强该地区的国际商务功能,提高城市的吸引力等,而不受现有开发导则或技术标准的约束。东京都政府自身不会提出"都市再生特别地区",而只会在私人开发商提出建议时才考虑指定"都市再生特别地区"。在提议设立"都市再生特别地区"时,私人发展商应当提出促进周边地区改善的设施,并通过运用创造性思想来加强东京的竞争力,从而获得放松现行城市规划法规管制的权利,以及额外的容积率(周显坤,2017)。

截至2020年1月,整个日本共指定了52个都市再生紧急整备地域,其中有13个特定都市再生紧急整备地区,98个都市再生特别地区(日本内阁府地方创生推进事业局,2020)。在这种都市再生机制下,政府的作用主要是制定都市再生地区范围,制定都市再生方针,对都市再生项目进行批准,提供技术支持、监管等。私营部门则负责提供更为具体的建造及规划成本,土地业主贡献土地或建筑物(吴冠岑 等,2016)。

3. 美国弹性区划技术

自20世纪50年代以来,美国地方政府创设了各类弹性区划技术和增值管理工具以改善传统区划难以适应存量开发的问题,区划的新发展为城市更新提供了新的规划管理技术手段和思路,为城市更新实践保障社会公共利益、扶持社会低收入阶层提供了支持。弹性区划技术中最常见的是激励性区划、包容性区划、关联性区划政策和叠加区划。

在城市更新中较常用的区划工具是激励性区划(incentive zoning)。激励性区划以欧几里得区划为基准,激励分区使项目能够超越分区限制(如容积率或密度),以换取当地社区的利益,如社会住房、邻里设施或开放空间。激励性区划的核心是以空间增额利益(如容积率奖励)和允许区划条件变更(如建筑后退、层高、停车场地条件)为条件,引导开发商在再开发活动中自愿提供社会所需的公共空间、学校和低收入住宅,使再开发项目最大限度地兼顾城市整体密度控制、减少房地产开发对城市外部空间的负效应(Morris,2000)。

激励性区划的另一个重要作用是通过容积率奖励等方式激励既有权利主体出资金和土地为社会提供公共物品,本质是利用市场力量进行公共物品的生产,通过政府代表公众与开发商签订的一份关于公共物品生产的社会契约,政府支付奖励容积率,并获得公共物品。纽约市的区划在1961年通过引入激励性政策鼓励私人资本投入公共空间建设,并正式提出私有公共空间政策(privately owned public space,POPS),鼓励社会资本投资在私人土地上建设、并向社会免费开放公共空间。截至2014年底,纽约市已在332个项目中共建成总面积达约 350 万平方英尺的私有公共空间,相当于纽约中央公园面积的 10%,这些公共空间的 98% 集中在寸土寸金的曼哈顿岛,有效地缓解了高楼林立的曼哈顿岛缺乏城市开放空间的问题(于洋,2016)。

与激励性区划类似的是包容性区划,或称为非排他性住宅规定。该规定要求开发商在开发新住宅区时提供一定比例(10%~25%)的低收入住宅,以取得区划变更和容积率奖励的许可。20 世纪 50—60 年代,开发空间奖励、公共设施奖励、特定地区奖励等容积率奖励规则最先在纽约、芝加哥、旧金山等大都市的区划条例、城市中心区区划条例中出现。包容性区划制度蕴含了私人开发须承担公共成本的要求,但其最明显的制度特征在于推行住房保障等社会福利公共政策(Connors et al.,1987)。最早的包容性区划实践出现在 1971 年弗吉尼亚州费尔法克斯郡(Fairfax County)的地方规划条例,要求住房土地开发者将计划开发土地的 15% 份额用于可支付性住房建设。90 年代之后包容性区划从之前的强制性份额要求,逐步变得更加强调市场自愿,并增强了原有的政策性激励措施,通过容积率激励、税费减免、加速许可程序等政策手段吸引市场主体的加入(Cullingworth,1993)。包容性区划另一个显著的优势在于通过创建更多样化的社区来消除社会分层、种族隔离所引发的种种社会弊端。诸多学者将包容性区划视为一种具备直接社会控制功能的规划手段,表现为地方政府通过土地规划政策对市场进行规制,以实现社会团结与阶层融合的效果。

与包容性区划政策相类似的关联性区划政策(linkage zoning),最早出现于 20 世纪 80 年代的旧金山市。按照关联性区划条例的要求,由于土地商业开发会吸引区域外的劳动力与人口,这将会导致该地区的住房供给不足,为了抵消非住房性质的商业开发(non-residential development)的负外部性,非住房性土地开发商(一般为商业办公性质的开发)须按照一定的比例向该地区住房信托基金缴纳费用。与包容性规划相类似,关联性区划亦是发生在美国联邦政府对地方补助金大量减少的背景下,其政策旨在通过对私人开发主体的干涉,来解决区域内可支付性住房的供给不足问题。但两者不同的是:包容性区划针对的对象是住房开发主体,而关联性区划则针对的是非住房商业开发主体;包容性区划要求在住房开发区域内按比例配建可支付性住房,带有促进社区融合的社会功能意图,而关联性区划则是按照比例缴纳费用(Hanlon,1989;Altshuler et al.,1993)。

叠加区划(overlay zoning)根据城市发展过程中的新需求,在传统分区的管制基础上添加更为细化的控制要求,补丁式地对原有区划进行补充(如自然保护区、历史街区规划等),对规划内容进行调整,以达到弹性控制的目的。可以说,叠加区划能在未对区划进行大调整的前提下,较为自由地对规划项目起到引导和控制作用(章征涛 等,2014)。叠加区划也如激励性区划一样,对原有区划提出社区营造、住房保障等方面的要求。

总的来说,新区划发展工具更加注重规划的灵活性,通过容积率奖励、税费减免等激励政策吸引市场的进入,并提高了对社会融合的关注。

(四) 开发利益公共还原

城市更新实际上通过规划对土地增值收益进行再分配。在规划中形成的土地潜在租金与土地在当前利用性质条件下的租金构成了"土地租金差",获取"土地租金差"是推动土地开发和再开发的主要动力(朱介鸣,2016)。目前中国的城市更新项目中,由政府行为引起的土地增值收益主要有两种:一是由于政府给予规划许可条件引起的土地增值收益;二是由政府提供配套公共设施引起的土地增值收益。第一种土地增值收益可通过规划得益捕获,公共设施配套要求主要针对第二种土地增值形式。

1. 规划得益

和美国的公共设施配套要求类似,英国的规划得益(planning gains)也是土地增值管理的重要手段。20世纪60年代后期,随着人口增长和城市急速扩张,政府公共建设的负担加重,同时经济发展使土地价值不断上升,土地所有者或开发商获得了巨大的土地增值收益。在这一背景下,社会对于开发利益公共还原的呼声再次涌现。由于土地发展权归国有,在大多数情况下,英国政府通过授予规划许可控制所有的土地发展(Lichfield et al.,1997)。土地所有者或开发商迫切地希望得到规划许可,以获取土地增值收益,这就产生了一种议价机制。政府要求土地所有者或开发商在取得规划许可的同时,承担部分公共设施的建设责任,逐步将部分公共建设任务转移给私人开发者。为获取公共设施建设补偿而做的制度安排最初称为"规划得益",后改称"规划义务"(planning obligation)(惠彦 等,2008)。

规划申请人可以用实物、现金或是某种权益的方式来承担公共设施的建设责任。实物的形式是指开发商负责自行建造一些基础设施项目,内容包括:提供经济适用房,提供开敞空间与环境,提供交通设施及改善出行环境,提供社区设施和休闲空间,提供教育空间如托儿所小学等(Department of Communities and Local Government,2006),现金的方式是指开发商直接支付资金,由地方规划部门组织基础设施的建设。权益的方式,例如,允许社区居民使用其宗地内设施的一些权利(Lichfield,1989)。规划得益突破了原有规划条款的应用范围,开发商通过与地方政府签订一个强制性的协议,来承担那些不能包含在规划条款中的责任(Werban-Smith et al.,1998)。规划条款和规划得益一个重要的区别是:规划条款是作为开发项目管理的公共体系的一部分由地方规划部门强制实行的,而规划得益一般是与开发商进行协商,而且是一对一规定的(Healey et al.,1995)。

规划得益的成功主要取决于两个因素:①公平和透明的评估体系;②可接受的比例。出于对公平性的考虑,应该对要求提供的公共设施和开发量之间有一个合理的比例。换言之,应考虑要求提供的公共设施对开发商而言是否公平。无论是英国的"规划得益"还是美国的"公共配套设施要求"均需要经过三个测试:

(1)政府要求开发商提供的公共设施是否必需;

(2)要求提供的设施的规模是否与开发项目的规模成正比;

(3)要求开发商提供的财政上的支持是否合理,那些明显应由地方财政提供的设施不应强加于开发商。

2. 开发项目强制收费

开发项目强制收费又称为土地开发权捐赠(land use exaction/developmental exaction),指建设开发者因其建设行为引致公共设施需求增加,而地方政府要求开发者直接负担公共设施的成本或直接承担公共设施建设任务,以此作为建设许可的必要条件的制度。

受财政赤字影响,里根(R.W.Reagan)执政期间大幅度削减联邦对地方的补助金,美国地方政府的公共基础设施建设资金面临短缺困境(Nicholas,1987),同时,都市扩张、人口膨胀与郊区化趋势导致地方政府无力向这些郊区的新增区域提供新的公共设施服务,原有的可负担住房也日益无法满足地方住房需求(Altshuler et al.,1993)。在此背景下,开发控制中推进开发利益公共还原的土地价值捕获(land value capture)手段开始得到广泛运用(王郁,2008)。地方政府将提供开发所需的配套公共设施(包括开敞空间、学校、基础设施等)作为开发商获得开发许可的条件之一,以减轻在提供公共设施方面的巨大财政负担。起初,地方政府要求开发商贡献土地以建设公共设施,渐渐地,要求开发商完成基地内的公共设施建设。

20世纪70年代末期,开发影响费(impact fee)逐步取代公共设施配套成为更受欢迎的土地增值收益管理手段。首先,在市中心,在开发许可中实施对开发项目的强制收费。随后,在一些非大城市地区和郊区也开始以“社会资本建设项目(capital improvement program)”的形式,要求开发商承担相应的基础设施或经济型住房等的建设费用。可以看出,这类做法的目的不仅是解决城市建设的资金短缺问题,更在于将城市开发管理与社会经济问题相联系,缓解社会矛盾并推动城市的和谐发展。

除了开发影响费外,其他的公共设施配套手段还包括“关联性区划”和“条件性区划”(conditional zoning)。在“关联性区划”中,市中心开发高价值的商业项目,必须提供一定比例的其他用途,例如,在郊区建设可支付的住房。主要原因是市中心的商业设施建设将提升房价,增加后来者买房的困难。在条件性区划中,开发商可以按照区划规定的强度进行开发,也可以在交纳“关联费”(linkage fee)或提供一些用地作为公共用途后提高开发强度。地方政府发现开发影响费更灵活简单,因此开发影响费成为获得规划许可最常见的条件。

亚当斯等人(Adams et al.,1999)和韦克福德(Wakeford,1990)等人指出,开发影响费的优点包括公平性、公众支持、地方政府财政负担的减轻、地方土地利用的优化等;然而,开发影响费的缺点也不能忽视。例如,房价的提高对住房支付能力的负面影响、开发商的反对等。这种公共设施建设的融资手段使得政府愈发依赖于开发商和开发项目,并影响到政府部门在规划审查中的公平公正性。此外,原有居民不必支付开发影响费,而新居民却不得不支付,因而引起不公平。更为关键的是,开发影响费削弱了区划原有的确定性。在经济萧条时期,开发影响费会降低开发商的投资热情,并影响经济发展。

三、财政与金融工具

资金问题一直是城市更新能否顺利实施的关键。中国的城市更新多以拆除重建、出售持有等重资产开发运用模式为主,寻求短期利益最大化,缺少长期运营管理观念。在发达国家和地区多年的城市更新实践中,借助财政金融工具有效吸引了社会资本,弥补了单一政府主导的力量局限性,引入社区等多方主体的参与,多方共同推动城市更新。本节将着重介绍三类财政金融工具：基金类工具、税收类工具和补助类工具。

(一) 基金类工具

基金类城市更新工具具有一定的金融性特征，其资金灵活又兼具风险，颇受欢迎，在英国和欧洲的城市更新进程中应用广泛，具有代表性的有"城市挑战"（city challenge）基金、"综合更新预算"（single regeneration budget，SRB）基金、区域发展基金（regional growth fund，RGF）以及欧盟结构基金。20 世纪 90 年代以来，英国以公-私-社区（公共部门、私人资本和社区）三方合作机制出发，相继设立了城市挑战、综合更新预算、社区新政等城市更新项目，采用竞标的方式分配更新基金，以公共投资撬动了社会资本的加入，丰富了城市更新的资金来源，使得城市更新得以顺利推行（严雅琦 等，2016）。

"城市挑战"是由英国中央政府设立、财政部出台投标指南，着眼于经济、社会和环境的综合更新计划。其将社区参与纳入城市更新的主体中，从公共部门、私人资本、社区三方合作的角度出发，以竞标方式分配资金，有效聚拢了社会资本力量，助推城市的物质环境与社会环境的持续改善。"城市挑战"基金政策实施主要分为竞争性投标和计划实施的两个阶段。合作伙伴关系在全流程都有所体现，比如，在竞争性投标的筹备阶段就需要建立地方合作伙伴关系，一般以地方政府为核心组建起筹划指导委员会和协调工作组，以求快速开展行动。在地方合作伙伴关系建立后，便开始以商界论坛、社区论坛等形式开展公众咨询并制定行动计划。参与投标的行动计划须包括城市更新目标、战略和项目，以及每年的经费预算和成果预估，并明确基金投入和基金投入所带动的私人投资的杠杆比率（Taussik，1998）。在进入实施阶段后，合作伙伴关系转化为正式的合作组织，筹划指导委员会转变为董事会，担任整个过程中的核心角色。为保证整个过程的质量，对城市更新的成果还会有严格的年度审查，以竞标指南上的产出指标定量考察实施效果，并收回剩余资金，考察结果也关系到次年的资金资助额度。总体来看，"城市挑战"基金具有竞争性、合作性、目标综合性、产出驱动性、面向小地区和时间有限性的特征（Fearnley，2000）。

"综合更新预算"是 1993 年英国政府为进一步提高资金有效利用率，将 20 多个不同部门所管理的城市更新资金合并而来的城市更新基金（阳建强，2012）。综合更新预算继承了城市挑战的核心理念——"公-私-社区"的合作伙伴关系，不断强化社区参与的作用，并在此基础上沿用竞标的形式资助地方的城市更新项目。综合更新预算与城市挑战有许多共同特征，但其相比城市挑战细化了更新目标并适当加大了资助额度和实施期限的弹性。自 1994 年第一轮综合更新预算投标，总共进行了 6 轮投标，资助了 1000 多个城市更新计划。综合更新预算很好地兼顾了落后地区的城市更新，更好地回应了社会公平的问题。

"区域发展基金"是 2010 年英国商务、创新和技能部与社区和地方政府部等部门联合制定的以空间为导向的基金，以期改善落后地区的经济状况，其主要作用是引导具有发展潜力和提供长期就业的私营企业向过度依赖公共部门就业的地区或社区投资（刘晓逸，2018）。该基金的申请评估条件包含：①项目的区位、对公共服务的依赖程度，私人企业的发展潜力；②项目所能提供的额外就业人数以及就业岗位的类型；③项目的经济及社会价值的量化评估结果；④项目是否符合相关法律规定。此项政策在一定程度上改善了区域发展不平衡地问题，但在申请条件设置、基金用途划分等方面还需要进一步改进。

欧盟结构基金(structural funds)对英国以及欧盟成员国的城市更新进程发挥了非常重要的作用，其运作机制与英国综合更新预算(SRB)相仿，以竞争性资金分配方式为基石，把"公-私-社区"的三方合作伙伴关系作为一个硬性入门要求：若某个城市想要得到基金支持，必须展示出能够把"公-私-社区"多方凝聚在一起办大事的能力(张更立,2004)。

(二) 税收类工具

与中国城市更新以开发商投资为主、政府适度支持的模式不同，美国城市更新的财政金融工具以税收类工具为代表，如物业税增值和各类税收减免等，激发各城市更新主体的积极性。地方经济发展组织通常提供一系列的公共融资工具帮助开发主体减少开发费用、债务费用和运作费用，包括提供贷款抵押担保(loan guarantee)、提供再开发补助金、税金减免(tax credits)、债券融资(bond financing)等，以城市更新为目的主要税收融资模式包括税收增额筹资(tax increment financing,TIF)和商业改良区(business improvement district,BID)两种(姚之浩 等,2018)。

在美国广泛采用的税收增额筹资，是一种利用存量土地的价值增值为城市更新项目提供运行资金的融资模式，最初由州和地方政府提出。其原理是地方再开发机构选择再开发地区划定为 TIF 政策区，拟订再开发规划并批准具有潜力的项目，预估项目费用和周期，在 TIF 政策实施前对地区物业税现状、收入来源、未来物业的增值收入进行评估。在 TIF 政策期内冻结政策区内所有房地产评估价值，政策期内由于经济发展带来的上涨的房地产评估价值将用于 TIF 政策区内的公共基础设施改善和再开发项目，也可转移至其他 TIF 政策区用于开发投资(图 3-22)。地方政府运用 TIF 工具有效地回收了地区土地外力增值，将增加的物业税用于社区的物质空间更新和基础设施建设，降低了政府干预城市更新项目的经济风险(姚之浩 等,2018)。

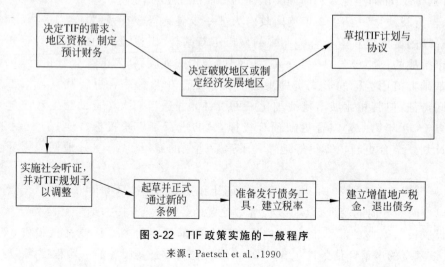

图 3-22　TIF 政策实施的一般程序

来源：Paetsch et al.,1990

　　TIF 的另一种说法是税收分配区(tax allocation district，TAD)，TAD 是在 TIF 的融资政策基础上，对于一个特定范围内的房地产征税体系进行改动、对税收资金灵活应用并撬动私人投资的融资政策。其内在机制是将由于城市更新带来的房产价值增长引发的房产税增长，用于城市更新的各项建设活动。其主要步骤是，首先，由政府制定一个城市再开发机构，由该机构划定政策范围、解释项目必要性、提供发展规划、计算建设成本，并基于目前的税收水平预测未来的房地产增长情况(李泽 等，2020)；其次，在该机构提交再开发规划之后，由当地市郡级立法机构评判政策的通过与否；再次，在政策实施阶段，被划定为 TAD 政策区的房地产价值被冻结 20 年左右，其项目开发所带来的税收增加归属该机构，用于地区的再开发。TAD 模式改变了单一的"政府-企业"合作模式，引入了第三方私人资金，促进了项目资金的多元化，使得项目的推进更为顺利。在美国的亚特兰大市，以原有环状铁路为基础的环线 TAD 政策正是 TAD 的实际应用之一。2005 年，亚特兰大富尔顿城市政府、县委员会和亚特兰大公立学校董事会批准了亚特兰大 BeltLine 环线重建计划，截至2020 年，亚特兰大环线重建项目已经建成超过 2400 套职工廉住房、10 余英里(1 英里＝1609.344 米)的复合功能城市铁路，并提供了 11000 多个永久就业岗位，保证了当地许多家庭的和谐稳定，激发了社区活力，为每一个亚特兰大人创造了公平的机会(Atlanta BeltLine，2020)。

　　BID 作为一种基于商业利益共赢，地方和商业团体自愿联盟的以抵押方式开展的自行征税资金机制，运作资金来自于商业区内各业主根据物业评估价值自愿负担的地方税(约占 80％以上)、地方政府拨款和公共资金筹集(姚之浩 等，2018)。1992 年成立的纽约布鲁克林区的大众科技中心商业改良区(mass technology central buiness improvement district，MTBID)，聚集了 JP 摩根、国家电力、帝国蓝十字和蓝盾公司等跨国商业机构以及纽约大学理工学院等学术机构。2014 年，区内各机构所交的地方评估税占了 MTBID 总收入的89.82％，充足的资金为区内机构和商家的公共服务提供了保障。

　　TIF 和 BID 政策均属于经典的溢价回收模式，主要是将项目中受益人的全部或者部分的收益作为保障公共项目投资、融资来源的一种运行机制(马祖琦，2011)，其成功经验得益于完善的城市规划制度和地方政府比较灵活的税收管理权，较好地满足了城市更新区域开发建设的需要。

　　中国台湾地区的城市更新中也有税收类工具的应用。台湾的租税减免措施起源于各式房屋土地税种繁多的情况，涉及都市更新的税种有地价税、房屋税、契税、土地增值税等，这些税种是地方公共建设资金的重要来源，以征收累进税为原则(贾茵，2015)。所谓"都市更新条例"第 46 条规定，更新地区内的土地及建筑物，依下列规定减免税捐。①更新期间土地无法使用者，免征地价税，其仍可继续使用者，减半征收，但未依计划进度完成更新且可归责于土地所有权人之情形者，依法课征之；②更新后地价税及房屋税减半征收 2 年；③依权利变换取得的土地及建筑物，于更新后第一次移转时，减征土地增值税及契税 40％；④不愿参加权利变换而领取现金补偿者，减征土地增值税 40％；⑤实施权利变换应分配的土地未达最小分配面积单元，而改领现金者，免征土地增值税；⑥实施权利变换，以土地及建筑物抵付权利变换负担者，免征土地增值税及契税。以上减免土地增值税和契税的税收优惠仅限于权利变换式的都市更新,有助于政府、开发商、居民等组成利益共同体,促进都市更新的稳步有序进行。

(三)补助类工具

补助类政策工具主要借助资金奖励、财政补助等措施,推动业主自行实施城市更新活动,提升土地利用效率。新加坡和日本运用该政策工具较为典型。

新加坡由于土地资源紧张,对各类产业用地采取高容积率导向。根据不同的行业、土地区位、租期的长短等,国土规划部门对不同行业的产业用地容积率制定了下限容积率,每3~4年做一次更新,并将容积率要求落实到每个详细的宗地地块上。为提高已出让产业用地的容积率,新加坡当局制定了以鼓励为导向的奖惩措施。对于容积率达到要求的,新加坡政府给企业发放集约奖励津贴(land intensification allowance,LIA),以资金奖励手段鼓励企业提高土地利用效率,具体要求如表3-9所示。对于容积率未达到要求的,则按照比例重新折算土地出让期。获批集约奖励津贴计划的受助人,从原来未达容积率要求到达到容积率要求的,实施建筑物或构筑物的建造或翻新/扩建而产生的新增基本建设开支,可享有各类津贴优惠。集约奖励津贴是新加坡于2010年提出的奖励计划,由新加坡财政提供奖励津贴用以促进土地的高效和高质量利用,同时促进土地旧有建筑的改扩建,其有效期为2010年7月1日—2020年6月30日。在有效期期间,集约奖励津贴经过两次修改调整。另外,从2017年3月8日起,集约奖励津贴还增加了支持在综合建筑和预制加工中心进行的贸易或商业的内容以鼓励产业上楼和混合用地(周思飒 等,2020)。

表3-9　企业获得集约奖励津贴的要求

合 格 标 准	2010.02.23—2014.02.21	2014.02.22—2016.03.24	2016.03.25—2020.06.30
区域	B1/B2	B1/B2;机场/港口	
贸易或商务	指定的制造业	指定的制造业、指定的物流业	
容积率最低要求	为尚未符合标准的贸易或商业制定容积率要求	为尚未符合标准的贸易或商业制定容积率要求;为已经符合最低容积率要求的建筑物做10%的增量的改善	为尚未符合标准的贸易或商业制定容积率要求;为已经符合最低容积率要求的建筑物做10%的增量的改善;为指定的贸易或商业制定最高的容积率要求
使用建筑物总建筑面积的至少80%	只能有一个使用者;只能有一个符合条件的贸易或商业产业		可以只有一个使用者;可以有多个相关使用者,用户要被认为是相关的,必须拥有至少75%的共同持股;可以由多个符合条件的贸易或商业使用
建筑物使用者和业主的关系	无要求		至少有75%的股权相关

来源:周思飒 等,2020

在日本,对"都市再生"与"市街地开发事业"这类公共事务,日本政府设置了补助金和交付金等几类财政补助。例如,政府通过设置社会资本维持综合补助金等补助类工具对

"市街地再开发事业"进行资金支持(表3-10)。如果是都市再生特别地区,其中民营资本主导的再开发项目可以获得由日本国土交通大臣批准的特殊金融支持和税收优惠,如提供债务保证、都市再生无息贷款等。另外,还可以获得中央政府和地方政府对四项费用的补助:①调查规划、设计费用;②建筑物拆除、临时安置费用;③广场、开放空间等兴建费用;④停车场等公共设施兴建费用。中央政府和地方政府各承担项目所需费用的1/3。若被指定为特定都市再生紧急整备区域,则会进一步加大支持力度(周显坤,2017)。

表 3-10　市街地再开发事业的资助机制

	核心业务	内　容	补助率
社会资本维持综合补助金等	市区重建工程等	设施大楼及其场地维护所需的部分成本待批项目。①勘测设计计划。②土地维护。③联合设施维护等。	1/3*
	道路业务	维持城市规划道路所需的费用	1/2等

数据来源:日本国土交通省都市局市街地整备课,2021/08/22
*:灾难恢复城市重建项目的补助率为2/5。

　　此外,为弥补以往局限聚焦于"道路、公园、河川、下水道、土地区划整理事业、街区再开发事业、公营住宅整备事业"等纯粹物质环境的补贴所产生的疏漏,日本全国都市再生事业引入了社区培养补助交付金制度,重点针对"社区社会实验""基于市町村提案事业"等社会性事务活动进行补贴(于海漪,2016)。

第三节　城市更新的制度架构

一、行政架构

(一) 不同国家和地区城市更新的机构设立与职能设置

　　20世纪70年代以来,西方国家城市更新政策经历了从政府主导、具有福利主义色彩的内城更新到20世纪80年代市场主导、公私伙伴关系为特色的城市更新,再向20世纪90年代以公-私-社区三向伙伴关系为导向的多目标综合性城市更新转变(张更立,2004)。英国、美国、德国、日本和中国香港地区在更新机构设立模式方面具有典型性。

　　1. 英国

　　20世纪60—80年代,中央和地方政府开始实施一些专门针对内城问题的政策,以改善社会福利和环境卫生状况。例如内政部针对贫困移民出台的《城市计划》(Urban Programme),地方政府为复兴城市严重衰落地区提出的《地方政府资助法案》(Local Government Grants Act)等。在这一阶段中,政府是城市更新行动的主导者,决定着援助项目的具体对象、方式和规模,然而由于缺乏私人资本的积极参与,地方政府难以在更普适的范围大规模推广更新。1979年,撒切尔(M. H. Thatcher)政府开始逐步改革城市更新政策,将旧城的经济环境复兴放在首要地位,并鼓励私人资本参与城市更新项目,通过设立城市开发公司(urban development corporation),形成了一种以房地产开发为主要内容的"公私伙伴合作"机制。作为一种专门为城市更新设置的机构,城市开发公司由具备专业知识背景的人员组成,主要开展强制收购、土地整理、基础设施建设等更新的前期准备工作。在中央政府的批准下,城市开发公司除了可以强制征收辖区内所有的土地外,还拥有本属于地方政府的规划控制权和规划实施权,从而简化了原有的规划审批和公共征询程序,以提高更新效率。但自上而下的房地产开发忽视了对地方居民利益的普惠,缺乏可持续性,最终城市开发公司全面关闭(Taussik et al.,1998)。进入 20 世纪 90 年代后,即通过中央政府的资金激励,地方政府和城市复兴公司牵头形成多方"伙伴合作"的模式。其中,英格兰公司(English Partnerships)代表中央政府立场,具备强制购买及在新城范围内进行测绘和规划的权力,负责统筹解决土地开发衰落、利用不充分和空间闲置等问题。地方政府提供了资金和政策等城市更新资源,推动形成了一定数量的区域发展代理集团(regional development agency),如城市复兴公司等。在这种"伙伴合作"的机制下,本地政府作为更新行动的主体政府,以扶持城市衰败地区为目标导向,需要与社区居民在规划征询等方面保持紧密联系,并积极鼓励私人资本的介入,结合相对弹性的政府专项资金来推动经济建设、社会环境、物质景观等的全面更新。在伦敦,"伙伴合作理事会"能够连接中央政府伦敦办公室,以及土地所有者、地方政府代表、银行、志愿者和区域独立机构、社区代表等多元主体,促成政府资本和私人资本的有机融合(图 3-23)。

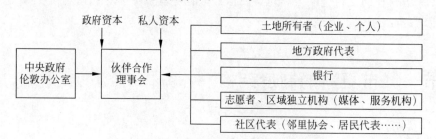

图 3-23　伦敦城市更新的"伙伴合作"模式

2. 美国

美国城市更新进程的核心特点在于公共部门和私人部门等多方利益相关团体间的复杂互动关系决定了更新项目实施的成效(王兰 等,2007)。以下将以波士顿城市更新局的设置为例,分析地方政府城市更新机构设置的演变和具体职能。自 1914 年波士顿设置规划委员会以来,该机构经历了房屋局再到城市更新局的职能转变(谢帆 等,2021)。在进行城市更新实施管理的实践中,城市更新局首先制定出能够指导未来数十年发展的"远景"设想,再将更新任务分解为若干项内容,以地块为单元进行分类研究,制定土地规划并开展城市设计,进而通过颁布《方案征求书》进行公开招标和中标后的审批。城市更新局在备案中标材料后,召开听证会广泛吸纳公众特别是社区居民的意见(高岩 等,2005)。最后,通过专业规划公司辅助完成项目设计评审阶段后才可以正式施工(图 3-24)。此外,城市更新局还担负着项目后期运营维护的职责,实现了全流程的周期性管理及政府与公众间的宏观协调管控。值得注意的是,城市更新局在实践中根据项目的特征和需要赋予了适当的自由裁量权,尽可能地保护了城市更新的多样性和创造力,避免"千城一面"的管控局限性。波士顿城市更新局的主要成就包括创立了地区规划分区法,设立了临时规划覆盖区,构建了多元参与体系,挖掘了创新区的潜力,为国际范围内的城市更新规划提供了启示和借鉴。

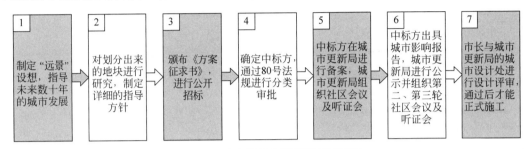

图 3-24　波士顿城市更新管理流程图

来源:谢帆 等,2021

3. 德国

从"中央—地方"的行政尺度来看,德国联邦、州、地区和市镇的城市更新主导机构分别为联邦的建设和住房内政部,州的住房、建设和交通部,地区的建设管理处,以及市镇的城市更新处。其中,联邦的建设和住房内政部负责明确联邦年度城市更新促进计划总框架、重点、资金和技术指引,而地方(市镇/自治市)的城市更新处与城市规划和建设处、社会工作部门协助,负责更新地区的调研准备、范围划定,以及更新规划的目标、成本、融资计划,此外还包括项目具体实施中的监督和管理。总体来看,德国联邦的各个层级均设置了相对独立的更新管理机构,而资金和战略的统筹基本由上层管理机构主导(刘迪 等,2021)。

4. 日本

日本明确区分了公共部门和民间部门两类城市更新实施主体,其中前者主要包括地方政府、都市再生机构(urban renaissance agency,UR)、房屋供应公司,而后者由个人、工会、再开发公司等组成。日本第二种市街地再开发的权限仅授予公共部门,而民间部门的实施主体只可通过"权利转换"①的方式参与。日本能够相对顺利地大范围推进城市更新项目,得益于设立了专门的城市更新机构,例如1955—1980 年设置的日本住宅公团较好地配合国家政策推进了新城建设及公共设施、铁路沿线住宅的开发。纵向来看,1981—1996 年的住宅·都市整备公团较显著地将机构职能提升为整体都市机能更新,1997—2003 年的都市机构整备公团则以充实都市基础设施更新、推动土地重划事业为主要责任,2004 年,地方都市开发整备部门合并为 UR 都市机构,积极引导民间企业的资金、技术、经验投入城市更新(表3-11)。

---

① "权利转换"模式:实施城市更新根据都市计划核定的容积率、兴建完成的总楼地板面积中,由权利人以等值交换分配所得部分称为"权利面积",其余则为"保留面积","保留面积"将由投资者负担城市更新所需费用予以取得。其参与取得"保留面积"的投资者,以工会方式实施时,得以加入成为工会会员身份与原权利人享有相同的权利与义务。

表 3-11   日本城市更新机构演变

时　间	机 构 名 称	主 要 功 能
1955—1980 年	日本住宅公团	配合国家政策的新城、公共设施及铁路沿线住宅开发
1981—1996 年	住宅·都市整备公团	功能提升为整体都市机能更新
1997—2004 年	都市基盘整备公团	充实都市基础设施更新、推动土地重划事业为主
2004 年至今	UR 都市机构	协调推动城市更新,积极引导民间企业的资金、技术、经验投入城市更新

来源:林崇杰 等,2014

5. 中国香港地区

中国香港地区的更新重建和空间治理过程中关于一系列法定机构的创设具有重要借鉴意义,如市区重建局(简称市建局)、市区更新地区咨询平台、城市规划委员会和房屋协会等。这些非政府机构拥有较深厚的官方背景,能够直接参与更新,协调政府和市场的关系,并促进灵活治理管控模式的形成。其中,市建局是根据《市区重建局条例》于 2001 年 5 月成立的法定机构,独立于政府部门之外,是有官方背景支持和约束的独立运作机构。市建局是市区重建最重要的执行机构,作为一个非营利组织,有明确的工作目标,主要针对市场不愿参与且政府本身没有时间推动的、相对困难的市区重建任务,其核心目标是"做出适当的财务和相关安排。在财务上实施该计划可能不可行,但对整个社会和城市更新有利的项目"。市建局负责出台指导市区重建工作的纲领文件,指引执行机构市建局的发展方向,通过鼓励、推广及促进香港市区更新,应对市区老化,并改善旧城区居民生活环境。市建局在把任何重建项目提议纳入业务纲领和业务计划前,须取得香港财政司长的批准。市建局成立的意义在于体现了一种探索公私合作、与时俱进的新模式。它可以像普通开发公司一样进入市场征用土地,这种"双轨运作"模式的公益性和市场性具有鲜明的香港特色。市建局的成立标志着香港的市区重建活动已进入以政府为背景的法定机构主导阶段。香港市建局的组织架构如图 3-25 所示。

市区重建咨询平台是在特区政府发展局主导下成立的独立机构,由政府公职人员、专业人士及地区议会代表等多方成员共同组成。市建局可参照咨询平台的建议、楼宇状况调查及考虑自身人力、财政情况,主动选择区域开展城市重建。由于咨询平台不是市区重建的实施方,对于项目的实际操作考虑有限,因此在实际运行时具有一定局限(郭湘闽 等,2019)。

6. 城市更新行政架构的特征

总体而言,许多国家和地区都有权威部门开展重建和更新工作,包括政府部门、政府部门下属机构(如新加坡城市重建局)和独立于政府的组织(如英国城市发展公司)。同时,也有由政府、个人和居民组成的机构,各部门各司其职,相互配合,对需要改造的项目制定详细的调查、规划和管理策略,形成良好的管理体制。

英国、美国、德国、日本四国城市更新管理体系具有纵向分权和横向分权的特点,即从国家、州省到县区、市镇垂直分权的管理,以及项目实施阶段多利益主体之间的横向分权。从纵向管理来看,"中央"和"基层"头尾两级的更新管理在实际更新事务管理中最为关键。

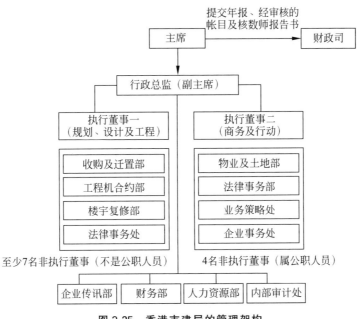

图 3-25　香港市建局的管理架构

上级政府部门主要负责中央更新专项资金的区域分配和更新目标原则的制定,下级政府部门主要负责行政区域内更新区域的划定和应用,基层政府部门负责实施方案的验收和监督。基层政府的更新管理大多采用"政府更新管理机构 + 授权的市场化/自治"合作主体的形式,以维护社会公众和弱势群体在城市更新中的利益。从横向分权来看,在项目实施层面存在广泛的多代理伙伴关系,以及广泛嵌入项目实施层面的企业、公民和第三方组织。横向分权除了能够发挥各主体相互监督作用外,社会属性的植入也是维持更新可持续管理的保证(刘迪 等,2021)。

(二) 不同国家和地区城市更新的管理经验与运作模式

1. 政府管理型

德国科隆和荷兰鹿特丹是政府主导管理的典型案例。科隆的做法是政府管理与调查规划相结合,针对旧城改造成立由 5 人组成的直属于政府的专门领导小组,负责全面规划、协调拆迁、设计与施工等全流程管理。其中,更新规划的制定建立在对旧城区、旧住房和具有保护价值的文化遗产等建筑的全面调查之上。而在荷兰鹿特丹,除要求保护原有建筑物、构筑物和区域环境,从而引导区域文化可持续发展之外,政府管理部门还将改造规划分为用地规划、政策规划、区域规划和详细规划等。值得一提的是,荷兰对每一个改造区域都编制了中长期的更新改造规划或五年实施计划,充分发挥政府的统一指挥作用。

2. 公私合作型

英国伦敦和法国巴黎等是公私合作型的典型案例。20 世纪 80 年代,撒切尔夫人设立准政府型的城市开发公司后,逐渐成熟的伙伴合作机制从根本上保证了城市社会问题、物质环境和经济振兴的统一,促进了各部门间的协调与合作,确保有限的公共资金得到了有效利用。伦敦的"国王十字伙伴合作"组织过程以开发商、社区居民团体为两大利益主体,由肯顿区政府负责协商,其资金的主要来源则为开发商和部分本地私人资本。在规划申请、土地开发赋权、公众征询、规划协商和更新规划制定等多个方面都体现出了"公私合作型"的优势。巴黎的"政府主导、公司化运作"机制也与伦敦的公共管理模式类似,即巴黎市政府出资51%的股份与一家或几家私营公司合资成立一个从事旧城改造的专业化投资公司,且为该公司提供信用担保,而投资公司的改造资金来源主要为银行贷款。这种机制源于"规划具体实施必须按市场规律办事,政府作为市场规则的制定者和监督者不能直接出面进行旧城改造的操作,政府既不会为追求赢利而直接出资改造,也不应因此而背上财政赤字的包袱,政府的目标在于改变城市面貌、提升城市功能、繁荣市场,从而增加税收并提高就业率,但是完全交给市场来运作也不行"的观点(林拓 等,2007)。

3. 市场主导型

尽管公私伙伴合作关系受到了广泛认可,但也存在一定的局限和弊端,譬如,在政府和私人开发商的更新目标难以达成一致时,合作机制的清晰性降低,相应的社会政策因而难以有效实施,导致城市更新进程中的社会矛盾加深。据此,一些城市采取了市场主导型的措施以解决上述问题。例如,英国伯明翰的布林德利地区运用"混合使用"的理念进行了"分期开发、滚动回收",即建设少量的办公设施,以及具有高度渗透性、良好的步行联系和精心设计的公共空间,通过分块的准确判断与严格的财务核算,分步骤推进整体的更新规划,并取得了良好效果,成为了伯明翰的投资热点地区。

4. 群众自助型

群众自助型的基本设想符合《联合国人居环境会议宣言》所明确提出的"人人享有居住的权利,实现住区可持续发展"等理念,也体现出了广泛发动公众参与,调动全体居民自力更生建立美好家园的积极性,即"以人为本"的原则,更好地尊重公共意志和多元利益。但由于众口难调,在公民意志凝聚为共同目标的实践中往往存在较大的阻碍,因此实施该管理模式的典型案例较少。以英国北方纺织城麦克尔斯菲尔德更新为例,该地区在1972年由政府宣布决定拆除后招致了部分原住社区成员的不满。当地的建筑师哈尼克(Hamik)为此成立了一个社区委员会,通过调查研究得到技术报告,制定出整个街区的更新改造计划,说服了政府取消关于拆除该社区的决定。这一社区委员会作为基层组织,通过统筹不同来源的资金并集中使用,将改善居住环境的计划变成了现实,让全体成员在街区的设计、拆除、清理和营造等不同阶段充分发挥了各自作用,形成了居民自治的"哈尼克现象"。

二、法律制度

(一) 英美法系特点及其在城市更新领域的运用

英美法系(亦称"海洋法系")的核心特点表现为其法理渊源和司法审判实践更倾向于遵循"既有判例"而不是"成文法典",即以个案判例的形式作为法律约束力和参照性的判例法(case law)。此外,其法律分类和法律编纂形式也与大陆法系存在差异。简单来说,大陆法系分为公法和私法,而英美法系则分为普通法和平衡法;大陆法系倾向于法典形式,而英美法系以单行法为主。尽管当代英美法系对大陆法系的编纂方式有所借鉴,但主要集中于对判例的汇集和修订。

基于英美法系制度特点,城市更新也通过单行法的形式体现在英国的法律体系中。例如,20世纪80年代以来的英国城市更新实践在很大程度上受到了1980年《地方政府、规划和土地法案》(*Local Government Planning and Land Act*)的影响,主要体现在对地方政府职能和权力的约束,以及作为政策配套措施对城市更新开发公司等新型实施主体提出了明确的法律要求,包括公司的组织架构、财政运营、职能权限与管辖范围等。此外,英国先后颁布或修订了《地方政府法》(*Local Government Act*)(2000年、2003年)和《住房法》(*Housing Act*)(1988年、1996年、2004年)等单行法,进一步通过立法形式对地方政府的职权做出规定,并为后续开展的住房供给、产权政策等提供法理支撑。

英美法系的另一代表性国家——美国,尽管其在法律体系上与英国基本保持一致,但由于其联邦制的政治特点,采用了三种模式(唐健 等,2017)。一是"授权区"模式,作为一种能够在联邦、州和地方各级政府运作的工具,较好地体现了税收优惠在城市更新进程中的政治属性。二是广泛应用于纽约的"社区企业家"模式,即纽约市鼓励中小企业,特别是位于贫困社区的中小企业积极参与旧城改造,从而在解决废弃破败房屋的维修与重建等问题的基础上,实现对贫民窟地区的全面管理与综合整治。三是新城镇内部计划,这一计划源于1977年卡特政府发布实施的《住房和社区开发法》,通过为城市发展活动提供补贴,以资助私人和公私联合发展计划,使得私人房地产开发商和投资者能够获得至少与其他地方相当的回报。根据该法案,联邦政府还提供抵押担保,以鼓励金融机构使用抵押资金为城市发展项目融资。总体来说,美国以税收奖励推动更新改造的方式,根本上在于通过国会立法解决相应问题,例如,《住房法》及其修订案较好地解决了贫民窟拆迁后居民的住房难题;制定全国统一的更新规划、实施政策及测算标准,从而明确了更新重点任务和联邦拨款数目。同时,在联邦政府的统一指导、监督审核和资金支持下,突出强调了更新项目实施的地方性,由地方政府提出和确定具体的更新项目,体现出单行法制度在联邦不同地区的适宜性。

(二) 大陆法系特点及其在城市更新领域的运用

大陆法系(亦称罗马法系或民法法系)是指欧洲大陆上源于罗马法、以1804年《法国民法典》为代表的各国法律。对应于英美法系,大陆法系表征出成文法系的特点,即其法律以成文法即制定法的方式存在,同时习惯于采用演绎而非归纳的形式体现出法律的适用性。

日本城市更新相关领域的法律体系由三部分组成,即《国土利用规划法》《城市规划法》和《事业法》(《城市再开发法》)等,它们之间在程序上存在递进关系。即首先由《国土利用规划法》为土地利用基本规划提供基本的制定依据,进而在针对具体"城市地域"的规划设计中,以《城市规划法》作为基本准则。而《城市规划法》所适用的区域、地区、设施、事业等八类项目中,规定了"市区再开发事业"等条目,体现了城市更新实践工作的具体法理依据。表3-12是日本城市更新与改造中主要涉及的代表性法律,及其对应的目的、内容、开发主体和方法等。这些针对不同事业的法律依据构成了近似于法典的"事业法",其中,市区再开发事业是城市更新的核心部分,在实践层面主要分为权利变换方法和管理处分方法。

表 3-12   日本城市更新相关法律依据概览

依据法律	事业名称	目的	内容	开发主体	方法
《道路法》	道路事业	整改城市道路	新设变更道路等	公共团体	收买用地
《土地区划整理法》	土地区划整理事业	整改道路区划,优化土地利用	变更土地区划形状的用途等	公共团体和民间组织、个人等	变换用地属性
《城市再开发法》	市区再开发事业	提高城市更新进程的用地效率	统一整改道路与建筑物	公共团体和民间组织、个人等	权利变换方法或管理处分方法
《住宅地区改良法》	住宅地区改良事业	拆除不良住宅,建设改良住宅	拆除不良住宅,建设改良住宅	公共团体	收买用地
《密集新法》	密集住宅地区整改促进事业	整改密集地区破败的住宅环境	整改或重建不良住宅等	部分公共团体和民间组织	任意事业收买
《补助制度纲要》	住宅地区整改综合支援事业	更新城市居住机能	整改老旧居住区的基础设施	公共团体和民间组织、个人等	任意事业收买
	优良建筑物等整改促进事业	促进土地合理利用和地区环境的整改	提升居住区整体环境,推进不良建筑共同改善	民间组织	任意事业收买

来源:林拓 等,2007

作为大陆法系的代表国家,德国的城市更新最突出的特征为法制化的更新程序及其确立的更新议政机制(张晓 等,2016)。德国在城市更新相关法律法规中的法制化特点主要体现在三个方面。

(1)《建设法典》在制度层面明确了城市更新的基本程序以及每个参与城市更新的个体的权利和义务,形成了城市可持续更新的基本保障;

(2)包括设立和取消更新区等在内的城市更新关键要素和内容由专门立法确定。例如,柏林自1993年以来已经通过立法方式设立了22处城市更新区,并明确了相应的更新方式及其他相关适用法规;

(3)在城市更新的过程中,发展规划的制定通常是同时启动的,更新基本完成后才具有正式且长期的法律效力。

在具体的法律类型层面,也体现于以下三个维度。

(1)《建设法典》。《建设法典》及《建设法典实施条例》直接确立了建设活动的基本准则,规定了更新改造的规划原则和实施程序,不仅包括城市更新区的准备和建立、城市更新计划的制定和实施、公众参与的详细规定,还涉及更新改造全流程中的多元利益主体在不同阶段的权利义务。

(2)特别立法。在城市更新过程中,议会和行政部门将讨论和发布专门的法律和条例,以确保更新工作继续进行。具体的法律法规将明确规定更新的目标、原则及其他适用法律等。

（3）法定规划。法定规划是控制更新区建设、协调各方利益的法律依据，主要由土地利用规划和建筑规划等组成，以协调各方利益，构建解决实际问题的空间秩序。此外，更新区可能制定一些以需求为导向的临时法定规划，如结构规划和街区设计，以直接控制空间转换，这些法定图则与其他相关联的图则构成更新区域的空间规划体系，成为更新工作的有效保障。

(三) 不同法系背景下的城市更新相关法律比较

总体来看，尽管实行大陆法系与英美法系的各国家的有关法律都涉及城市更新，但城市更新规划与一般的开发性、建设性的法理依据相比具有显著差异。对于英美而言，由于中央政府对城市更新的干预意愿较低，且没有统一的、全国适用的更新法规体系，往往倾向于将更新规划政策制度纳入既有的一般性法定规划体系。特别是美国相关法律主要以州议会颁布的"法律束"形式对城市更新进行法理干预，且各法律之间相互平行，不存在主次关系，法律成文以判例经验为修改依据。因此在英美法系语境下，城市更新更多地体现为市场行为，在根据州县议会颁布的法律法规界定权利和责任后，可以称作"法无禁止皆可为"。英美法系的优势在于在实际案例中总结城市更新的矛盾点，且判决更为公平，地方案件均可参照以往高法判例执行。

从德国、日本等具有独立更新法系的国家来看，现行法系的组织呈现出两种自上而下的分工思路，一种是从中央到地方各级法规逐级细化的分工思路，另一种是自上而下的法权内容分工（刘迪 等，2021）。实行大陆法系的国家和地区，通常有一系列固定的成文法律作为城市更新与规划建设的依据，公众的复议流程也相对简明；而实行英美法系的国家和地区在政策框架、规划案例（既有判例）、规划师裁量和公众参与等多个维度，赋予了地方规划管理部门较大的自由裁量权。例如，在涉及土地开发许可问题时：实行大陆法系的日本依据法律进行各类土地边界规划，也应用当地的政策边界，在开发项目初期阶段利用许可制度对土地开发项目进行决策，形成"开发许可"；而实行英美法系的英国强调土地利用应符合公共利益，各地方规划部门在规划阶段结合政策框架，考虑对公共利益可能产生的影响并综合公众意见赋予"规划许可"（沈振江，2021）。

三、对中国城市更新的启示

纵观英法欧洲国家、美国、日本和中国香港地区的城市更新制度，尽管它们在行政管理与法规体系等层面呈现出一定的差异，针对发展、保护、改造、重建与开发利用采取了多种实践路径，但本质上都遵循了城市发展的客观规律，结合政府行政纲领及经济政策，更新理念与原则兼顾了物质环境的更新和经济社会的全面融合。

对中国城市更新的具体启示与借鉴，总结为以下两方面：

（1）从城市更新行政管理架构来看，适当调整或增设相关管理机构，以整合更新事务管理的行政力量和审批权限。例如，美国波士顿和中国香港地区成立的城市更新局，英国由地方政府和城市复兴公司牵头形成的多方"伙伴合作"模式等都可以适当借鉴，从而提供较为充分的市场机制运行空间。

（2）在法律法规层面，中国的城市更新管理法规主要以地方更新立法为主，辅以各类城市更新规范性文件。未来，可增补和完善《城乡规划法》中涉及城市更新的部分，例如，明确界定城市更新的内涵、原则、法定程序及适用范围。在正在进行的国土空间规划立法中明确城市更新规划的法定地位。通过构建城市更新相关的决策委员会，规范更新规划实施管理的司法流程，促进地方层面更新规划的立法。

小结

从更新规划体系来看，英美国家城市更新规划均属于社区规划层级，更新对象包含旧市区、社区、旧工业用地、零星用地和棕地、历史遗产地区等类型。德国城市更新形成了"联邦-州-城市型地区/自治市"三级体系，遵从谨慎更新原则和整合性城市发展构想，通过各级政府的资助计划撬动社会投资更新。日本城市更新主要通过土地重划和市街地再开发事业两种模式实施，日本政府通过土地权益转移、解除容积率限制等制度措施，激发民间参与更新事业的积极性。中国台湾地区都市更新分为公办都更和民办都更，权利转换、市地重划、区段征收等政策工具在各类型都市更新实践中广泛运用。中国香港地区的市区重建规划体系以市区重建局发展计划图为核心，配合市区重建咨询平台组织的市区重建规划研究等规划，形成兼具实施性和参与性的更新规划。

英美等国家的城市规划开发与管理工具数量繁多，特别是在美国，多中心治理模式带来的行政碎片化使得各地创造出了数量庞大的政策工具库（郭湘闽，2009）。近年来，中国城市更新先行的地方虽已积极探索容积率转移、开发商义务等土地二次开发利益调控政策，然而尚未形成系统性的容积率调控和公共利益还原的政策框架。英美国家以容积率调控、开发利益公共还原、弹性区划技术为主的城市更新政策工具为探索中国城市更新过程中利益调控和激励机制提供了参考和借鉴。西方容积率管理相关政策的内涵植根于土地私有制与完善的土地管理法律体系，二者缺一不可。由于在国情、社会制度、土地产权制度及城市发展阶段等方面存在差异，中国的更新规划实施政策工具还需结合城市发展和更新的实际状况进行适应性再设计。

思考题

1. 中国台湾地区城市更新地区、更新单元的划定方法对大陆城市更新单元制度建构有何启发？

2. 英美社区更新规划对中国老旧小区改造和社区更新有何借鉴价值？

3. 美国的土地发展权转移制度对中国历史遗产地区的更新实践有何启示？

参考文献

边泰明,2009.都市更新的困境与理论[C]//节约集约用地及城乡统筹发展:2009年海峡两岸土地学术研讨会论文集.

薄力之,2017.美国区划法对于建设强度管控的措施与经验:以纽约为例[J].北京规划建设(2):34-43.

陈璐,周剑云,庞晓媚,2021.我国台湾地区"国土"空间分区管制的经验借鉴[J].南方建筑(1):135-142.

陈晓玲,2016.浅析台湾地区都市更新[J].北方经贸(6):63-65.

戴铜,2010.美国容积率调控技术的体系化演变及应用研究[D].哈尔滨:哈尔滨工业大学.

单瑞琦,张松,2017.柏林城市遗产保护区与城市更新区的比较研究[J].上海城市规划,137(6):76-81.

丁成日,2008.美国土地开发权转让制度及其对中国耕地保护的启示[J].中国土地科学(3):74-80.

丁晓欣,张继鹏,欧育良,2020.城市更新的征收补偿机制研究:基于香港市区重建的实践[J].上海房地(3):21-25.

董昕,张朝辉,2021.气候适应理念下的城市更新:德国的经验与启示[J].城市与区域规划(2):99-112.

杜坤,田莉,2015.基于全球城市视角的城市更新与复兴:来自伦敦的启示[J].国际城市规划,30(4):41-45.

傅舒兰,2020.传统、路径与影响:日韩近代城市规划体系发展与形成的比较研究[J].国际城市规划,35(4):36-43.

高岩,CHANG T M,2005.城市规划管理经验:美国波士顿房地产项目开发过程给予的某些启示[J].北京规划建设(2):158-163.

顾汉龙,冯淑怡,张志林,等,2015.我国城乡建设用地增减挂钩政策与美国土地发展权转移政策的比较研究[J].经济地理,35(6):143-148,183.

顾昆鹏,2011.土地发展权及容积率转移的城市土地开发机制研究[D].重庆:重庆大学.

郭湘闽,2009.美国都市增长管理的政策实践及其启示[J].规划师,25(8):20-25.

郭湘闽,李晨静,汤远洲,2019.高密度挑战下的香港市区重建规划机制研究[J].现代城市研究,34(8):75-84.

郭小鹏,2015.从灾害危机到复兴契机:关东大地震后的东京城市复兴[J].日本问题研究,2(1):45-54.

何芳,谢意,2018.容积率奖励与转移的规划制度与交易机制探析:基于均等发展区域与空间地价等值交换[J].城市规划学刊,243(3):50-56.

侯丽,2005.美国"新"区划政策的评介[J].城市规划学刊,157(3):36-42.

黄道远,刘健,谭纵波,等,2017.台湾地区的土地整理模式及其对大陆农村地区的启示[J].国际城市规划,32(3):93-99.

黄经南,杜碧川,王国恩,2014.控制性详细规划灵活性策略研究:新加坡"白地"经验及启示[J].城市规划学刊,218(5):104-111.

惠彦,陈雯,2008.英国土地增值管理制度的演变及借鉴[J].中国土地科学(7):59-66.

贾茵,2015.公私合作型都市更新的动力机制:以我国台湾地区《都市更新条例》之奖助制度为例[J].国家行政学院学报(6):56-60.

金广君,戴铜,2010.台湾地区容积转移制度解析[J].国际城市规划,25(4):104-109.

金月赛,张美亮,张金荃,2019.存量规划的容积率管控机制研究[J].城市发展研究,26(3):79-84.

克莱尔·库珀·马库斯,卡罗琳·弗朗西斯,2001.人性场所:城市开放·空间设计导则[M].北京:中国建筑工业出版社.

黎淑翎,2020.《1961纽约市区划决议案》的规制尺度及其技术工具研究[D].广州:华南理工大学.

李爱民,袁浚,2018.国外城市更新实践及启示[J].中国经贸导刊(27):61-64.

李金和,2016.基于容积率奖励的城市公共空间规划控制与引导策略研究[C]//规划60年:成就与挑战——2016中国城市规划年会论文集(12规划实施与管理).北京:中国建筑工业出版社:828-840.

李文胜,2001.都市审议相关奖励性法规汇编[G].台北:詹氏书局.

李泽,侯英裕,2020.城市废弃铁路更新的融资机制解析:以美国亚特兰大环线税收分配区政策为例[J].国际城市规划,35(2):129-135.

梁城城,2021.日本城市更新发展经验及借鉴[J].中国房地产(9):68-79.

林崇杰,林盛丰,等,2014.都市再生的20个故事[M].台北:台北市都市更新处.

林慈玲,林佑璘,林玮浩,2014.都市更新政策规划与执行绩效[J].公共治理季刊,2(3):42-52.

林峰,2007.土地征收与补偿:香港的经验[J].法学(8):9-18.

林强,兰帆,2014."有限理性"与"完全理性":香港与深圳的法定图则比较研究[J].规划师,30(3):77-82.

林拓,水内俊雄,等,2007.现代城市更新与社会空间变迁:住宅、生态、治理[M].上海:上海古籍出版社.

刘迪,唐婧娴,赵宪峰,等,2021.发达国家城市更新体系的比较研究及对我国的启示:以法德日英美五国为例[J].国际城市规划,36(3):50-58.

刘芳,张宇,2015.深圳市城市更新制度解析:基于产权重构和利益共享视角[J].城市发展研究,22(2):25-30.

刘国臻,2007.论美国的土地发展权制度及其对我国的启示[J].法学评论(3):140-146.

刘晓逸,运迎霞,任利剑,2018.2010年以来英国城市更新政策革新与实践[J].国际城市规划,33(2):104-110.

吕海峰,吕冬娟,2009.看新加坡如何出让土地[J].中国土地(11):48-50.

马丁·安德森,2012.美国联邦城市更新计划:1949—1962年[M].吴浩军,译.北京:中国建筑工业出版社.

马祖琦,2011.公共投资的溢价回收模式及其分配机制[J].城市问题(3):2-9.

潘芳,孙皓,邢琰,等,2015.国际特大城市规划实施管理体制机制研究[J].北京规划建设(6):53-57.

庞晓媚,2018.应对可持续发展的开发控制体系[D].广州:华南理工大学.

任洪涛,黄锡生,2015.我国台湾地区都市治理制度述评及其启示[J].城市规划,39(3):65-73.

日本内阁府地方创生推进事业局,2020.都市再生紧急整备地域及び特定都市再生紧急整备地域の一览[EB/OL].[2020-09-15].https://www.chisou.go.jp/tiiki/toshisaisei/kinkyuseibi_list/index.html.

山内健史,大方潤一郎,小泉秀樹,等,2015.都市再生特别地区の公共貢献検討過程の実態に関する研究—御茶ノ水駅周辺、渋谷駅周辺、銀座地域の事例分析を通じて[J].都市計画論文集,50(3):904-911.

沈振江,2021.全球汇|日本、荷兰和英国的土地开发许可管理比较[EB/OL].[2021-08-31].https://mp.weixin.qq.com/s/xhNNCy8gsYrR0J9lvgh7xA.

石坚,徐利群,2004.对美国城市规划体系的探讨:以圣地亚哥县为例[J].国外城市规划,19(4):49-50.

苏章娜,蒋定哲,邓明霞,等,2020.中美城镇增长管理工具比较研究[J].规划师,36(18):38-44.

孙斌栋,吴雅菲,2009.中国城市居住空间分异研究的进展与展望[J].城市规划,33(6):73-80.

孙施文,1999.美国的城市规划体系[J].城市规划,23(7):43-46,52.

孙施文,2005.英国城市规划近年来的发展动态[J].国外城市规划,20(6):11-15.

孙翔,2003.新加坡"白色地段"概念解析[J].城市规划,27(7):51-56.

孙翔,汪浩,2004.特征规划指引下的新加坡历史街区保护策略[J].国外城市规划,19(6):47-52.

覃俊翰,2013.历史街区保护视角下的容积转移制度研究[J].规划师,29(S1):34-37.

谭肖红,乌尔·阿特克,易鑫,2022.1960—2019年德国城市更新的制度设计和实践策略[J].国际城市规划,37(1)：40-52.

唐斌,2021.新加坡城市更新制度体系的历史变迁(1960—2020 年)[J/OL].国际城市规划:1-16.[2021-03-22].https://kns.cnki.net/kcms/detail/11.5583.tu.20210319.1654.002.html.

唐健,王庆日,谭荣,2017.在保护中更新,在传承中复兴[N].中国国土资源报,2017-02-18(6).

唐子来,1999.英国的城市规划体系[J].城市规划,23(8):38-42.

唐子来,2000.新加坡的城市规划体系[J].城市规划,24(1):42-45.

唐子来,姚凯,2003.德国城市规划中的设计控制[J].城市规划,27(5):44-47.

藤卷慎一,2007.六本木六丁目地区再开发过程[J].百年建筑,(Z4):52-71.

同济大学,建筑与城市空间研究所,2019.东京城市更新经验:城市再开发重大案例研究[M].上海:同济大学出版社.

汪晖,王兰兰,陶然,2011.土地发展权转移与交易的中国地方试验:背景、模式、挑战与突破[J].城市规划,35(7):9-13,19.

王卉,2014.美国城市用地分类体系的构成和启示[J].现代城市研究,29(9):104-109.

王兰,刘刚,2007.20 世纪下半叶美国城市更新中的角色关系变迁[J].国际城市规划,22(4):21-26.

王丽萍,1993.英国的城市规划体系[J].国外城市规划,8(3):9-14.

王莫昀,2007.都发局:皇翔案还在审议[N].中国时报,2007-11-26.

王郁,2008.开发利益公共还原理论与制度实践的发展:基于美英日三国城市规划管理制度的比较研究[J].城市规划学刊,178(6):40-45.

魏寒宾,沈昀男,唐燕,等,2016.韩国首尔"居民参与型城市再生"项目演进解析[J].规划师,32(8):141-147.

魏羽力,2003.一种积极的土地重整手段:谈日本的"土地区画整理"方法[J].现代城市研究,18(2):28-33.

文萍,赵鹏军,2019.存量用地背景下填充式开发研究综述[J].国际城市规划,34(1):134-140.

翁超,庄宇,2021.美国容积率银行调控城市更新的运作模式研究:以西雅图及纽约市为例[J/OL].国际城市规划:1-20[2021-09-29].http://kns.cnki.net/kcms/detail/11.5583.TU.20201019.1525.002.html.

吴迪,2018.应对特色意图区多样特征的规划策略研究[D].南京:东南大学.

吴冠岑,牛星,田伟利,2016.我国特大型城市的城市更新机制探讨:全球城市经验比较与借鉴[J].中国软科学,31(9):88-98.

吴志强,郑迪,邓弘,2020.大都市战略空间制胜要素的迭代[J].城市规划学刊,259(5):9-17.

夏丽萍,2008.上海市中心城开发强度分区研究[J].城市规划学刊,(C00):268-271.

谢帆,闫晋波,2021.波士顿城市更新局发展历程及主要成就刍议[J].住区,104(4):6-10.

忻晟熙,李吉桓,2022.从物质更新到人的振兴:英国社区更新的发展及对中国的启示[J/OL].国际城市规划:1-11[2022-06-13].http://kns.cnki.net/kcms/detail/11.5583.TU.20210509.1149.002.html.

宣莹,2008.做狐狸还是做刺猬?香港法定图则土地用途分类与中国大陆城市用地分类体系比较研究[J].规划师,24(6):53-56.

严若谷,闫小培,周素红.台湾城市更新单元规划和启示[J].国际城市规划,2012,27(1):99-105.

严雅琦,田莉,2016.1990 年代以来英国的城市更新实施政策演进及其对我国的启示[J].上海城市规划,129(4):54-59.

阳建强,2012.西欧城市更新[M].南京:东南大学出版社.

杨波,陈可石,2015.谨慎城市更新策略及其实施保障:以柏林施潘道郊区为例[J].国际城市规划,30(S1):94-99.

杨松龄,卓辉华,2011.从产权分离探讨都市更新之激励机制[J].台湾土地研究,14(1):1-28.

杨现领,陆卓玉,粟祥丹,2018.让房屋再生:来自日本的经验[M].厦门:厦门大学出版社.

杨友仁,2013.金融化、城市规划与双向运动:台北版都市更新的冲突探析[J].国际城市规划,28(4): 27-36.

姚瑞,于立,陈春,2020.简化规划程序,启动"邻里规划":英格兰空间规划体系改革的经验与教训[J].国际城市规划,35(5):106-113.

姚之浩,曾海鹰,2018.1950年代以来美国城市更新政策工具的演化与规律特征[J].国际城市规划,33(4): 18-24.

易鑫,昆兹曼,等,2017.向德国城市学习:德国在空间发展中的挑战与对策[M].北京:中国建筑工业出版社.

殷成志,2008.德国城市规划中的"内部开发"[J].城市问题,27(8):91-94.

于凤瑞,2015.台湾都市更新权利变换制度:架构、争议与启示[J].台湾研究集刊,138(2):67-75.

于海漪,文华,2016.国家政策整合下日本的都市再生[J].城市环境设计,102(8):288-291.

于立,2011.控制型规划和指导型规划及未来规划体系的发展趋势:以荷兰与英国为例[J].国际城市规划, 26(5):56-65.

于立,曹曦东,2020.英格兰空间规划改革后的体系及启示[J].开发研究,36(4):5-10.

于立,陈春,姜涛,2020.空间规划的困境、变革与思考[J].城市规划,44(6):15-21.

袁媛,伍彬,2012.英国反贫困的地域政策及对中国的规划启示[J].国际城市规划,27(5):96-101.

运迎霞,吴静雯,2007.容积率奖励及开发权转让的国际比较[J].天津大学学报(社会科学版),9(2): 181-185.

张朝辉,2022.日本"都市再生"的发展沿革、主体制度与实践模式研究[J/OL].国际城市规划国际城市规划:1-21(2022-05-17)[2022-06-13].http://kns.cnki.net/kcms/detail/11.5583.TU.20220517.0911.002.html.

张更立,2004.走向三方合作的伙伴关系:西方城市更新政策的演变及其对中国的启示[J].城市发展研究, 11(4):26-32.

张溱,金山,2015.城市更新中的规划创新:汉堡港口新城规划编制与项目建设的衔接与互动[J].上海城市规划,125(6):86-91.

张微,2020.德国城市更新模式及其启示[J].探求,260(1):67-71.

张晓,邓潇潇,2016.德国城市更新的法律建制、议程机制及启示[C]//规划60年:成就与挑战——2016中国城市规划年会论文集(17住房建设规划).北京:中国建筑工业出版社:742-751.

张亚津,2021.渐进性城市更新:德国全域城市建设的持久动力[J].住区,103(3):98-105.

章征涛,宋彦,2014.美国区划演变经验及对我国控制性详细规划的启示[J].城市发展研究,21(9):39-46.

赵城琦,王书评,2019.日本地区规划制度的弹性特征研究[J].城市与区域规划研究,11(2):77-91.

郑明安,2007.台湾地区抵价地模式与整体开发之分析[J].土地问题研究季刊,6(2):53-65.

周思翮,范媛媛,2020.新加坡产业用地政策研究[J].产业创新研究,33(4):69-73.

周显坤,2017.城市更新区规划制度之研究[D].北京:清华大学.

周宜笑,谭纵波,2020.德国规划体系空间要素纵向传导的路径研究:基于国土空间规划的视角[J].城市规划,44(9):69-78.

朱介鸣,2016.制度转型中土地租金在建构城市空间中的作用:对城市更新的影响[J].城市规划学刊,228(2):28-34.

ALTSHULER A A,GOMEZ-IBANEZ J A,HOWITT A M,1993. Regulation for revenue: the political economy of land use exactions[J]. The Lincoln Institute of Land Policy.

AMIRTAHMASEBI R,ORLOFF M,WAHBA S,et al.,2016. Singapore: urban redevelopment of the Singapore city waterfront[R]//Regenerating urban land: a practitioner's guide to leveraging private investment. The World Bank,345-384.

ATLANTA BELTLINE,INC,2020. Beyond the work: thrivability,annual report[EB/OL]. [2021-10-3].
　　https://beltline. org/flipbook/2020-annual-report/.

BARNETT J,1974. Urban design as public policy: practical methods for improving cities[M]. New York:
　　Architectural Record Books.

BLOOMBERG M,2006. A greener greater New York[R]. New York: PlaNYC.

CHOO K K,1988. Urban renewal planning for city-states: a case study of Singapore[D]. Washington D C:
　　University of Washington.

CHRONOPOULOS T,2017. The rebuilding of the South Bronx after the fiscal crisis[J]. Journal of Urban
　　History,43(6): 932-959.

CONNORS D L,HIGH M E,1987. The expanding circle of exactions: from dedication to linkage[J]. Law
　　and Contemporary Problems,50(1): 69-83.

CULLINGWORTH J B,1995. The political culture of planning: american land use planning in comparative
　　perspective[J]. Environment and Planning B:(Planning and Design),(22): 125-126.

DEPARTMENT OF COMMUNITIES AND LOCAL GOVERNMENT, 2006. Changes to planning
　　obligations: a planning gain supplement consultation[R]. London.

FEARNLEY R,2000. Regenerating the inner city: lessons from the UK's city challenge experience[J].
　　Social Policy & Administration,34(5): 567-583.

GOTHAM K F,2001. A city without slums: urban renewal,public housing,and downtown revitalization in
　　Kansas city,Missouri[J]. American Journal of Economics & Sociology,60(1): 285-316.

GRODACH C,LOUKAITOU-SIDERIS A,2007. Cultural development strategies and urban revitalization
　　[J]. International Journal of Cultural Policy,13(4): 349-370.

HALLETT G,1988. Land and housing policies in Europe and the USA: a comparative analysis[M].
　　London: Routledge.

HEALEY P, PURDUE M, ENNIS F, 1995. Negotiating development: rationales and practice for
　　development obligations and planning gain[M]. Taylor & Francis.

HOLM A,KUHN A,2011. Squatting and urban renewal: the interaction of Squatter Movements and
　　strategies of urban restructuring in Berlin[J]. International Journal of Urban and Regional Research,
　　35(3): 644-658.

INTERNATIONAL ECONOMIC DEVELOPMENT COUNCIL,2011. Real estate development and reuse
　　[M]. Washington D C. http://users. allconet. org/MISC/IEDC%20Manuals/IEDC%20-%20Real%
　　20Estate%20Development%20and%20Reuse. pdf.

JAPAN LAND READJUSTMENT ASSOCIATION,2003. Urban development projects in Japan[R]. City
　　Bureau,Ministry of Construction Government of Japan.

JESSEN J,2008. Regional governance and urban regeneration: the case of the Stuttgart region,Germany
　　[M]//Sustainable City Regions(Space,Place and Governance). Tokyo: Springer Japan: 227-245.

KIDOKORO T, HARATA N, SUBANU L, et al. , 2008. Sustainable City Regions: Space, Place and
　　Governance[M]. Springer Publisher.

KRUSE M,2008. Constructing the special theater subdistrict: culture,politics,and economics in the creation
　　of transferable development rights[J]. The Urban Lawyer,40: 95-145.

LICHFIELD N,1989. Economics in urban conservation: case studies in the economics of conservation of the
　　CBH[M]. Cambridge: Cambridge University Press.

LITCHFIELD N,CONNELLAN O,1997. Land value taxation in Britain for the benefit of the community:
　　history,achievements and prospects[M]. Cambridge: Lincoln Institute of Land Policy.

LLOYD G,1961. Transferable density in connection with zoning[J]. Technical bulletin No. 40. Washington D. C. : Urban Land Institute.

MERCER, C D, 2008. Transfer of development rights in New Jersey [EB/OL]. http://www. nj-smartgrowth. Com,[2008-08-20].

NICHOLAS, J C, 1987. Impact exactions: economic theory, practice, and incidence [J]. Law and Contemporary Problems,50(1): 85-100.

ONG S E,SING T F,MALONE-LEE L C,2004. Strategic considerations in land use planning: the case of White Sites in Singapore[J]. Journal of Property Research,21(3): 235-253.

PAETSCH J R,DAHLSTROM R K,1990. Tax increment financing: what it is and how it works[M]// Bingham R, Hill E, White S, et al. . Financing Economic Development: an Institutional Response. London: Sage Publications: 82-98.

PRUETZ R,2003. Beyond givings and takings: saving natural areas,farmland,and historic landmarks with transfer of development rights and density transfer charges[M]. Los Angeles: Arje Press.

PUGALIS L,2013. Hitting the target but missing the point: the case of area-based regeneration[J]. Community Development,44(5): 617-634.

ROBERTS P,2000. The evolution,definition and purpose of urban regeneration[J]. Urban regeneration(A handbook),(1): 9-36.

SHOUP D C,1983. Intervention through property taxation and public ownership[M]// Urban Land Policy: Issues and Opportunities. Oxford: Oxford University Press: 132-152.

SMITH A W,PEARCE B,1998. Planning gains: negotiating with planning authorities [M]. 2nd ed . Leaf Coppin Publishing Ltd.

SMITH A W,PEARCE B,1998. Planning gains: negotiating with planning authorities [M]. Leaf Coppin Publishing Ltd.

SMITH J J, GIHRING T A, 2006. Financing transit systems through value capture: an annotated bibliography[J]. American Journal of Economics and Sociology,65(3): 751-786.

TAUSSIK J,SMALLEY J,1998. Partnerships in the 1990s: Derby's successful city challenge bid[J]. Planning Practice & Research,13(3): 283-297.

TETLOW R,HINSLEY S,MEARS A,2004. Sharing the benefits-a good practice guide to how planning obligations can provide community benefits [R]. London: Association of London Government.

THE CITY OF NEW YORK, 2017. One NYC Progress Report[EB/OL]. [2023-08-11]. https://www. nyc. gov/assets/operations/downloads/pdf/2017-Platform-Commitments-Report. pdf.

THE CITY OF NEW YORK,2019. One NYC 2050,Building a Strong and Fair City[EB/OL]. (2019-04-22)[2023-08-11]. https://a860-gpp. nyc. gov/concern/nyc_government_publications/gx41mm584? locale=en.

URBAN REDEVELOPMENT AUTHORITY,1995. Changing the face of Singapore through the URA sale of sites[M]. Urban Redevelopment Authority.

WORLD BANK,1993. China: urban land management in an emerging market economy[M]. Washing D C: The World Bank.

YANG D,CHANG J,2018. Financialising space through transferable development rights: urban renewal, Taipei style[J]. Urban Studies,55(9): 1943-1966.

ZHANG Y,FANG K,2004. Is history repeating itself? From urban renewal in the United States to inner-city redevelopment in China[J]. Journal of Planning Education and Research,23(3): 286-298.

第四章　中国城市更新的演进与实践历程

1978 年改革开放开始至 20 世纪 90 年代早期,中国城市更新基本以单位用地的再开发和危房改造、棚户区清理等物质性改造为主。20 世纪 90 年代初开启的土地有偿使用制度和住房市场化体制改革,推动了中国城市更新的兴起。至 90 年代末,城市更新已从消除破旧房屋的社会福利职能过渡到政府主导的城市空间增长工具(He et al. ,2009)。推土机式的快速城市更新由精英主导,破坏了城市的多样性,在一定程度上损害了城市更新地区的社会、文化和环境价值。本章从宏观环境与更新实践两个方面回顾了中国改革开放以来城市更新经历的四个阶段,进而以上海、广州、深圳为例,从治理视角梳理了三地城市更新的演进逻辑与城市更新规划体系的建构。

第一节　改革开放以来中国城市更新的历程与阶段演进

结合不同时期城市发展的宏观经济背景和政策导向,改革开放以来中国城市更新可分为四个阶段。

一、经济转型期消除衰败导向的更新(1978—1987 年)

(一) 宏观环境与时代背景

1978 年,中国进入改革开放和社会主义现代化建设新时期。第三次"全国城市工作会议"制定了《关于加强城市建设工作的意见》,城市建设的重要意义被重新重视。1984 年,国务院颁布了《城市规划条例》,这是中国第一部与城市规划相关的基本法规,提出"旧城区改建应当遵循加强维护,合理利用,适当调整,逐步改造"的原则指导处于恢复阶段的城市规划工作。之后,伴随国民经济的日渐复苏以及市场融资的支持,城市更新的需求日益显现,这一阶段更新的目标是消除计划经济遗留的城市破旧和衰败问题(阳建强 等,2020)。

(二) 更新实践

该阶段更新的城市总体特征多为小规模的政府主导的危房改造、市政建设、环境整治等老城改造项目。城市更新主要由国务院办公厅、国家计划委员会(现国家发展改革委员会)、国家教育委员会、国家经济贸易委员会(现已并到国家商务部)等多个单位主导。该阶段没有土地流转,直至 1987 年深圳市首次公开拍卖了一幅地块后,诞生了国有土地拍卖的"第一槌"。该时期更新的资金多来自政府财政,同时吸引外资,政府为改造设定了专用款项,政府对改造项目的实施主体提供了税收优惠,减轻了资金负担。

这一阶段的城市更新方式有集资联合建房、企业代建、与企业合建、居民自建及商品房等多种形式,一些城市的房管部门与地方企业合资改造危房(张京祥 等,2000)。北京、上海、广州、南京等城市相继开展了大规模的旧城改造,以满足城市居民改善居住条件、出行条件的需求,解决城市住房紧张等问题,偿还城市基础设施领域的欠债。

在旧住区的更新改造中,除了拆除重建,不少城市对可利用的旧住房进行了整治修缮。例如,在上海的旧区改造中,按照每年 15 万~20 万 m^2 的速度进行,拆除破败住区和重建多层和高层住宅楼,拆建比达到 1∶4,改造之后住区的人口密度、容积率都远大于城市新发展区,加剧了旧城地区的人口集聚和拥挤。其中具有代表性的更新实践之一是上海 20 世纪 80 年代初启动的 23 片地区改造。

(三) 评价与分析

该阶段的城市更新具有显著的兜底性质和公共导向。更新重点以解决住房紧缺和修缮基础设施为主(阳建强 等,2020)。在政府、市场和社会三股力量中,政府力量占绝对主导地位,市场力量刚开始萌芽,而社会力量则尚未觉醒。

在政府维度上,改革开放初期的地方政府并未获得中央政府足够的放权,其权力结构仍呈现“中央—地方”福利型治理特征。相关的土地交易和城市更新的制度建设尚未成型。在市场维度上,土地市场尚未形成市场经济体制,生产资料、生活资料等各方面的要素配置受自上而下的计划经济影响很大(陈易,2016)。在社会维度上,城市更新的公众意识尚未觉醒。

二、空间增长与房地产开发导向的更新(1988—2008 年)

(一) 宏观环境时代背景

1988 年之后的 20 年是中国市场经济改革和城市房地产市场快速建立的时期。1988 年的城镇国有土地有偿使用制度建立,以及 1998 年单位制福利分房的终结,在全国范围内掀起了一轮住宅开发和旧居住区改造的热潮(阳建强 等,2020)。1994 年分税制改革后,各大城市借助土地有偿使用的市场化运作,通过房地产业、金融业与更新改造相结合,推动了以“退二进三”为标志的城市更新全面铺开,一大批工业企业迁出城市市区,大规模的城市空间结构调整推动了产业空间的外迁和旧城区改建。1992—1999 年,中央将土地使用制度改革视为经济体制改革的重要组成部分,房地产行业被认为是国民经济发展的支柱之一。

进入 21 世纪,中国积极融入经济全球化浪潮,2001 年中国加入 WTO,积极引进外资。2008 年美国“次贷危机”波及全球,在经济下行的条件下,中国通过“四万亿投资”拉动基础设施建设,保持了“十一五”至“十二五”期间经济的平稳过渡。综上所述,该阶段城市更新的动力主要来自于土地商品化推动的房地产市场逐利行为。城市政府借助城市产业结构调整的契机,通过城市更新调整存量土地用途,重塑城市形象。

(二) 更新实践

市场资本进入城市开发建设的各个领域,地方政府、开发商及其背后的金融资本形成

"增长联盟",推动地方政府在 20 世纪 90 年代启动了"退二进三"和工业区空间重构(田莉等,2020)。通过城市更新,地方政府获得了可"招拍挂"的土地资源,在改善城市面貌和提升城市环境的同时,增加了地方财政收入。该阶段的更新实践呈现政府主导的"旧改"计划与私有部门主导的地产开发并行特点。城市更新以拆除重建为主,追求土地再开发租金差最大化。地方政府转换角色,与企业形成"地方国企联盟"。该时期土地流转活跃,国有土地允许买卖,土地买卖快速增长;通过拍卖存量用地的使用权,地方政府筹集了实施改造项目所需的资金。

该时期的城市更新实践由过去单一的"旧房改造"和"旧区改造"转向了"旧区再开发"。在土地区位级差地租作用下,城市产业结构的调整、城市功能结构的转型及城市社会空间的重构为这一阶段的旧工业区更新提供了动力。这一阶段城市更新的典型项目包括上海世博会园区江南造船厂、北京 798 艺术区等文化导向旧工业区更新,以及南京老城保护更新和苏州平江历史街区保护等历史文化保护类更新项目。

(三) 评价与分析

这一阶段的城市更新以空间增长与房地产开发为导向,市场力量的参与加速了城市更新的进程,提高了更新效率,但也加速了城市建成空间的资本化。土地有偿使用制度和土地"招拍挂"制度激发了政府推动城市更新的积极性。社会力量开始参与到城市更新的协商环节之中,但其参与对于城市更新利益分配的结果影响较弱。房地产开发导向的城市更新以追逐土地租金差为目标,为实现投融资平衡和改造利润,往往带来高强度大容量的商品住房和经营性用房开发,产业用地难以保留,带来商品房过剩、实体产业空心化的危机,进而产生城市功能失衡,居住空间分异、社会网络断裂等问题。

三、城市转型发展与存量挖潜导向的更新(2009—2018 年)

(一) 宏观环境时代背景

2008 年的全球金融危机推动了城市发展从增量扩张向存量发展转型,政府角色从公司化经营型政府逐步变为治理服务型政府。中国以基础设施建设为主的"投资拉动"使中国经济在全球经济低迷的大环境中一枝独秀。然而单纯的基础设施拉动并未解决实体经济和国内消费水平低下的问题。"投资推动"用城镇化作为蓄水池收纳了投资,但是这种非市场化的供需机构一方面带来了房地产相关行业的过剩产能,制约了中国经济转型;另一方面,与民生相关的高品质消费需求的国内供给又存在严重缺口,大量高端生活消费转向了境外市场。"十二五"期末,中国宏观经济下行趋势十分显著,自上而下的"投资推动"已经难以保持宏观经济的稳步发展。2015 年,中央对经济判断和治理思路进行了调整,提出"在适度扩大总需求的同时,着力加强供给侧结构性改革,着力提高供给体系质量和效率",至此,中国的市场环境从过去的"投资推动"转向"消费拉动"。

中国共产党第十八次全国代表大会之后,中央政府通过一系列手段扭转发展困境,开展了"中央—地方"财政收入改革,使增长更加精明、资源利用更加持续、政府行政更加透明。伴随着经济发展从高速进入中高速阶段,中国城市空间的增长主义走向终结,以内涵提升为核心的存量规划、减量规划逐渐成为中国空间规划的新常态。总体来说,在生态文明宏观背景、"五位一体"发展理念、国家治理体系建设的总体框架之下,城市更新更加注重城市内涵发展,更强调以人为本,更重视人居环境的改善和城市活力的提升。土地资源紧缺倒逼存量挖潜,旺盛的建设用地需求与严格的土地指标供给形成了尖锐的矛盾,促使城市建设向存量建设用地寻找出路。

(二) 更新实践

总体来看,该阶段的城市更新是以内涵提升为核心的"存量""减量"规划。更新的实施主体包括政府、企业、原权利主体等多个参与方,社会力量逐渐纳入更新主体范畴。城市更新资金也日趋多元化,包含土地出让金、社会资金和政府财政投入等。各大城市积极推进城市更新,强化城市治理,出现了多类型、多层次和多维度的更新实践,形成了"城市双修"、社区微更新和旧工业区更新三个向度。

党的十八大以来,中国城市进入转型发展阶段。2015年住房和城乡建设部启动了"城市双修"的试点。三亚被列为中国首个"城市双修"的试点城市,生态修复主要包括山体、海岸线、河岸线的修复;城市修补包括城市违章建筑、城市广告牌匾、城市绿化景观、城市及建筑色彩、城市空间形态和天际线、城市夜景照明等六大整治工程。同年,中央城市工作会议对开展"生态修复、城市修补"提出了明确要求。2017年,"城市双修"工作在全国全面推开。

社区微更新方面,北京东城区通过史家胡同博物馆的建设,扎根社区积极开展社区营造,将传统四合院生活与胡同绿化相结合,并建立了社区责任规划师制度,把博物馆作为居民共同的文化活动场所共同管理。上海的社区微更新通过如口袋公园、创智农园等公共空间微更新,启动了"共享社区、创新园区、魅力风貌、休闲网络"四大城市更新试点行动,带动社区居民的公共参与,促进社区治理。

旧工业区更新方面,北京首钢项目利用冬奥会的契机,通过价值评定、保护与利用共存、空间尺度重构等的方式推动旧工厂、旧建筑与园区的整体改造(薄宏涛,2020)。上海世博会城市最佳实践区(urban best practices area,UBPA)注重世博会后续低碳可持续利用和文化创意街区建设,将后世博园区建设为综合绿色建筑、海绵街区、低碳交通,采用可再生能源应用技术的可持续低碳社区。

广东省积极探索借助政府、企业与村民的利益共享机制推动"三旧"改造(旧城镇、旧厂房、旧村庄),并积极推动相关制度建设。广州成立了"三旧"改造工作办公室,开展以改善环境、重塑旧城活力为目的的城中村拆除重建和旧城环境整治工作,有效推进了国有土地整备工作。佛山的"三旧"改造工作则聚焦利益再分配的难题,在地方政府与村集体之间达成共识,重构"社会资本"构建利益共同体。深圳则在旧城改造的基础上强化完善城市功能,优化产业结构,处理土地历史遗留问题。

(三) 评价与分析

政府角色的变化及社会力量的觉醒对该阶段的城市更新产生了较大影响。城市更新的目标更加综合化,包括促进地区产业提升和经济增长、增进公共利益、捕获土地出让收益、实现社会善治等。以房地产投资为主导的全面改造在土地权利人和政府、开发商之间形成经济利益分配的闭环,社会公平和包容缺失,空间绅士化、分异化等问题逐渐凸显。

在政府维度上,国家重新掌握土地增量的控制权,在城市更新中发挥引导作用。地方政府不再是计划经济时期的政策计划的制定、决策和实施者,也不是城市增长主义时期的城市经营者,而是还权于中央、分责于市场、提升服务和监管能力的新型城市治理者。同时,政府更加关注城市更新的制度化建设,例如,深圳以《深圳市城市更新办法》《深圳市城市更新办法实施细则》为政策体系核心,陆续出台 10 余个文件,在历史用地处置、小地块城市更新、容积率管理、地价计收规则等方面进行政策创新,建立起一整套城市更新制度体系。在社会维度上,公众参与的意识和程度不断加深,公众参与在旧改改造中发挥的作用越来越大,公众能够更多地参与城市更新进程,更新主导方也有意识地建立公众与更新之间的连接,但也产生了"钉子户"等"反公地困局"问题。在市场维度上,在政府引导的前提下发挥市场主体的作用,并通过各类政府规制、更新规划引导的方式避免市场失灵。

四、多维度、多目标导向下的城市更新(2019 年至今)

(一) 宏观环境与时代背景

2019 年以来,中国大城市增量开发日趋饱和,存量土地的改造和提升迫在眉睫,城市更新的重要性被提到前所未有的高度。2020 年国家"十四五"规划明确提出:"加快转变城市发展方式,统筹城市规划建设管理,实施城市更新行动,推动城市空间结构优化和品质提升。城市更新行动包含了老旧小区改造等一系列惠民工程。"2019 年,国务院《政府工作报告》明确提出,城镇老旧小区量大面广,要大力进行改造提升不断完善城市管理和服务,彻底改变粗放型管理方式,让人民群众在城市生活得更方便、更舒心、更美好。促进节能减排、解决人民日益增长的美好生活需要和不平衡不充分的发展之间的主要矛盾,更是当前稳投资、稳就业的重要途径。

随着政府对开发商运营和配建的能力要求进一步提升,拆除重建的更新方式日益受到政府的管控。2021 年,住建部发布《关于在实施城市更新行动中防止大拆大建问题的通知》,明确坚持"留改拆"并举,积极稳妥实施城市更新行动。一方面,拆除面积和拆建比两条底线比例的设定,意味着开发商的利益回报来源被严格管控,直接限制项目赢利。另一方面,基础公共设施配建也对开发商协同参与配套设施建设的能力提出了要求。

(二) 更新实践

这一阶段,为了推动市场参与城市更新的积极性,很多地方政府成立了以地方国企牵头的城市更新基金,基金以央资、国资为主导,中外合资、民营、股份制商业银行等的参与构成也较为多元。城市更新主要实践类型分为旧改商业有机更新和老旧小区改造两大领域。

在旧改商业有机更新方面,以广州永庆坊采用的"政府主导、企业承办、居民参与"的"微改造"模式为典型。首先,政府获得了永庆片区辖内所有房屋和土地的所有权并建立主导机制;其次,政府通过公开招商引入万科集团,由万科负责项目的改造、建设和运营,运营期满后再交回政府;最后,通过公共平台,让城市更新的相关利益人充分沟通、社会公众充分参与。在改造方式上,项目采用有机更新、分期开发的方式。在保留原有风貌的基础上,开发商对原来恶劣的环境进行了修整，做到了"修旧如旧"。项目采用分期开发的方式来弥补这类项目利润较低的不足。在运营方式方面，采用精准定位、因地制宜的策略。在开发商的运营期限内，万科物业统一管理永庆坊服务中心，享有招商、管理入驻企业、活动策划等权限。万科为街区增加了更多公共活动空间并导入更受年轻人欢迎的体验式文化新业态，如活字印刷体验馆、网红咖啡厅、共享办公等，激活了商业区的活力。

在老旧小区改造方面，北京劲松社区是典型的案例。"劲松项目"区域隶属北京市朝阳区劲松街道辖区，是 1978 年建设的北京第一批成建制小区，社区老龄化问题严重。该项目虽然在"十二五"期间进行过抗震加固与外墙保温等安全类基础性改造，但由于缺乏后期维护，效果没有得以持续；另外，基础类的改造并不能综合解决该社区公共设施老化、社区配套服务落后、长期缺乏专业物业管理等一系列问题，居民对加装电梯、完善无障碍设施、建设社区食堂、提升社区环境等诉求反应强烈。该项目更新规模 20 万 m^2，总投资额约 2.9 亿元，引入了北京愿景集团，率先实施了"社会力量参与的老旧小区改造市场化机制"。在后期运营方面，对于政府老旧小区综合整治菜单中的基础类项目，由街道按程序申请市、区两级财政资金进行改造，自选类项目及其他提升经费由愿景集团自有资金投入。通过"居民双过半投票"的形式实现愿景物业服务的引入，并对社区闲置低效空间进行改造提升，引入居民所需的便民服务业态，实现一定期限内的投资回报平衡，从而形成市场力量参与城市老旧小区有机更新的利益激发点。

(三) 评价与分析

回顾政策转向阶段的城市更新，以"政府主导、企业承办、多元共治"为运作模式，以"深耕、有机、微改"为主要更新方式，以"存量焕新、土地集约、内涵提升"为更新目标。在政府维度上，国家与地方政府积极作为，在城市更新中发挥政策的"激励和约束"作用，把控城市更新的节奏，防止大拆大建，推行"以人为本"的城市建设。在社会维度上，"人民城市人民建，人民城市为人民"的观念深入人心，老旧小区改造等有机更新项目切实提升了市民生活质量。在市场维度上，开发商参与城市更新的数量越来越多，目前已有超过半数的房企布局了城市更新版块业务。

五、总结

纵观改革开放以来中国的城市更新历程，政府、市场和社会三大力量分别在不同的历史阶段发挥了重要的作用。城市更新的主导方针、空间层次、更新机制和更新动力与政策等都发生了巨大的变化。改革开放初期，最主要以还清居住和基础设施的历史欠账为主要任务，政府作为更新的主要主导方，更新的重点落在旧房、旧区改造方面，但也造成了公共财政压力过大、更新持续性较差的问题。土地有偿使用制度实施之后的 30 年，城市化进程高速推进，但忽视了社会公平，产生了一系列环境问题。当前"存量"发展阶段见证了城市的转型，政府更加尊重城市发展规律，并进一步把握住了城市发展的主动权，积极发挥市场的重要作用，提高城市治理能力，着力解决城市病，更新的空间尺度也从大规模更新转变为更多的"小微更新"，社会力量开始越来越多地参与到更新中去，政府、市场、社会三向协同的更新治理方向日渐明晰。

第二节　21世纪以来中国大城市的城市更新历程

经过改革开放以来40余年的高速发展,以上海、广州、深圳为代表的特大城市面临土地资源难以为继的发展瓶颈,相继提出全面城市更新和建设用地减量化发展战略,盘活存量用地资源成为破解城市发展空间瓶颈的重要手段。伴随政府城市治理体制改革的推进和城市大事件等,沪广深的城市更新规划体系在21世纪以来发生多次转型;三地城市更新治理反映了政府、市场与社会之间不同维度的合作和制衡关系。2020年以来,深圳、上海已分别率先出台《深圳经济特区城市更新条例》《上海市城市更新条例》,广州也出台了《广州市城市更新条例(征求意见稿)》。城市更新的地方立法、规章建设和各类规范性文件的颁布实施,不断形塑着城市更新活动中政府和市场的关系。

一、上海城市更新的历程

(一) 城市更新全面铺开阶段(2000—2010年)

上海的城市更新最早的出发点是为了改善中心城区住房短缺和住房条件,提高居民居住水平。经历了20世纪80年代以后的旧住宅区改造,以及90年代大规模的危棚简房改造之后,上海的城市更新进入新世纪,从住宅区改造逐渐向旧城区、旧工业用地、历史风貌地段全面铺开。90年代大规模、超快速旧城改造的大拆大建和商业资本的引入对历史风貌保护和旧城区空间格局带来较大冲击,2000年以后,上海强化了对历史文化风貌区及风貌道路的保护规划制定与管理控制(丁凡 等,2018)。从历史文化风貌保护区、风貌保护街道到优秀历史建筑,建立了历史保护的整体框架,在此框架下开展了大量老厂房的保护式更新(如莫干山路M50艺术园区、上钢十厂改造等)。这一时期,推动城市更新的另一条线索是2010年上海世博会。世博会注重历史文化遗产的保护与再利用,在5.28km² 红线规划范围,约有25万 m² 优秀老建筑被纳入了保护范围,其中包括上海开埠后建造的优秀老民居。城市最佳实践区内由老厂房改造而成的场馆比例占到一半以上。世博效应也带动了上海中心城区成片二级旧里和老旧住区的改造,政府积极探索城市更新市场化运作和货币化安置。

(二) 后世博城市功能完善导向的更新阶段(2010—2020年)

世博后,上海的城市更新致力于以更新促进城市功能完善,更新对象以旧区改造与"退二进三"为主,由成片改造向零星改造转变,更新范围由中心城居住区向外围城镇扩展。2014年,上海召开第六次规划土地工作会议,提出了"规划建设用地规模负增长""以土地利用方式转变倒逼城市发展转型"的要求,标志着上海进入以存量开发为主的内涵增长、创新发展阶段,城市更新成为资源紧约束条件下上海城市可持续发展的主要方式。2015年,上海市整合了关于城中村改造、存量工业用地盘活和土地节约集约利用的专项规定与办法,先后颁布了《上海市城市更新实施办法》和《上海市城市更新规划土地实施细则》,建立了区域评估、实施计划和全生命周期管理相结合的管理制度。"区域评估＋实施计划"的城市更新区域评估技术框架以上海的单元规划为基础,服务于更新地区的控规调整。

随着《上海市城市总体规划(2017—2035年)》(简称"上海2035")的编制,在世博会后资源紧约束背景下,上海积极探索有机更新,更新导向从"拆改留"并行转变为"留改拆"并举,以保留保护为主。《更新实施办法》颁布以来,上海将城市有机更新的理念融入规划管理、土地管理及其他城市管理的工作层面,加强机制创新,积极探索动态、可持续、渐进式的有机更新。2016年,中心城区启动有机更新,上海启动实施了"1＋4＋12＋X"的城市行动体系:1项城市设计挑战赛;共享社区、创新园区、魅力风貌、休闲网络四大更新行动计划;围绕行动计划展开的12项确定试点项目;若干项(X项)可增补的试点项目(表4-1)。

表4-1　2016年上海市有机更新四大行动计划(12＋X)

类　　别	主要目标	"12"示范项目名称	"X"示范项目名称
共享社区计划	完善小区公共服务配套设施	曹杨新村 万里社区 塘桥社区	松江城中村改造 新江湾社区
创新园区计划	低碳节能改造; 完善园区配套; 增加园区楼宇间联系	张江科技园 环上大影视园区 紫竹园区	漕河泾开发区 江湾社区 桃浦科技城 环同济
魅力风貌计划	保护性更新,强调传承城市历史文脉	外滩社区197等街坊 衡复风貌区 长白社区228街坊"两万户"	东斯文里 三林环外 外滩社区160街坊
休闲网络计划	滨水慢行系统; 绿道	黄浦江两岸慢行系统贯通 苏州河岸线贯通	世纪公园路步道

(三) 多方共治的更新阶段(2021年至今)

2021年,住建部实施城市更新行动,提出防止大拆大建、倡导有机更新的理念。上海城市更新的重心从大规模的功能重塑转向解决与居民生活最紧密的"老、小、旧、远"等问题,打造共建共享共治的社会治理共同体。从经济型旧区改造向社会型城市更新转变,即发展理念从侧重硬件环境建设向侧重改善人的生活质量转变,改造方式从单一的"破旧立新"式改造向"留改拆"并举转变,功能效益从单纯的房地产、商业开发向完善城市功能、促进城市产业升级、保存城市文化等多功能更新转变(陶希东,2015)。具体体现为以下几个方面。

(1) 将对剩余零星二级旧里以下房屋,原则上实施以"留房留人"为主要形式的小规模、渐进式的有机更新;

(2) 以15分钟社区生活圈为平台推动"宜居、宜业、宜游、宜学、宜养"五大行动和"六共机制";

(3) 打造城市空间新样板,以空间艺术季推动人民城市建设,提高城市公共空间和生活环境建设的公众参与度和覆盖面,增强群众获得感。

　　2021年,上海颁布《上海城市更新条例》,提出了"城市更新指引—城市更新行动计划—城市更新方案"三级城市更新行动体系(图4-1)。城市更新行动计划是实施国土空间规划的行动,城市更新方案转化为控规后再形成出让条件。城市更新指引、城市更新行动计划是市、区两级对城市更新区域的总体管控,城市更新行动的编制重点在于更新方案,分为区域更新和零星更新两大类,更新方案的编制主体为更新统筹主体和更新项目物业权利人。这一阶段更新方案的编制重点在于提供土地、资金、空间、公共要素和市政基础设施的综合解决方案。《更新条例》在公共参与机制、更新统筹主体遴选机制、更新实施保障机制等方面亦有所创新。

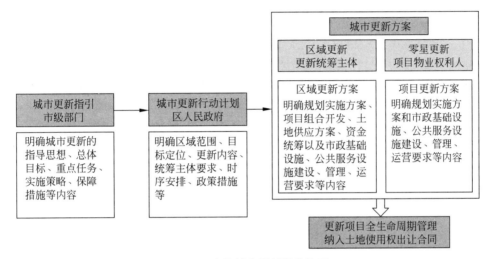

图 4-1　上海城市更新行动体系

二、广州城市更新的历程

　　2000年以后,在亚运会举办和城市空间战略实施的背景下,在"腾笼换鸟""三旧"改造和城市更新政策的推动下,城市更新成为广州城市发展的常态性工作。20余年来,广州城市更新从老城区向外围全面展开,从零星的改造活动扩展为系统性公共事务,政府、业主和市场在城市更新中的互动关系发生多次转变。广州城市更新可分为三个阶段。

(一) 消除破败导向的城市更新阶段(2000—2008年)

　　这一时期,消除衰败、促进产业置换是更新的主旋律。体现在两个方面。

　　一是消除住区空间衰败。2000年,广州首次在城市规划发展区范围内划定了138条城中村纳入改造名录,加快城乡一体化进程。2002年10月,广州市在条件成熟的城中村进行城中村土地、房产转制的试点工作(李俊夫 等,2004)。2003年开始,广州以亚运会"再造一个新广州"为契机加快推动危旧破房的改造。采取"政府主导、统筹计划、抽疏人口、拆危建绿"模式,由政府出资主导在册危旧房和严重破损房改造。2007年,启动新社区建设,解决拆迁户和危房改造家庭的就近安置问题。政府将危旧破房改造作为一种公益性质的"德政工程",避免市场化的房地产开发模式带来老城区越来越密、房价越改越高(左令,2002)。广州市政府逐渐意识到单方面依靠政府出资在财务上的不切实际,于是2006年猎德村改造后,政府重新放开开发商投资旧改,确立了市场运作的实施机制。

二是推进产业空间置换。2006年广州确定了城市"中调"战略,通过"退二进三"对环城高速以内影响环保类企业和危险化学品类企业分批次向外围郊区腾挪,推进主城区产业空间向现代服务业置换,鼓励长期利用旧厂房进行临时性功能改造,用于出租或自营创意产业。国有旧厂房的临时性改造大大降低了创意产业园区的用地成本,提高了市场主体或业主自行投资改造的积极性,截至2014年,共有62家"退二"企业被改造为文化创意产业园(岑迪,2015)。

(二) 三旧改造推动的城市更新阶段(2009—2015年)

2009年,广东省实施"三旧"改造(旧城镇、旧厂房、旧村庄改造,简称"三旧"改造),在自主改造土地协议出让、征收手续补办、集体建设用地转国有等方面实现了政策性突破。同年,广州出台三旧改造第一个政策文件——《关于加快推进"三旧"改造工作的意见》(穗府〔2009〕56号),为了适应"三旧"分类政策的引导,有序、规范地管理项目实施,广州基于三个"旧"的分类政策,探索编制了《广州市"三旧"改造规划(纲要)》,以及《广州市旧城保护与更新规划》《广州市旧厂房更新专项规划》《广州市城中村(旧村)改造规划指引》,构建了"1+3+N"的规划体系(图4-2)。

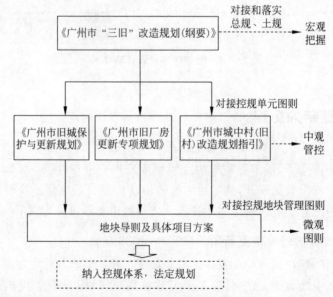

图4-2　广州市"1+3+N""三旧"改造的规划架构(2009—2015年)
来源:广州市城市规划勘测设计研究院.广州市"三旧"改造规划(纲要)[R].2010

2009—2012年,三旧改造的实施特征可以总结为"市场主导,效率优先"。约有220多宗国有用地的私营旧厂改造获得批复,改造项目大多由工业用途调整为经营性用途,改造方式以拆除重建类零星改造为主,缺乏连片统筹(图4-3)。2012年后,三旧改造进行方向性调整,确立了政府主导、市场运作、成片更新,规划先行的原则。城市更新工作重心转向以市属国企为主体的成片改造。同时相继启动了广州国际金融城、大坦沙成片连片改造等11个城市更新片区策划。

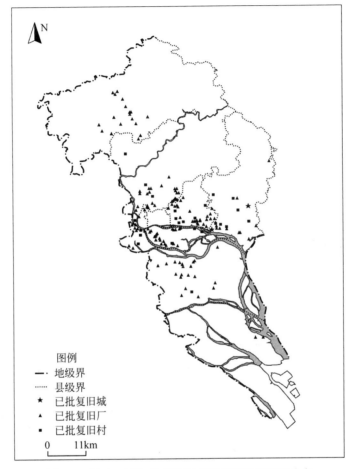

彩图 4-3

图 4-3 2010—2012 年广州"三旧"改造批复项目分布
来源:广州市城市规划勘测设计研究院.广州市城市更新总体规划(2015—2020)[R].2016

(三) 空间治理导向的城市更新阶段(2016 年至今)

2015年,广州市颁布了《广州市城市更新办法》,城市更新成为城市空间治理的综合性政策,以全面改造和微改造两类更新方式为核心建立了空间治理体系。逐步整合"三旧"改造、棚户区改造、危破旧房改造、土地整备等政策,建立了包含更新规划、改造策划、用地处理、资金筹措、利益调节、监督管理在内的全流程政策框架(图4-4)。

经过多轮调整,广州目前形成了"市、区城市更新专项规划—城市更新片区策划方案—城市更新单元详细规划—项目实施方案"组成的四级更新规划体系。其中:市、区两级城市更新专项规划和城市更新单元规划全面融入国土空间规划体系。更新片区策划、项目实施

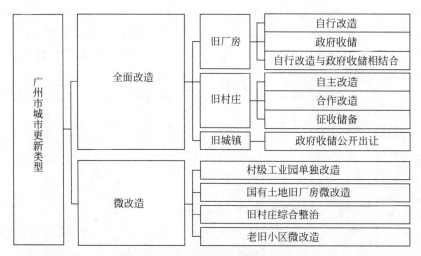

图 4-4   广州城市更新的实施方式分类

来源：广州市城市更新局，2018

方案尚处在实践阶段，标准化和法制化工作尚处在探索期。此外，城市更新 5 年行动计划和城市更新年度实施计划作为计划管控措施，落实市、区两级城市更新专项规划。综上，广州形成了较为系统的城市更新规划、策划和计划管控体系（图 4-5）。

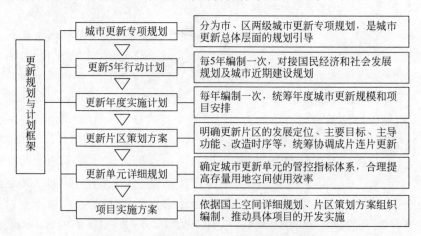

图 4-5   广州城市更新的规划、策划和计划框架

这一时期，广州城市更新具有两方面特点。一方面，打破"三旧"改造的政策分类，加强城市更新与土地整备的融合，强调通过全域土地综合整治的空间治理，促进成片连片改造，推进产城融合发展。另一方面，倡导以功能活化为导向的微改造，推进差异化、网络化、系统化的城市修补和有机更新，促进城市空间优化、人居环境改善、历史文化传承、社会经济发展的系统提升。微改造项目不涉及业权人的变更，实施难度低。两者分类管理，兼顾了城市更新维育、活化建成环境的基本职责（urban revitalization）和协调土地再开发的拓展职责（urban redevelopment）（王世福 等，2015）。

三、深圳城市更新的历程

(一) 市场推动的早期更新探索(2000—2008 年)

早在 20 世纪 80 年代初,深圳罗湖区就启动了东门商业老街区等旧城区的更新,1991年,深圳成立了旧村改造领导小组,至 2003 年,深圳的城市更新聚焦旧村拆除重建。由于政策制定尚处于探索阶段,旧村改造真正推动的项目有限,泥岗村、赤尾村、蔡屋围是其中较为成功的案例(缪春胜,2014)。2004 年 10 月,深圳召开了全市违法建筑查处暨城中村改造工作动员大会,成立城中村改造工作办公室,出台了《深圳市城中村(旧村)改造暂行规定》。2005 年,深圳首次提出"土地、人口、资源、环境"四个难以为继的战略判断,编制了《深圳市城中村旧村改造总体规划纲要(2005—2010)》《深圳市工业区升级改造总体规划纲要(2007—2020)》,在全市层面对存量改造进行整体谋划和方向把控(赵冠宁 等,2019)。2008年,深圳出台了《关于加快推进我市旧工业区升级改造的工作方案》。同年,发布了第一批旧工业区升级改造计划。

至 2008 年,深圳城市更新基本形成了城中村和旧工业区改造的总体政策框架,但是尚未形成系统性的更新政策;城市更新实践的特点是大多数由市场萌发产生,呈现碎片化更新的特征,而政府对自发改造行为的管控也较为温和宽容(黄卫东,2021)。

(二)"三旧"改造推动的城市更新阶段(2009—2015 年)

2009 年 10 月,深圳颁布了《深圳市城市更新办法》,实现了由城中村和旧工业区改造为主向全面城市更新的跨越,确立了以城市更新单元为核心的更新管理模式,城市更新单元规划以打补丁的方式嵌入法定图则。列入改造计划多年的罗湖蔡屋围村、福田岗厦村、南山大冲村等城中村进入实质操作阶段并完成拆除重建。与此同时,布吉大芬村、大鹏较场尾等成规模的城中村(旧村)综合整治也大量展开。赛格日立、天安数码水贝珠宝等旧工业区也提上改造日程(司马晓 等,2019)。2012 年,深圳存量土地供给的建设用地占比达56%,标志着深圳全面进入存量发展阶段。2012—2016 年,存量建设用地占实际建设用地供应占比从 56% 上升到 85%,土地二次开发已成为保障土地供给的重要力量(图 4-6)。当年,深圳就出台了城市更新实施细则,从保障公共利益、简化提速行政审批、强化公众参与、强化政府引导、实现管理下沉等方面,进一步完善城市更新政策框架体系。

深圳形成了城市更新和土地整备两大存量用地更新模式:城市更新由市场组织实施,以经营性用地再开发为主,立足于局部地区的环境提升和社区级配套设施的完善;土地整备由政府组织实施,以公共基础设施和产业用地再开发为主,立足于土地收储和重大项目的实施。但由于两类存量更新方式政策设计中存在利益平衡机制缺失、补偿标准不衔接、容积分配规则不完善、产权整合成本高等问题,造成了存量用地的开发不平衡、激励不相容和空间碎片化等问题(林强 等,2020)。此外,拆除重建主导的城市更新大部分由房地产资本推动,低效用地被置换为高强度开发的经营性用地,城市更新作为一种市场化行为,带来了一系列负外部效应,如空间增量超限、更新结构失衡、更新配套不足等问题(缪春胜 等,2018)。

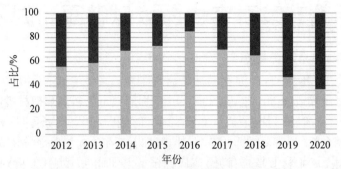

图 4-6   2012—2020 年深圳市建设用地供应结构

来源：深圳市城市建设与土地利用实施计划，深圳市规划与国土资源委员会，2012—2020 年

(三)"强区扩权"背景下的更新统筹阶段(2016 年至今)

2015 年以后，深圳城市更新进入增质提效阶段，更新方式从大拆大建逐步向有机更新转变。一方面，提高更新对象法定图则规划的土地贡献率，开发商的义务实施更为刚性；另一方面，拆除重建的范畴被大幅缩减，城市更新实施的难度逐渐增大。《深圳市城市更新"十三五"规划》明确了全市城市更新拆除重建与综合整治用地 4∶6 的比例。全市平均55%、中心城区高达 75% 的城中村被划入综合整治范围。

2016 年深圳"强区扩权"改革以后，更新实施管理的重心和责任主体从市政府转向区政府，市区两级的城市更新管理体制逐步形成，城市更新专项规划逐步区分为市、区两级城市更新五年专项规划。城市更新片区统筹规划也在这一阶段应运而生，适应了区政府对碎片化城市更新单元的统筹管理需要，增加了市、区级城市更新专项规划与城市更新单元规划之间的传导层级。同时，为了加强对某一特定类型城市更新工作的引导与管控，深圳市编制了诸如《深圳市城中村(旧村)综合整治总体规划(2019—2025 年)》《工业区块线管理办法》等市级专项城市更新规划。

2019 年，深圳政府机构改革，设立了深圳市城市更新与土地整备局，整合了城市更新和土地整备两种存量更新模式。通过发布《城市更新与土地整备计划》年度计划统筹两种存量开发模式，统筹改造项目的年度任务、土地供应、空间分布与开发时序，探索实施城市更新、土地整备等多元手段相结合的集中连片土地清理模式，运用规划手段调节和平衡利益格局，优先保障公共利益。

经历了 2009 年的"三旧"改造、2016 年的"强区扩权"，至 2020 年底，深圳市城市更新规划体系已趋于稳定，形成了"市、区两级城市更新专项规划——城市更新单元规划"两级结构。城市更新专项规划作为城市更新单元划定、城市更新单元计划制定和城市更新单元规划编制的重要依据。《深圳经济特区城市更新条例》已将城市更新专项规划和城市更新单元规划纳入到深圳的更新规划体系中。在最近建立的国土空间规划体系下，通过市、区两级更新整备五年规划以及单元规划等，保障规划有效传导，落实规划管控要求(图 4-7)。

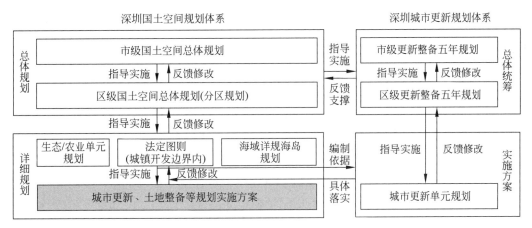

图 4-7　深圳城市更新规划体系与国土空间规划体系的关系

小结

　　土地有偿使用制度推行以来,在住房商品化和土地财政推动下,城市更新的房地产导向特征明显。大拆大建、急功近利的更新也随之产生了一系列城市新问题,包括土地市场受冲击、经营性物业过剩、历史文化遗存被破坏、租住居民被驱赶等问题,抬高了市民生活的经济成本,抢占了城市实体产业发展的空间资源。2008 年金融危机后,中国的城市更新正在从单纯的物质环境改善导向走向产业功能替代和城市整体环境提升导向(Wu,2016)。近年来,国家积极倡导有机更新,抑制大拆大建,推进城市更新与空间治理联动以破解大城市病,中央政府对城市更新的内涵的政策导向发生了转变,深刻影响了地方政府的城市更新规划和管理。以上海、广州、深圳三个大都市为代表的城市更新政策演化和更新规划体系转型,反映了地方政府积极适应宏观政策环境,赋予城市更新公共政策属性的特征。城市更新政策的完善和法制化进程推动了更新实施机制趋于稳定,有助于消除更新实施的负面影响,兼顾更新实施的经济利益和社会利益。

思考题

　　1. 从上海、广州、深圳的城市更新历程,总结中国大都市城市更新治理趋势变化的特征。

　　2. 分析上海、广州、深圳城市更新规划(计划)体系的特征和差异性。

参考文献

薄宏涛,2020.面向存量时代的动态更新:北京首钢的城市更新实践[J].城乡建设(2):6-11.

北京愿景久伴管理咨询有限公司,2020.北京:劲松老旧小区有机更新[J].城乡建设(10):26.

岑迪,2015."退二进三"背景下的广州创意园"新常态"[C]//新常态:传承与变革——2015 中国城市规划年会论文集(11 规划实施与管理).北京:中国建筑工业出版社:906-916.

陈易,2016.转型期中国城市更新的空间治理研究:机制与模式[D].南京:南京大学.

丁凡,伍江,2018.上海城市更新演变及新时期的文化转向[J].住宅科技,38(11):1-9.

冬至海胆,陈国亨,张海斌,等,2021.广州永庆坊"微改造"用"绣花"功夫留住一街乡愁[J].城市地理,127(7):74-81.

黄卫东,2021.城市治理演进与城市更新响应:深圳的先行试验[J].城市规划,45(6):19-29.

李俊夫,孟昊,2004.从"二元"向"一元"的转制:城中村改造中的土地制度突破及其意义[J].中国土地,10:25-27.

林强,李泳,夏欢,等,2020.从政策分离走向政策融合:深圳市存量用地开发政策的反思与建议[J].城市规划学刊,256(2):89-94.

缪春胜,邹兵,张艳,2018.城市更新中的市场主导与政府调控:深圳市城市更新"十三五"规划编制的新思路[J].城市规划学刊,244(4):81-87.

司马晓,岳隽,杜雁,等,2019.深圳城市更新探索与实践[M].北京:中国建筑工业出版社.

陶希东,2015.中国城市旧区改造模式转型策略研究:从"经济型旧区改造"走向"社会型城市更新"[J].城市发展研究,22(4):111-116,124.

田莉,陶然,梁印龙,2020.城市更新困局下的实施模式转型:基于空间治理的视角[J].城市规划学刊,257(3):41-47.

王世福,沈爽婷,2015.从"三旧改造"到城市更新:广州市成立城市更新局之思考[J].城市规划学刊,223(3):22-27.

阳建强,陈月,2020.1949—2019 年中国城市更新的发展与回顾[J].城市规划,44(2):9-19,31.

张京祥,庄林德,2000.管治及城市与区域管治:一种新制度性规划理念[J].城市规划,24(6):36-39.

左令,2002.评"城中村"改造的两种模式[J].中外房地产导报(10):1.

HE S,WU F,2009. China's emerging neoliberal urbanism: perspectives from urban redevelopment[J]. Antipode,41(2):282-304.

WU F,2016. State dominance in urban redevelopment: beyond gentrification in urban China[J]. Urban Affairs Review,52(5):631-658.

第五章　城市更新中的利益主体与博弈机制

城市更新中涉及多元权利主体的利益博弈。各级政府、市场主体、居民/村民业主、社会公众等在城市更新中均扮演着重要角色,其中尤以政府、开发商和业主这三大主体的利益博弈最为显著。三者利益的协调是城市更新需要解决的核心问题。本章首先分析城市更新中的政府、市场、社会关系与政府在城市更新中的角色,之后对城市更新的利益博弈焦点与困境进行深入分析。

第一节　城市更新中的政府、市场、社会关系与政府角色

作为土地再开发利益分配的核心主体,地方政府在城市更新中的角色不断变化,但背后的权力结构、治理过程中的权力执行方式却有一定的共性。本节以城市更新中的政府角色作为核心内容,分析各主体之间的权力结构和行为范式,并从政府角色的演进过程、政府权力作用机制、我国政府在城市更新中的角色特殊性等角度,对城市更新中的政府角色进行论述。

一、城市更新中的政府、市场和社会

在城市更新的一般范式中,可划分为"政府""市场"和"社会"三个利益主体,三大主体相互协作共同完成更新治理的过程。最常规的城市更新主体包括地方政府、开发商、业主。由于各主体内部存在分层次的利益诉求,每个主体也可以分解为若干次级利益主体(图 5-1)。

从次级利益主体划分的逻辑上说,政府内部的利益划分与市场、社会的次级利益分配结构有所区别。一方面,市—区—街道三级管理机构都可以在管辖区内对更新项目实施干预,有其权限范围内的审批权;另一方面,与更新项目直接相关的职能部门多达十几个,如自然资源局、住建局、园林局、环保局等。不同部门从部门利益出发,出台部门规章,在行政部门内部,行政官员又存在不同的私人利益。针对以上利益的分化,不宜将地方政府笼统地看作单一利益主体,具体可划分为政府组织整体的利益、政府部门的利益和政府官员的自身利益(涂晓芳,2002)。市场、社会之间的利益分化则更多体现在群体诉求和个体偏好的区分上,在经济发达的城市这种差异尤其明显。在进行主体划分时,需考虑其差异化诉求。

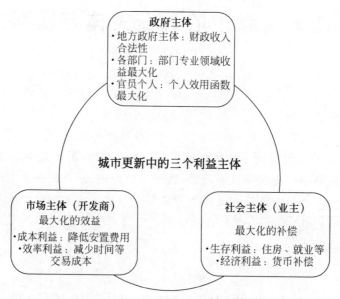

图 5-1   城市更新中的三大主体

1. "政府"：整体的地方政府

在中国，中央政府的行政放权和财政分税制等使地方政府具有一定的自主支配权、剩余索取权和对收入的合法支配权。因此地方政府在实际的更新项目过程中，希望通过城市更新带来的土地出让金、相应税费等来增加财政收入，支撑自身运作。同时，政府也是公共管理的服务者和规则的制定者，因此在更新过程中希望通过维护和增加社会的总体福利，以提高治理的合法性基础(陈庆云 等，2005)。

2. "政府"：各部门和官员个体

在地方政府内部，各部门和政府官员作为具体行为的执行者和承担者，其诉求与整体的地方政府有所不同，既包括与政府整体利益保持一致的部分，也包括作为独立主体生存发展所需要的特定利益部分。对职能部门来说，其工作重点和利益诉求更侧重在各自特定的领域，例如，水利部门对水资源的关注，交通部门对交通规划的关注等，各部门受到本位利益的驱动，积极追求部门利益最大化以突出各自的业务领域。政府官员在追求政府整体利益的同时，也希望达到个人效用函数的最大化，如物质资本、经济资本、政治权力等。在缺乏监督约束的特定条件下，政府部门和官员有可能运用公权力进行寻租，以获取货币收益和非货币化收益(声望、成就感、政治支持)等(赵祥，2006)。

3. "市场"：投资商

城市更新中的"市场"主要指开发投资商。作为一个相对统一的整体，市场主体的诉求相对单一，即"经济人"视角下的最优解，通过降低成本、提高利润以获得效益最大化，主要通过提高成本利益与效率利益得以实现(黄信敬，2005)。成本利益指拆迁过程中减少拆迁补偿安置费用以降低开发成本所获得的利益。在投资商的开发成本中，包括土地出让金、房屋建设成本、企业管理成本、土地投资成本等,拆迁补偿费是土地投资成本中的一部分。而效率利益是投资商通过缩短拆迁时间等手段减小交易成本而获得的利益,通常企业会通过更有效的谈判和沟通以缩短谈判时间、减少拆迁群众上访等带来的司法仲裁费用,获取更高的效率利益。

　　4."社会":原业主(搬迁居民)

"社会"主体主要指需要搬迁的居民。他们因为房屋被拆迁造成既得利益受损,因此理应获得安置与赔偿。这一过程中的利益包括生存利益和财产利益两个部分。被拆迁的居民因为房屋被拆除,生存利益直接受到影响;同时房屋作为居民的财产,拆迁过程也会影响其经营或财产利益。在一般情况下,居民也具备"经济人"特征,即希望得到最大化的补偿,包括拆迁货币补偿、住房条件改善、就业机会解决等。在不同的社会结构、文化背景下,原产权人群体的拆迁诉求也体现出一定的差异性,因此在更新实践中要充分考虑社会群体的各方诉求,以实现综合效益的最大化。

二、政府角色的演进与转换

　　城市更新的权力结构、更新目标、规划策略随着城市更新阶段的演进发生了一系列的变化,城市更新中的政府角色也在这一过程中不断转换和调整。在改革开放初期,这一阶段的更新重点为小规模的政府主导的危房改造、市政建设、环境整治等老城改造项目,旨在消除衰败的城市空间。由于这一时期缺乏土地流转制度,资金多由政府财政主导,同时社会力量的作用机制、相关意识尚不健全,在"政府—社会—市场"的三元主体结构中,社会、市场两大主体是缺位的,因此这一阶段的城市更新模式为政府"完全决断"模式(陈易,2016)。从实施效果来看,这一时期的城市更新由于实施主体单一、利益统筹较为容易,因此在规划战略的实施与落实上较为统一,项目进展较为可控,改造过程有序(吴春,2010)。原居民多为"被动接受"更新方案,他们的利益和诉求经常难以得到保障,更新改造的公平性受到影响(彭慧,2007)。

　　在以空间增长和房地产开发为导向的城市更新中,城市更新的重点是通过房地产开发、开发区建设等模式,通过土地经济带动城市发展,政府主导的旧改计划与私有部门主导的地产开发并行,大规模的拆旧建新是这一阶段的更新主线。这一阶段的发展型地方政府与追求利益的市场资本构成"增长同盟"主导城市更新实施,地方政府的主要收入来源是建筑与房地产业及第三产业的营业税和土地批租收入。从对地方市场实行保护主义,到吸引投资、培育本地市场,再到分权化改革后基于土地财政而与市场结成城市增长同盟,政府由于掌握政策制定、土地、税收等垄断性资源,在增长同盟中始终处在相对强势的地位,并发挥着对本地市场的培育、引导、规范与约束等作用。这种模式极大地推动了中国的城镇化发展,成就了中国长达数十年经济高速发展的奇迹;但也产生了地方政府的权力寻租、以"土地红利"为核心的房地产开发造成的房地产的供需偏离等问题(刘志彪,2013)。随着更新的深入推进,政府角色逐渐从自上而下的"权威型政府"走向以规范、引导为重点的"服务型政府"。

三、政府权力的作用机制

在政府—社会—市场的权力结构中,政府是城市空间资源的掌控者和空间生产规则的制定者,处于城市权力结构的中心。从政府—市场的权力结构来看,地方政府掌握着大规模的国有资本,控制着土地审批、城市规划、空间产品定价等重要决策权,依赖于城市经济绩效获得政治晋升。市场化改革将各类市场主体纳入城市空间生产过程中,决定了市场经济的发展具有引导和监管空间资本化程度的能力(王海荣,2019)。从政府—社会的权力结构来看,政府也占据着较强的主导地位,通过控制社区基层选举、活动内容、社会组织登记管理、发展议程等手段,决定社会力量是否会出现及进入城市空间的决策议程。

在市场主体参与更新视角下,政府通过一系列的宏观调控政策,对市场主体进行引导与监管。既积极引导市场主体参与城市空间的生产和治理,促进城市经济增长,又严格监管过度的空间资本化,保证市场运行的社会主义方向(陈易,2016)。随着社会主义市场经济体制的发展与完善,各种市场主体迅速崛起,形成了权力碎片化的多中心治理格局,市场与政府的关系也从单向主导变成了双向作用。因为企业入驻城市能够促进城市经济增长、影响地方官员晋升的结果,所以市场和资本也开始逐渐拥有影响地方政府官员行为和城市公共权力的能力。几乎每一个企业背后,都有关心其创造经济绩效的地方官员。在这种情况下,市场主体既可能限制官员的任意干预,并从政府那里获得有益于市场发展的资源和政策支持,发挥市场在空间资源配置中的有效性;也可胁迫地方政府的空间决策只代表市场主体的利益,扭曲城市公共权力的性质(周黎安,2018)。由于中国经济市场化和国际化程度的不断加深,地方官员的行为将会逐步受到市场竞争的约束,政府与企业的关系进入了一种微妙的制衡状态。

在社会主体参与更新视角下,政府通过自我改革主动退出一些社会领域为社会发展释放空间,引导群众参与到城市管理的过程中。例如:在公共管理中,完善民众的利益表达机制,促进新型政社合作关系的形成,在项目选址、历史遗产及环境保护中加入论证环节,听取市民意见;在社区内部给予业主一定的自主决策权,协调业主的利益诉求(庞娟 等,2014)。这种鼓励公众参与的形式,为政府主导更新实施的合法性和正当性提供基础,同时促进了公民参与的积极性与社会公平。在这一过程中,政府与社会之间的权力关系也是双向的。社会群体充分利用政府提供的发展平台,主动参与城市空间治理,表达、维护空间利益诉求,争取更大的行动与生存空间。城市社区居民和社会组织的空间维权意识越来越强,参与城市空间治理的内容范围和有效程度不断提升。政府需要社区居民和社会组织积极参与城市空间治理、自主处理城市公共事务并尝试介入城市空间公共物品的供给过程中,以促使地方政府转变空间治理理念和方式。

此外,央地关系也是影响地方城市更新发展目标和实施策略的重要因素。中央政府为地方政府与市场的关系提供基本秩序和规则,例如,推行市场化改革和对外开放,推行以经济发展绩效为核心的干部考核制度,形成与经济发展密切相关的政治竞争锦标赛等(周黎安,2007)。中央政府直接管理的央企在关系国家安全与国民经济命脉的主要行业和关键领域占据支配地位,对于调控全国统一市场、促进区域经济发展等具有重要意义。在这一背景下,中央政府通过对宏观秩序的构建、重点行业发展的确立和主体功能区的规划,从宏观、整体的视角影响城市更新的方向和发展战略。而地方政府管辖着央企以外的所有国有企业,掌握着行政审批、土地批租、政策优惠、空间产品定价等自由裁量权力,履行安检、质检、税收等职能,对外资企业、民营企业、合资企业有着重要的影响力。为了追求经济增长和政治晋升,地方政府展开了以经济增长为目标的地区间竞争,通过制定适配区域发展需求的更新实施策略,以具体落实宏观的发展战略目标。

四、我国政府在城市更新中的角色特殊性

中国特色社会主义制度与社会主义市场经济体制,使得政府在城市更新中的角色具有一定的特殊性。在城市更新过程中,政府除考虑经济效益以外,居民的安置、补偿、生存发展和社会稳定也是重要的考量因素,政府本身的利益诉求和社会(居民)的利益诉求有较强的一致性,都希望达成社会利益的最大化。社会主义市场经济体制下的宏观调控和占据主体地位的公有(国有)资本,使得中国的资本逻辑与西方国家的私有资本逻辑不同。国家的宏观调控能力使政府具有决定资本空间化和空间资本化方向的能力,庞大的国有资本使得高铁建设等公有资本直接影响城市空间结构的发展模式成为可能。地方政府通过制度和政策在空间上的调整来控制市场主体的空间生产能力,进而通过调控房地产市场、土地市场以影响城市更新的过程,国有资本与地方政府始终保留着空间资源配置的主导作用(王海荣,2019)。

第二节　城市更新中的利益博弈

一、城市更新利益博弈焦点

中国正处在国土空间规划体系的建构时期,城市更新的工作重心逐渐从"空间配置"转向"利益协商"。城市更新中的利益博弈主要集中在经济、社会、文化、环境四个维度。

(一) 经济维度下的城市更新利益博弈

经济维度下的城市更新利益博弈主要包括更新成本由谁承担、更新收益归谁所有两大方面。从更新成本来看,主要包括前期成本、拆迁成本、搬迁补偿与临时安置成本、综合建安成本(含配套)、补缴土地出让金和其他成本等。其中,前期成本、综合建安成本、搬迁补偿与临时安置成本等方面的既有政策较为完善,博弈的空间有限,影响最大的是拆迁成本和补缴土地出让金。前者是开发商与原产权人的博弈,由开发商支付给原产权人的拆迁补偿,博弈焦点聚焦在现状建筑面积的确权和价值认定,尤其是违规违章建筑的认定。由于现状建筑面积的价值认定直接决定了可获得补偿面积的大小,因此开发商与原产权人之间的博弈较为激烈。后者是政府与开发商的博弈,补缴土地出让金与土地利用性质、容积率、建筑量、楼面地价等相关,直接决定了开发商能从中获取的利润,因此开发商与政府之间也

存在激烈博弈。从更新收益来看,主要指通过用途变更、强度提升等方式形成的土地增值收益(田莉 等,2020)。政府、原权利主体和开发商构成了土地增值收益分配的主体,主要围绕复建总量、安置量、融资量三者进行利益博弈。复建总量指改造后能用于安置和开发的建筑总量,包括代表原产权人利益的安置量和代表开发商利益的融资量,其中安置量包括住宅安置量、物业安置量和公共服务设施量,融资量主要包括商品住宅量和商办物业量等。对于原产权人来说,安置量越大,原产权人获利越多;对于开发商来说,融资量越大,拆迁补偿量越小,开发商的利润越大。但对政府来说,复建总量越大意味着容积率越高,过高的容积率不仅会大幅增加后期公共服务设施、交通市政设施的配套压力,也会对城市建筑景观产生不良影响,影响居住舒适度。因此,政府希望管控复建总量,将容积率控制在合理范围内,当复建总量确定后,安置量与融资量之间就形成此消彼长的关系,导致开发商与原产权人之间的利益博弈非常激烈。

(二) 社会维度下的城市更新利益博弈

社会维度下的城市更新利益博弈聚焦于如何维护更新改造的公平正义,主要包括以下两方面。一是如何在城市更新中保障公共利益?中国尚未形成系统完善的"土地增值收益还原公共财政"的机制和途径(许宏福 等,2018)。政府作为城市更新中公共利益的代表,主要通过在更新规划中明确公共空间、公共服务设施配套要求、收取土地出让金补充公共财政等方式来争取公共利益。但在实际过程中,一旦城市更新陷入僵局,政府往往采取让利开发商、让利原产权人的方式来推动城市更新,导致公共利益遭到私人利益的侵蚀。二是如何维护空间正义、保护城市低收入群体和弱势群体在城市更新中的基本权益?当前,中国城市更新中普遍存在着空间话语权不对等、绅士化、空间剥夺、空间隔离等诸多"空间非正义现象",因拆迁问题导致的社会冲突频发,成为城市社会矛盾积累、激化的最直接的体现。城市更新中的空间正义,要求平衡社会、政府和市场的博弈关系,实现三者的话语权均衡,成为城市更新中空间正义的关键所在(张京祥 等,2012)。

(三) 文化维度下的城市更新利益博弈

文化维度下的城市更新利益博弈,本质是传统历史文化空间保护与开发商经济导向下拆除重建式更新之间的矛盾。历史文化空间的保护不仅需要较高的维护成本,同时为了保护整体风貌,对其周边地区也会有开发强度、建筑风貌、景观环境等管控要求,尤其是对建筑密度、容积率等开发强度指标有严格的管控,这就与开发商追求高容积率以获取高利润之间产生激烈的冲突。再加上中国当前缺少完善的容积率转移等土地发展权政策工具,历史文化的保护与经济效益之间的冲突难以调和,导致城市更新中破坏历史文化的现象频繁出现。近年来,市民文化意识的觉醒深刻改变了城市更新中文化维度下的博弈格局,广州恩宁路地区的更新改造成为国内历史文化保护地区更新的一个经典案例,从2006年的"大迁大拆大建"方案,转为2011年"开旧城改造先河,保护历史文化优先",再到2012年被列入历史文化街区保护名录,"拆迁拉锯战"与"文化保卫战"使恩宁路成为广州的文化地标。另外,随着文化复兴成为城市提升软实力、竞争力的重要战略,小尺度、针灸式的微更新模式开始出现,尤其是城市内部大量的传统文化氛围浓厚的老旧小区开始探索微更新模式。

(四) 环境维度下的城市更新利益博弈

环境维度下的城市更新利益博弈的焦点在于宜居环境的打造往往会提高更新成本,要求完善的设施配套、优美的绿化景观及适当的开发强度,这与开发商追求高容积率开发之间形成冲突。传统开发商主导的城市更新,尤其是大量城中村的改造,最后呈现出"千城一面"的空间环境特征——高容积率、高层林立、充满压抑感的"钢筋水泥森林"。尽管开发商会通过营造优质的居住环境来提高预售房价和销量,从而提高销售利润,但在国家"房住不炒"的政策要求下,房价上涨空间有限,甚至新房严格限价,导致开发商普遍倾向于通过缩减环境设施建设成本、提高容积率、增加商品房销售面积的方式来实现利益最大化。此外,过高强度的开发给地区的公共服务、交通、市政等城市配套带来巨大压力,政府后期需要投入大量的公共财政来解决。

综上所述,经济、社会、文化、环境是当前城市更新利益博弈的四大焦点,彼此之间形成相辅相成、相互制约的紧密关系。在当前地产导向的城市更新中,经济维度与社会、文化、环境呈现出显著的相互制约关系,开发商倾向于高容积率、推倒重建式的更新模式,通过压缩成本、抬高房价来实现利益最大化,但这种模式有悖于文化、环境维度的要求,传统历史人文空间的保护、高品质宜居环境的营造,都要求城市更新不能一味推倒重建,更不能一味进行高强度开发。文化和环境维度则更多呈现相辅相成的关系,良好的文化氛围也是宜居环境的重要部分。从本质上看,经济、社会、文化、环境四大维度是城市更新多元价值观的体现。

二、城市更新利益博弈困境及原因解释

(一) 违规(非正规)建设频发的博弈困境

21 世纪以来,随着城镇化的快速推进,城乡规划违法建设呈现高发态势,具有存量巨大、分布面广、类型多样、问题复杂等特征(邹艳丽 等,2016),违规建设一旦进入城市更新进程,将大幅提高更新成本和利益协商难度。尤其在城中村,由于历史原因及集体土地上长期以来管理制度的松散和监管力度的不足,同时低收入群体进城的住房和居住问题催生了巨大的市场需求,在利益的诱导下形成了大量的"小产权房"和大规模的违章建筑,甚至在更新改造启动前"加建抢建"的现象都非常普遍。按照地方建设管理规定,违规建筑理应予以拆除,甚至还应追究产权人违规的责任。实际上,违规建筑的处理并没那么容易,一方面,拆除违规建设牵涉利益大,整治违规建设成本高,涉及群体广泛,极易形成广泛性对抗,甚至上升为群体性事件。另一方面,由于低成本生活空间的市场需求旺盛,违规建设屡禁不止。违规建设常常处于一种"理论的取缔和实践的容忍"状态(邹艳丽 等,2016)。

究其原因,早期审批管理监管制度的缺失、当前治理制度的钳制及低成本生活空间的旺盛市场需求诱导是城市更新中违规建设屡禁不止的三大核心原因。相当一部分的违规建筑是在政府的规章制度产生之前即已形成或在历史上某个时期获得过一定的建设依据,并非完全违建。当前,对敏感问题的回避和对历史问题的搁置导致了非正规建设不断"堆叠"、难以化解。一是在建筑物合法性认定和颁证环节存在不同主管部门各持己政、管理不

打通的问题；二是政策宣传力度不够，基层部门抱怨"编规无路、报规无门"；三是对于已形成的违规或非正规建设，缺乏明晰的合法化路径，尤其是在行政管制和处罚之外的市场手段的应用并不灵活（田莉 等，2021），传统运动式和人制化的行政治理难以应对违规建设的长期性与根植性（邬艳丽 等，2016）。

（二）初始价值认定的博弈困境

城市更新中的初始价值认定主要指更新前现状土地和房屋建筑面积的产权确权和价值认定，利益博弈主要涉及政府、开发商和原权利主体三方。由于现状建筑面积的认定直接影响了原产权人能获得的拆迁补偿面积和开发商的拆迁成本，因此成为利益博弈的重点，主要呈现出以下两大博弈困境（图 5-2）。

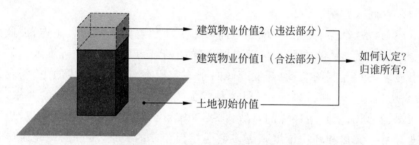

图 5-2　城市更新中现状初始价值认定

（1）现状房屋建筑面积的认定规则。各地政府都出台了相应的认定政策，但在实际使用中普遍出现了村民对政策标准不认可、对测量结果不签字的情况，导致政府出台的政策标准难以执行。为了推动房屋建筑面积认定，甚至出现"一村一策"的被动局面。

（2）违规建筑的认定。从各地已出台的政策来看，标准不一、差异显著，例如，珠海市对于违规建筑不予认定但给予一定的建筑成本补偿，"超过 400m² 按照 1200 元/ m² 的建筑成本予以补偿"，而广州市对于违规建筑则采取"2007 年 6 月 30 日之前建成的违章建筑则采取视情况部分认定的方式"。总之，原产权人希望尽可能多地认定违规建筑来提高补偿面积，开发商为了降低拆迁成本则希望对违规建筑面积一律不予认定，原产权人和开发商之间产生了根本性的利益冲突。综上，现状房屋建筑面积认定情况复杂、利益牵涉大，实践中面临"有政策，难实施"的窘境，常常需要经历漫长的反复多轮协商，这个过程中也容易催生"钉子户"，相当多的城市更新项目卡在现状面积认定环节而停滞不前。

（三）土地增值收益分配的博弈困境

"钉子户"频发是当前地产导向的城市更新模式下土地增值收益分配失衡的必然产物。具体来说，中国城市更新大致经过了从计划经济时代政府主导并投资的旧城改造到 1998 年住房商品化改革以后以房地产开发为导向的城市更新（田莉 等，2020）。随着 21 世纪中国经济的高速增长，房地产进入高速发展时期，拆迁户的赔偿标准水涨船高，心理预期快速膨胀，"钉子户"现象开始出现。2007 年《中华人民共和国物权法》出台，居民/村民的财产权意识日益强化，"有法可依"进一步加深了"钉子户"的顽固性。开发商为了降低时间成本，往往采取大幅让利以获取"钉子户"签字同意的拆迁方式，进一步导致了"拆迁拆迁、一步登天""一幢旧楼倒下去、亿万富翁站起来"等拆迁致富的乱象,最终使城市更新陷入"钉子户"频发引起的"反公地困局"[①]中停滞不前。

土地增值收益分配博弈困境最大的原因在于城市更新中土地发展权的权利界定和利益分配机制不清晰,导致了利益分配的紊乱(袁奇峰 等,2015)。政府、原产权人和开发商在更新过程中的具体利益分配方式缺少明确且统一的制度性指引,也未形成系统完善的"土地增值收益还原公共财政"的机制和途径。同时,由于地产导向的更新模式极容易导致土地增值收益分配失衡,开发商为了加快更新进程采取纵容"钉子户"的高补偿要求、向政府要求更高开发强度或减少补缴土地出让金的方式来降低成本,尽管这在一定程度上加快了城市改造进程,但最终开发商、"钉子户"获取了过多的土地增值收益,而以政府为代表的公共利益、除"钉子户"外的其他原产权人及外来租户等多个群体利益受损。此外,城市更新过程中大量的政策信息不对称、不透明,公众参与停留在表面,原产权人参与利益博弈的有效性途径缺失等,都导致了利益协商过程中拆迁户与政府、开发商之间的不信任,导致利益协商难以在和谐有序的环境和平台上进行(图5-3)。

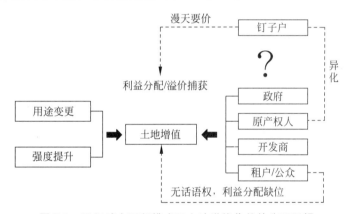

图 5-3　现行城市更新模式下土地增值收益的分配逻辑

为了减少拆迁引发的社会矛盾,很多城市要求以"双百签约"作为城市更新项目推进中实施拆迁的基本原则,即必须100％业主、100％的面积同意并签署拆迁补偿安置协议。但在利益诉求多元化背景下,要取得全部原产权人同意十分困难,只要一户不同意,城市更新项目就停摆。"双百"原则反而在一定程度上助长了"钉子户",例如,广州杨箕村在拆迁实施中就经历了"百分之九十九"与"百分之一"的对峙,有些因"钉子户"而长期无法实施拆迁的地区,甚至引起签约户与钉子户之间的群体事件。

"钉子户"是典型的少数人战胜多数人的"民主",那么能否对"钉子户"的房屋进行强制征收呢? 实际上,中国针对房屋强制征收是有法律依据的,城市房屋征收指出于公共利益的需要,国家要依法、依规通过权限和程序强制,取得单位或者个人在国有土地上的房屋及

---

①　城市更新中的"反公地困局"主要指由于空间资源被过度细化分割后的产权具有排他性,从而导致产权行使约束,存量空间整体利用受阻,导致闲置而造成的资源浪费。城市内部私有产权细碎化与需要整体开发建设之间的矛盾,是产生反公地困局的最根本原因。

其他不动产的行为,是一种具有强制力的行政行为。2011 年颁布的《国有土地上房屋征收和拆迁补偿条例》中第 28 条规定:"被征收人在法定期限内不申请行政复议或者不提起行政诉讼,在补偿决定规定的期限内又不搬迁的,由作出房屋征收决定的市、县级人民政府依法申请人民法院强制执行。"可见,为满足公共利益的需要、依法依规通过权限和程序是可以针对"钉子户"的房屋进行强制征收的。但问题在于"公共利益的需要"较难界定,法律法规中并没有清晰地界定哪些行为符合公共利益的需求。早期,因为房地产开发,有些地方政府无视法律法规的合理性,实行"蛮横的行政强拆",导致了执法公权力对公民私权利的侵犯,也引发过不少惨痛教训。之后,政府出于行政成本、维稳的考虑,逐渐退出拆迁,开始由开发商来主导拆迁的实施。开发商在拆迁谈判过程中有更大的灵活性,对部分"钉子户"进行"暗补"、对村干部进行某种程度的利益输送甚至采用一些非正规手段以便加速拆迁进程。但随着中国法治建设的逐步完善,拆迁过程越来越正规透明,开发商在面对"钉子户"频发的拆迁实施困境面前也往往有心无力。

三、城市更新利益博弈困境的破解策略

(一) 违规(非正规)建筑的差异化与精细化管控治理

就全国违规(非正规)建筑的治理模式而言,可以分为"运动式拆违"与以珠三角等地为代表的"历史问题分类处理"的"三旧"改造模式(田莉 等,2021)。2019 年,全国集中开展违建清理整治运动,由于缺少精细化与差异化的违建界定标准,采用的是不顾历史发展路径的"一刀切"做法,导致很多城市扩大化"拆违",给存量资产与社会稳定带来巨大挑战,后于2020 年 1 月被国务院紧急叫停。珠三角一些城市过去十多年来的一些弹性治理做法值得思考,在集体建设用地复杂历史问题的处理上也逐步积累了丰富的经验,体现在以下两个方面。

一是对违规(非正规)建筑采用差异化的处理措施。目前主要采取以现行政策为主、兼顾历史合理性、差异化处理的方式,从时间、空间、最大认定面积等方面设定规则标准。①以某一时间节点来区分是否合法,例如,《广州市"城中村"改造成本核算指引(试行)》中提出"2007 年 6 月 30 日之后建设的无合法权属证明的村民住宅一律拆除,不予补偿";②以建筑高度或层数来区分是否合法,例如,珠海市香洲区针对城中村改造出台了《香洲区城中旧村更新改造政策宣传通稿(范本)》,在房屋面积认定篇中提出"五层以上房屋面积不予认定";③通过设定最大认定面积来区分是否合法,例如,珠海市香洲区提出"被征地农民按每户最高不超过 400m² 的标准给予房屋面积认定"。

二是借鉴"以土地换规划"的形式,集体通过贡献部分土地实现对剩余土地上的建筑正规化。例如,在广州"旧厂房"改造中,30% 的用地无偿交给政府。深圳在 2009 年启动"三旧"改造时,最初的政策规定更新项目用地必须全部合法化,结果城市更新项目推进十分困难,因此政府逐渐放宽了确权要求,把更多"法外"土地与违法建筑纳入了城市更新范围,其中广泛使用的"20—15"原则在一定程度上实现了政府、开发商、原产权人的三赢,即城市更新范围的合法用地和原农村历史违建用地比例控制在 7∶3 以内,针对 30% 违建用地建立

利益共享机制,企业承诺将"法外"用地二八分成,20％由政府收回纳入储备,80％由市场主体开发,且80％用地中如果另外贡献15％的土地优先用于建设公共基础设施,就可以将全部用地纳入更新项目并合法颁证。2016年,深圳提出"重点更新单元"概念还采用累进制的方法,即在更新单元内,非正规用地所占比例越高,用地贡献率就必须越高。(田莉 等,2021)。表5-1列举了深圳不同合法用地比例下交由政府储备的比例。

表5-1　深圳拆除重建类城市更新项目历史用地处置比例表

拆除重建类城市更新项目		处置土地中交由继受单位进行城市更新的比例/％	处置土地中纳入政府土地储备的比例/％
一般更新单元		80	20
重点更新单元	合法用地比例。60％	80	20
	60％＞合法用地比例≥50％	75	25
	50％＞合法用地比例≥40％	65	35
	合法用地比例＜40％	55	45

来源:《关于加强和改进城市更新实施工作的暂行措施》(深府办〔2016〕38号)

(二) 探索"公私兼顾、经济高效"的土地增值收益分配机制

关于土地增值收益分配方式,既有研究可以总结为"涨价归公(主张将土地自然增值基本归国家所有)""涨价归私(主张全部土地自然增值归原土地所有者所有)""公私兼顾(主张在充分补偿失地者之后将其剩余部分收归政府所有)"三种主流观点(程雪阳,2014;许宏福 等,2018)。其中,"公私兼顾"的观点越来越受到关注。公共性和经济性成为城市更新中土地增值收益分配机制设计的两个核心维度。在公共性方面,充分考虑收益分配的"社会公益价值"。目前,城市更新中土地增值收益分配主要通过开发商补缴土地出让金返还公共财政的方式来体现公共性,但并未明确补缴的土地出让金是否用于社会公益支出。城市更新方案中政府通过设定公共空间(广场、绿地、停车场等)和公共服务设施(文、教、体、卫等)等配套要求也充分体现了公共性(袁奇峰 等,2015)。在经济性方面,充分考虑土地增值收益分配的"经济高效",体现按资本、按要素分配的效率,才能源源不断地吸引社会市场资源进入城市更新。此外,土地增值收益分配应体现以公共性促进经济性的原则,鼓励开发商提供公益性场所和设施,给予开发商在容积率等经济性指标上一定的奖励。

(三) 构建由"第三方组织主导"的多元利益协商平台

当前,城市更新中利益博弈复杂、难以协商的根源在于缺少有效的互动协商平台。政府、开发商、原产权人是利益博弈的三大核心主体,任何一方都不适合作为利益博弈的主导者。因此,需要具备专业知识的非利益相关方参与到利益博弈协商中来。由政府委托相关专家(包括本地规划、建设系统、房地产投融资专业人士)组成第三方工作小组,通过搭建一个城市更新的参与式规划平台,在政府、开发商、原产权人(居民/村集体/村民)之间扮演"组织者""协调者"角色(图5-4)。在与政府保持紧密沟通的第三方工作小组的协助下,利用"线上＋线下"结合的更新规划平台,通过充分谈判,在村民/居民、村集体/居委会与政府之间,开发商与村民/居民之间展开更新、补偿与安置、环境品质提升等初步规划方案协商。

在取得大部分业主同意的基础上,上报政府批准并签订各方协议。在多元利益协商平台中,政府可以委托第三方来发布政策文件、发起投票和意见征集,并把控城市更新的整体进程;村民/居民可以全程看到城市更新的实施进程、信息动态,尤其是自身的利益变化,并积极参与到每个阶段的利益诉求表达和协商中;开发商可以借助平台充分了解村民/居民的拆迁改造意愿、拆补要求、对规划方案的意见、回迁要求等,为开展有针对性的入户谈判工作奠定了基础,提高了谈判效率。更重要的是,通过多元利益协商平台能够营造公开公正、合理透明的协商氛围,增进政府、开发商、原产权人之间的了解与信任,重构城市更新多中心治理所需的社会网络关系。

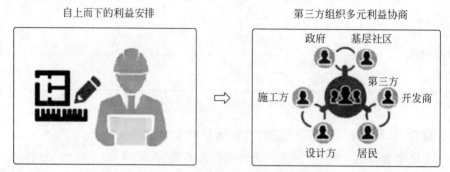

图 5-4   第三方工作小组组织利益博弈

(四) 完善合理推进拆迁实施的政策保障机制

为了破解"钉子户"难题,保障城市更新进程的合法合规推进,完善拆迁实施的政策保障机制迫在眉睫。作为城市更新需求最为迫切的深圳,在"钉子户"房屋强制征收方面进行了政策探索。2020 年 12 月 30 日,深圳市六届人大常委会表决通过了《深圳经济特区城市更新条例》,条例指出"旧住宅区已签订搬迁补偿协议的专有部分面积和物业权利人人数占比均不低于 95%,且经区人民政府调解未能达成一致的,为了维护和增进社会公共利益,推进城市规划的实施,区人民政府可以依照法律、行政法规及本条例相关规定对未签约部分房屋实施征收。"城中村合法住宅、住宅类历史违建部分可参照执行。"被征收人对征收决定或补偿决定不服的,可以依法申请行政复议或者提起行政诉讼。"该条例打破了拆迁的"双百"标准,创设了"个别征收+行政诉讼"的方法,为解决拆迁实施的"钉子户"问题提供了一条可行的路径。

小结

本章从政府、市场和社会三大主体的权利和角色角度,梳理不同发展阶段城市更新治理的变化,并深入探讨了城市更新中利益博弈的类型、困境、成因,提出推动利益协商和均衡的破解策略。基于错综复杂的利益结构与关系变化,政府、市场和社会三大主体形成了特定的利益诉求和行为范式。城市更新多元价值观体现在对经济、社会、文化和环境维度的多方诉求，也是当前城市更新利益博弈的四大焦点，其中经济维度是城市更新中博弈最为激烈的焦点。在当前地产导向的城市更新中，经济维度与社会、文化、环境呈现出显著的相互制约关系，开发商倾向于高容积率、推倒重建式的更新模式，通过压缩成本、抬高房价来获取最大化利益，但这种模式有悖于文化、环境维度的诉求。从综合战略目标出发进行城市更新，才能真正促进中国城市的高质量发展与高水平治理。

思考题

1. 中国地方政府在城市发展中的角色和权力对城市更新的利益博弈有何影响？
2. 破解城市更新中的反公地困局，城市更新可以在哪些方面进行探索？

参考文献

陈庆云,曾军荣,2005.论公共管理中的政府利益[J].中国行政管理,242(8):19-22.
陈易,2016.转型期中国城市更新的空间治理研究:机制与模式[D].南京:南京大学.
程雪阳,2014.土地发展权与土地增值收益的分配[J].法学研究,36(5):76-97.
黄信敬,2005.城市房屋拆迁中的利益关系及利益博弈[J].广东行政学院学报,17(2):38-42.
邻艳丽,赵弈,郝萱,2016.转变违法建设治理理念构建综合治理长效机制[J].小城镇建设,34(1):72-76.
刘志彪,2013.我国地方政府公司化倾向与债务风险:形成机制与化解策略[J].南京大学学报(哲学·人文科学·社会科学版),50(5):24-31.
庞娟,段艳平,2014.我国城市社会空间结构的演变与治理[J].城市问题,232(11):79-85.
彭慧,2007.旧城改造中城市政府的角色定位分析[J].理论月刊(12):137-139.
田莉,陶然,梁印龙,2020.城市更新困局下的实施模式转型:基于空间治理的视角[J].城市规划学刊,257(3):41-47.
田莉,徐勤政,2021.大都市区集体土地非正规空间治理的思考[J].新华文摘(17):130-135.
涂晓芳,2002.政府利益对政府行为的影响[J].中国行政管理,208(10):16-18.
王海荣,2019.空间理论视阈下当代中国城市治理研究[D].长春:吉林大学.
吴春,2010.大规模旧城改造过程中的社会空间重构[D].北京:清华大学.
许宏福,何冬华,2018.城市更新治理视角下的土地增值利益再分配:广州交通设施用地再开发利用实践思考[J].规划师,34(6):35-41.
袁奇峰,钱天乐,郭炎,2015.重建"社会资本"推动城市更新:联滘地区"三旧"改造中协商型发展联盟的构建[J].城市规划,39(9):64-73.
张京祥,胡毅,2012.基于社会空间正义的转型期中国城市更新批判[J].规划师,28(12):5-9.
赵祥,2006.建设和谐社会过程中地方政府代理行为偏差的分析[J].中国行政管理,251(5):100-104.
周黎安,2007.中国地方官员的晋升锦标赛模式研究[J].经济研究,42(7):36-50.
周黎安,2018."官场＋市场"与中国增长故事[J].社会,38(2):1-45.

第六章　城市更新规划的内容框架与编制方法

近年来,城市更新规划实践逐步取代增量规划成为主要的规划类型。城市更新规划呈现出多样化和内容庞杂的特点,梳理其编制的内在逻辑,有助于逐步建构适应于存量时代的规划体系。本章从土地发展权配置的视角提出了国土空间规划体系背景下城市更新规划编制的技术、政策和实施逻辑,并以广州城市更新规划的编制实践为例,探讨城市更新规划编制的模式创新、技术方法革新和流程优化,初步搭建基于参与式、协商式理念的更新规划利益博弈平台。

第一节　城市更新规划编制的内在逻辑和内容框架

国土空间规划编制体系的建构并不仅仅是一个技术演化的过程,更具有显著的公共政策和行政管理属性(赵民,2019)。城市更新规划的行动性和实施性特征明显,规划的编制与审批管理事权分工紧密联系,因此,厘清城市更新规划的内在逻辑和框架体系十分必要。

土地发展权作为一项独立的财产权利,是国家实施空间管控、维护社会公共利益的政策工具。城市更新中的土地发展权重构包括更新改造权利的初始设定、土地产权重组、土地用途变更管制和土地开发强度转移与奖励等内容。这些技术性要素构成了城市更新规划空间层面的核心内容,体现了公权力干预与空间管制对存量土地发展权的配置(田莉 等,2021)。对于存量集体土地来说,土地发展权的权利性质判定和发展权益配置体现了政府对土地增值收益分配关系的价值观,对农民财产权利和公共利益保障的价值取向(史懿亭等,2017)。基于土地发展权配置形成的政府、市场和社会之间的横向角色关系,特别是政府对市场参与更新的放权程度和赋权力度,深刻影响土地增值收益的分配格局。城市更新中的角色关系和治理主导地位取决于更新项目在经济、社会、政治三个维度内涵的价值导向(刘昕,2011)。掌握土地发展权配置权力的政府和掌握土地开发资本的市场主体之间的角色关系对城市更新规划编制的影响最为显著,更新规划需融入政策工具的干预。城市规划利益还原涉及社会公平与效率(胡映洁 等,2016),城市更新规划需落实土地增值收益社会共享,同时兼顾土地使用效率的提升。

基于土地发展权配置视角,可以发现城市更新规划存在技术、政策与实施三个维度的内在逻辑,分别指向城市更新规划的三大核心任务,即空间规划、权益规划和实施行动(图 6-1)。事实上,技术逻辑、政策逻辑和实施逻辑导向的规划内容在各层次城市更新规划中叠加呈现,更新政策与编制的技术和实施环节紧密联系。

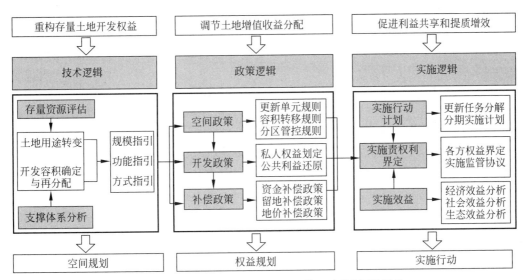

图 6-1 城市更新规划的"技术—政策—实施"逻辑框架

一、更新规划编制的技术逻辑内容框架

技术逻辑导向下的规划内容框架核心是土地用途转变和土地开发强度管控。更新规模控制、更新功能管控、更新方式选择是存量土地用途转变外部效应的自变量。更新规划编制通过对上述自变量提出指引,引导更新活动达到完善城市功能和结构,配置适宜的强度和密度,规避更新的负外部效应等目的。

(一) 土地用途转变

主要指存量土地的使用功能改变、产权结构转变。功能转变分为两种情况:一是功能改变、产权不变,二是功能与产权均改变。根据现状建设格局的保留和功能改变的程度,可分为拆除重建和综合整治。土地用途转变、用地布局重划对城市功能结构、土地一级市场、房地产市场和土地价值将产生显著影响,更新规划需谨慎确定土地用途转变的规模和类型。

(二) 土地强度确定与再分配

土地再开发产生的建筑增量是推动更新实施的关键,对城市整体密度和开发强度产生影响。土地再开发的强度确定一方面需考虑更新范围内的开发容量约束和城市密度分区,另一方面则取决于更新实施各项成本和各方利益诉求博弈形成的增量需求。建筑增量的再分配关乎社会公平正义,需妥善处理好原产权人、市场主体所获得的经济收益和移交政府的公共设施建筑容量。

(三) 存量资源评估和现状分析

对存量建设用地资源开展精细化评估的对象包括城市更新范围的土地、房屋、人口、经济、产业、文化遗存、古树名木、公建配套及市政设施等。根据更新规划的层次确定存量资源评估的范畴和精度。总体和片区层面的城市更新规划存量资源评估重点包括土地使用、公共服务设施、住房与产业空间、综合交通等基础设施系统。单元和项目层面的存量资源评估对象主要包括调查项目范围内土地、房屋、人口、产业、文化遗存、公建配套及市政设施等。重点是人口结构、房屋产权结构关系，以及人地房的对应关系。

(四) 相关要素支撑体系分析

主要指对产业转型升级、政策性住房供应、公共服务设施配套、公共绿地与开敞空间、市政基础设施配套保障、综合交通优化等系统的规划指引，对城市更新规模目标、方式管控、功能转型的支撑。

二、更新规划编制的政策逻辑内容框架

政策逻辑导向的内容框架具体包括提出土地再开发的空间政策、开发管控政策和利益补偿政策。空间政策、开发政策和补偿政策制定的关键是构建利益调控的协调机制，赋予权益主体社会责任，提出利益协调的空间策略和实现路径，提高土地再开发的正外部性，抑制负外部性。

(一) 更新规划中的空间政策

包括建立更新单元的管理规则、容积空间转移规则、更新策略分区及管控要求。更新单元作为承载更新政策、落实更新实施的桥梁，在更新专项规划层面需明确城市更新片区与城市更新单元划定与协调的规则。城市更新片区的划定为容积转移提供了条件，通过建立权益建设量转移规则，保障生态敏感区、历史文化保护地段等地区的土地发展权。更新规划亦可将容积划分为权益容积、奖励容积和增额容积三类，建立以权益为核心、体现政策导向、以市场化方式配置的存量用地开发单元容积规则（林强，2020）。分区管控规则指针对不同区域存量资源和发展目标的差异性，划分更新策略分区，提出分区更新指引和策略。

(二) 更新规划中的开发政策

城市更新土地再开发利益分配的核心包括对私人空间权益的划定，以及对社会公共利益的还原。前者包括土地所有者、建筑物所有者和开发企业对土地价值提升经济利益的分配；后者包括公益项目用地的预留、公共设施的无偿建设和公益项目任务的捆绑等公共利益落实（程慧 等，2021）。

(三) 更新规划中的补偿政策

城市更新实施的补偿政策需与更新空间方案联动，需在更新规划中明确更新实施方案的补偿方案组合，包括资金补偿、留用地补偿、地价补偿、容积率补偿等方式。其中单个更新项目因用地约束和规划条件限制无法实现资金平衡的，需在城市更新单元或更新片区内统筹。

三、更新规划编制的实施逻辑内容框架

实施逻辑导向的内容框架具体包括实施行动计划、实施责权利的界定和实施效益分析。需重点关注各公益类项目供应的规模、建设标准、移交方式和期限等内容,对实施监管协议提出规划管控要求。实施逻辑体现了城市更新规划的行动规划内涵,更新规划必须为政府编制城市更新年度计划、推进项目改造实施提供明确的步骤、制定周密的安排。

(一) 更新规划实施行动计划

在"实施城市更新行动"的政策背景下,各层次的城市更新规划皆需要制定更新实施的行动计划。总体层面城市更新行动计划包括城市更新年度计划、五年行动方案等类型,分解城市更新专项规划确定的更新规模任务。单元层面城市更新实施行动主要指分期实施方案,需阐明城市更新单元内更新项目的建设时序与分期计划,说明土地开发、公共服务设施建设移交计划。

(二) 更新规划实施的责权利界定

更新规划需明确参与各方的空间权益和社会责任界定。在总体和片区层面,需要界定各级政府、职能部门对更新目标和任务分解的责任。在单元层面,需要对单元内的更新项目实施主体界定各自公共用地和实施的移交责任、地块更新的绑定责任,协调各地块开发的权利边界。在项目层面,主要明确土地权利人、使用人、更新实施方等各方的权利和责任。同时,更新规划需明确公共服务设施、市政基础设施等项目的类型、规模、建设标准、移交方式和移交期限等内容,对实施监管协议提出规划层面的指标和管控要求。

(三) 更新规划实施的效益分析

包括城市更新项目实施的经济效益、社会效益和生态效益。经济效益分析包括制定资金统筹方案、引入财税金融工具两阶段。特别是对于拆除重建类改造项目,需系统开展成本核算和融资测算工作。社会效益指从空间视角出发分析更新实施对社会公共利益的增进、对社会问题的破解(如历史产权遗留问题、贫富差距问题、住房难问题等)。社会风险评估也往往纳入更新规划的研究范畴,评估对象主要是拆除重建类的旧村庄、旧城镇改造项目。生态效益评估重点需对更新项目实施带来的绿地增量和布局、水环境和污染治理等方面进行分析。

第二节　广州城市更新规划的编制方法

一、城市更新规划编制的组织模式

(一) 多专业协作编制

城市更新大体可分为面向建成环境提质增效为导向的街区微更新和面向低效土地高效高质利用为导向的存量再开发,与规划设计、土地、产业、生态、环保、经济、历史文化保

护、交通、市政、绿化景观、地质等专业领域密切相关。

城市更新规划的编制需要组建一支多专业协同的"联合战队"。以某片区更新策划方案为例：土地团队主要负责土地整备及报批的技术支持；产业团队负责对城市更新的产业方向定位、业态选择和配比、运营模式开展研究；生态、环保团队负责海绵城市、城市降温、环境保护、土壤评估等专题内容，编制规划环境影响报告书；经济团队开展经济可行性分析，测算评估融资地块楼面地价等；历史文化保护、交通、市政、绿化景观等专业团队负责开展历史文化遗产影响评估、交通影响评估、工程造价评估、洪涝安全隐患评估、大树古树评估等工作；地质专业负责开展地质安全评估等(图 6-2)。

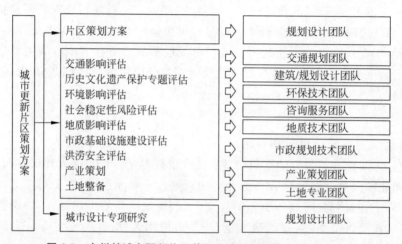

图 6-2　广州某城市更新片区策划方案编制涉及的多团队协作

作为方案编制的总统筹，规划设计专业团队需要发挥主体作用，与各专业团队紧密合作，把握规划编制的导向，协调组织各专业团队共谋协商、融合多元技术，以规划作为平台统筹平衡各方诉求和达成各方目标，形成综合最优的成果，保障更新方案落地实施，实现长效运营。

(二) 多团队协作实施

城市更新规划实施全过程需要与业主、承租人、投资人、各级政府等各方充分协调。考虑到市场主体后续开发运营的需要，需对工业遗产活化利用、环境土壤修复、交通市政建设、地下空间开发、功能业态策划及土地整备与开发实施等专项进行深化，与历史文化保护、环境、交通、经济、土地等技术团队开展协作。城市更新规划与实施涉及的团队包括规划编制技术团队、村委会、社区居委会、业主委员会、专家团队、前期土地清理单位、开发商管理团队、社会公益组织、政府公共机构等。在不同项目中，各技术团队有不同的协作模式。

(三) 多领域意见征集

城市更新规划的编制应当开展多领域的意见征集，对相关利益主体和专业人士的意见展开充分调研，以发现问题、解决问题为主线，共商共谋多方共赢的规划方案。以广州为例,城市更新项目开展的全过程向公众、专家、相关职能部门多方征询意见。

1. 利益主体意见征询

旧城镇更新中涉及重大民生事项的,可以设立公众咨询委员会,保障公众在旧城镇更新中的知情权、参与权。旧村庄更新改造可以设立旧村改造村民理事会,于改造启动阶段成立,至改造完成时终止。村民理事会在村党支部和村民委员会领导下,协助村集体经济组织,协调村民意见征询、利益纠纷和矛盾冲突,保障村集体和村民在旧村庄更新中的合法权益。为了规范地推进工作,广州出台政策对城中村改造意愿、改造实施方案、合作意向企业选择、村集体建设用地转国有建设用地和拆迁补偿安置等方面的工作,提出表决方式和表决通过比例的指引。

2. 重大项目专家论证

邀请专家对更新重大项目的科学性、可行性、合理性进行研究论证,提升项目设计水平,保障项目顺利实施。

3. 多职能部门意见征询

在编制城市更新年度计划时,需征求自然资源与规划、住房城乡建设、发展改革和财政等部门的意见。在城市更新规划方案、实施方案上报审核前,也需经专家论证、征求意见、公众参与、部门协调、区政府决策等程序,确保各部门有针对性地指导相关工作。

4. 集体成员表决参与

对城中村改造意愿、改造实施方案、合作意向企业选择、村集体建设用地转国有建设用地和拆迁补偿安置等工作,相关政策均提出了表决方式和表决通过比例的指引,落实公众参与的制度安排。

(四) 全过程技术咨询

城市更新活动贯穿着“计划—策划—规划—审批—实施—运营”全过程。目前,各地已开始探索更新项目全过程技术咨询服务的组织形式,由综合性专业技术团队,在技术层面协助管理部门组织、策划、统筹、把控和审查更新类项目,确保更新目标在城市面、街区片和项目点贯穿,实施路径协同。例如,在开展广州荔湾区十四片历史文化街区的活化利用过程中,管理部门引入全过程设计咨询服务单位,从老城“面”的系统性梳理,到历史文化街区“片”的实施管控指引,再到项目层面的技术统筹咨询支持工程项目“点”的落地,提供全过程技术咨询服务。

二、城市更新规划编制的技术方法

(一) 存量建设用地资源评估方法

对低效存量建设用地资源开展精细化评估,有助于规划编制和更新实施的有的放矢。首先,详细分析规划范围内土地利用现状中各类用地的规模、比例和分布情况。依托调查工作中获取的相关资料,结合城市建设相关规划土地利用强度、用途规定及国家、省、市相关控制指标或标准,综合考虑规划期内经济社会发展水平、土地利用强度、投入产出水平、用地布局、基础设施配套水平、房屋建筑质量、安全生产、环保、消防、开发利用现状与规划开发利用方向协调性等方面,制定低效用地认定标准,并对城镇低效用地再开发的潜力进行分析,确定规划期内可实施再开发的城镇低效用地规模、类型和分布。

城市更新资源的评估和摸查需结合当地存量资源情况制定适合地方特点的标准体系。以广州存量资源评估为例:以现状建设用地图斑为基础,重点针对工矿仓储用地(含工业用地、采矿用地、物流仓储用地、港口用地等)、城镇住宅用地、农村宅基地及商业服务业设施用地四种类型用地进行分类评估;结合数据的获取情况,选取地块开发强度、建设年代、区位条件、土地利用效率和产出、预判价值等指标建立分区、分类、分级的资源评估体系,梳理全市低效用地资源的底盘底数,并分析城市更新资源的再利用潜力(表 6-1)。

表 6-1　广州低效存量用地评估指标体系

序号	存量用地类型	评估指标				指标关系
		容积率	建筑层数	建筑质量	地块税收	
1	工矿仓储用地(含工业用地、采矿用地、物流仓储用地、港口用地等)	低于所在圈层该类用地的平均值	—	低于 2.0 分	10 万元以下	加权计算
2	城镇住宅用地	低于所在圈层该类用地的平均值	9 层及以下	低于 3.0 分	—	同时满足
3	商业服务业设施用地	低于所在圈层该类用地的平均值		低于 2.0 分		加权计算
4	农村宅基地	位于开发边界内的农村宅基地;位于生态保护红线、基本农田保护区内必须清退的农村宅基地;上述条件外,但具备较高清退条件(建筑质量低于 2.2 分)				

来源:广州市城市规划勘测设计研究院.广州市城市更新专项总体规划(2018—2035 年)(专家评审稿)[R].2022
注释:圈层包括内环路以内、内环路与环城高速之间、环城高速与绕城高速之间,以及绕城高速外四类。

(二) 大数据评估支撑规划决策

大数据目前广泛运用于城市更新规划的编制决策中。以广州的"人—地—房—业"综合信息平台为例,通过"四标四实"(标准作业图、标准地址库、标准建筑物编码、标准基础网络;实有人口、实有房屋、实有单位和实有设施)基础数据采集、经济普查、交通调查、手机信令、兴趣点(point of interest,POI)等社会经济数据,评估分析城市社会经济、综合交通、公共服务、职住关系等情况。基于空间位置的多尺度、多源数据整合和动态更新的综合信息平台构建,支持交叉信息叠合分析,为城市更新用地潜力分析、设施服务水平分析、经济发展分析等提供数据基础和系统支撑。

依托"人—地—房—业"综合信息平台的大数据可视化分析,可以评估设施供给短缺的地区,提出城市更新需要完善的设施需求。例如,利用分年龄的人口分布及教育设施的空间分布数据进行匹配分析,可以评估出广州市内不同地区教育设施的分布盲点和设施需求迫切的地区,在城市更新过程中应予以优先考虑,支撑设施精准供给。

(三) 成本-收益分析方法

成本与收益的经济平衡是保障项目实施推进的重要因素,而改造成本测算是经济平衡的核心环节,测算的准确性与科学性直接影响全面改造的可行性。以广州为例,介绍旧村自主改造经济平衡测算方法,以及旧厂房收储类改造的经济分析过程。

专栏 6-1　广州旧村自主改造的财务平衡分析过程

根据《广州市旧村庄全面改造成本核算办法》(穗建规字〔2019〕13 号),旧村自主改造经济平衡的测算内容涉及基础数据调查与运用、复建规模确定、改造成本测算、评估地价说明、更新规模测算等工作。

1. 基础数据调查与运用

基础数据调查的成果是改造成本测算的重要工作基础,调查内容包括房屋、人口、文化遗存、公建配套及市政设施等数据。主要工作内容包括以下四个方面。

(1) 人口及户籍调查

实施项目的户籍数据由改造项目所在地公安部门(派出所)提供共享,并由区政府相关职能部门审核符合"一户一宅"的条件,由数据调查单位进行数据整理、录入。人口情况(股民、非股民、流动、非流动)、社会经济情况的数据由商务、统计部门或村社提供。旧村庄改造现状人口数据统计包括村户籍人口、入户调查非村民人口和未入户调查估算人口三部分。

(2) 现状建筑面积调查

现状建筑面积包括区政府认定的现状房屋建筑面积和合法住宅栋数或建筑基底面积,作为复建与成本测算的基础。

(3) 文化遗产调查

文化遗存数据包括不可移动文物、历史建筑、传统风貌建筑、古树名木,由街道、村社或文化、规划和自然资源、林业和园林等主管部门提供,由数据调查单位进行现场调查,村社指派工作人员配合现场调查、询问。

(4) 现状设施调查

公建配套及市政设施等级、数量、规模、面积等基础数据由所辖街道、村社或相应主管部门提供共享,根据收集的公建配套及市政设施资料进行现场调查、复核,村社指派工作人员配合现场调查、询问。

2. 复建规模确定

旧村庄的复建规模直接决定造成本测算的结果,涉及合作改造的,直接决定合作企业的利润。主要工作内容包括以下两个方面。

(1) 旧村庄改造住宅(不含公共服务配套)复建规模

根据《广州市旧村庄全面改造成本核算办法》(穗建规字〔2019〕13 号),旧村庄改造范围内安置住宅复建总量按照"栋""户""人"三种方式进行核定。

（2）旧村庄改造物业复建规模

根据《广州市深入推进城市更新工作实施细则》（穗府办规〔2019〕5号），旧村庄改造范围集体经济物业复建总量可按现有建筑面积或用地范围两种方式核定。

3. 改造成本测算

旧村庄改造成本包含前期费用、拆迁费用、复建费用、专项评估费等，其中又可细分为多个子项。由于成本单价是逐年变化的，所以需要及时查询最新的政策文件，以确保成本测算具有时效性。

4. 评估地价说明

融资楼面地价的评估是政府与开发商博弈的重点，融资楼面地价评估结果的高低直接影响融资建设量的多少。从政府的角度考虑，越高的融资楼面地价评估结果，意味着越少的融资建设总量，对于公共设施的承载压力和运营成本需求则越小；而站在改造主体角度看，融资建设总量越大，开发销售的利润空间越可观，因此开发商更倾向于更低的融资楼面地价。

为公平起见，广州依托第三方机构的力量，采取多方评估、综合确定的方式推进。按照政策委托五家以上（含五家）评估机构对融资地块开展楼面地价评估，对评估结果去掉最高价和最低价后取平均值，以此确定融资楼面地价。

5. 更新规模测算

通常需测算融资区和复建区两类更新建筑面积。融资区包括融资住宅和融资商业，复建区包括复建村民住宅、公共配套、复建村民集体物业等。

专栏6-2　广州旧厂房收储类改造的经济分析过程

对于旧厂房采取政府收储的方式推进改造的，需要测算对原物业权利人的补偿。各地关于补偿测算都作出了具体的规定。以广州为例，测算的具体标准应根据不同社会经济背景和城市发展需求做出调整和变化，因此测算时需要及时查询最新的政策文件，以确保成本测算具有时效性。按照现行政策，测算主要分为两种情况。

一是改为居住或商业服务业设施等经营性用地的，居住用地毛容积率2.0以下（含）、商业服务业设施用地毛容积率2.5以下（含）部分，按不高于公开出让成交价或新规划用途市场评估价的60%计算补偿款。居住用地毛容积率2.0以上、商业服务业设施用地毛容积率2.5以上部分，也可按该部分的公开出让成交价或新规划用途市场评估地价的10%计算补偿款。

二是旧厂房原土地权属人申请由政府收回整宗土地的，可按同地段毛容积率2.5商业市场评估价的50%计算补偿款。土地储备机构与原土地权属人签订收地协议后12个月内完成交地的，可按上述商业用途市场评估价的10%给予奖励。

要确保顺利收储旧厂房用地，首先应当处理好政府与原权属人收益分成的问题。一般情况下，如果补偿款无法满足原权属人的诉求，则原权属人将不愿意将用地交由政府收储,因此对于补偿款的测算是双方博弈的关键。从目前的政策来看,补偿款的测算与改造后的用地功能及建设量密切相关,于是对用地规划的编制和调整成为旧厂房收储类改造项目推进的重要关注点。

以2013年的广州钢铁集团(简称"广钢")旧厂改造为例,由于公司重组,广钢厂区需要关停并实施环保搬迁,广钢集团面临债务清还、人员分流安置及转型发展等问题。据测算,广钢集团转型发展资金总需求接近300亿元,大部分需通过厂区地块改造来筹措,由此启动广钢新城的规划修编和建设实施工作。规划通过"三村一厂"的连片统筹规划、"城"的高标准综合配套和历史文化资源的特色营造,提升整个片区的土地价值,并规划为市区为数不多的大型居住新城,通过引入知名开发商、提高建设品质、有节奏地推出、拉升区域住宅市场的档次及知名度,实现地区价值的兑现。对于部分条件较佳的地块,留至写字楼市场初步成熟后再推出,确保地块价值得以最大程度彰显。通过充分的评估、规划策划和协商,最终达成各方满意的方案,用地成功交储。

(四) 社会与环境效益分析

城市更新在改善物理建成环境的同时,也对社会结构、服务设施、交通网络等方面带来影响。因此,除了面向实施可行性考虑成本—收益的"经济账"分析外,对社会、环境的"公益账"的评估预测同等重要。

城市更新社会效益的评估指标包括人口变化、教育、文化、就业、健康、安全、住房、公众参与程度、居民归属感、社会凝聚力、福利保障、生活质量等方面。环境效益的评估指标可从环境的可持续性、绿色开敞空间、清洁能源利用等方面确定,具体包括但不限于:通过塑造更加紧凑的城市形态降低废气、废水、固体废弃物等污染物的排放;利用绿色开敞空间降低气温,改善"城市热岛"效应;通过绿色建筑的建造减少能源消耗和运行成本等内容。

为了统一成果编制要求,结合资料的可获取性,《广州市城市更新片区策划方案编制和报批指引》提出在编制城市更新片区策划方案时应开展的社会和环境效益评价的内容,主要是对改造后效益的预估。其中:针对社会效益,提出要分析节约集约用地(提供节地率)、道路交通的改善(提供城市道路宽度及长度、道路密度改善情况)、保障城市公共利益的影响(提供公共服务设施和市政基础设施数量情况),以及物流园区、村级工业园、专业批发市场整治提升、违法建设拆除、"散乱污"企业场所整治等方面的成效;针对环境效益,提出分析人居环境、绿地率、黑臭水体治理、河涌整治、节能减排、海绵城市等方面的成效。

第三节　城市更新规划编制的流程与平台

城市更新是对城市建成空间环境与既有社会关系的一次整体调整,涉及众多的利益相关主体。通过对现状城市更新流程进行梳理,可以识别出城市更新协商面临的三个痛点:①多元利益主体信息不对称,公众"象征性"参与更新规划;②城市更新规划协商低效,缺少第三方力量的专业引导；③城市更新协商流程规范性不足，博弈主体频繁转换。由此可见，探索城市更新的参与式、协商式更新规划方法具有重要意义。

一、构建参与式、协商式更新规划的流程

传统的城市更新规划编制流程存在博弈主体频繁更换、协商流程规范性不足、协商环节冗长、繁复等问题。通过构建参与式、协商式城市更新规划流程，需要提升城市更新规划协商环节的有序性，引入"第三方主体"，形成规范、公开的规划编制流程。

(一) 创造"多对多"的协商环境

在传统的城市更新规划编制方法中，核心规划决策流程对于公众而言是封闭的，依靠后置表决和非正式参与形式很难产生有效的公众反馈。在具体的利益协商流程中，则存在政府主体缺位现象，仅依靠审批环节难以对更新规划方案中利益分配的公平性、合理性形成有效监督。

构建参与式、协商式更新规划流程，可以借助信息化工具构建全流程、全主体的协商环节，在减少协商流程、时空协调成本的同时，使协商历史可追溯，从而保证更新规划协商流程透明、高效、规范。基于现代化信息工具对于信息传递效率的提升，还应适当扩大规划信息公开的范围、提升各主体之间的信息互通性，在广度上促进信息公开贯穿项目确立、规划决策、方案拟定、利益分配、审核审批、施工及验收全过程。通过线上、线下结合的方式建立更加即时、高效的信息传达和动态协商机制，促进公众对于建设难度、成本构成、收益流向等的理解，从而尽量减少信息不对称带来的冲突。

(二) 优化规划编制的协商流程

通过动态协商环节、决策参考工具等促进流程的标准化和规范化。一方面，应充分检验传统城市更新规划编制流程环节的有效性与必要性，借助线上工具等构建"意愿摸底→协商→表决→监督"流程，既可以减少重复表决，提升公众意愿收集的便捷性、客观性，又避免了私下协商造成利益分配标准不统一的现象，使得协商流程得到有效监督；另一方面，应通过基于城市更新相关政策和技术标准的测算器为各利益相关主体提供决策信息参考，例如根据地方法规与政策对面积认定方案、拆迁补偿方案、改造方案等进行定制化测算，从而提升各利益主体对城市更新相关政策的直观了解，帮助各利益相关主体形成合理的利益预期和利益需求。

(三) 鼓励第三方专业资源引入

在目前的城市更新流程中，关于更新实施方案、拆迁补偿方案等的协商均由更新实施主体与其他利益相关方直接对接。由于开发商与公众主体之间存在利益博弈，协商难度较大，政府在具体方案制定流程中的缺位可能导致公共利益未能兑现。

在参与式、协商式更新规划流程中，应尝试赋予规划技术团队、高校专家等第三方一定的规划编制与监督实施的权限，引导"第三方主体"从技术专家转变为价值体系的构建者，为公共利益的保障和利益团体的协商搭建沟通桥梁，为更新规划决策提供高效、高质量的专业技术支持。一方面，第三方专业资源可提供专业性的知识与资源支持，加深公众对于

规划目的、政策及决策的理解,积极推动城市更新项目的决策和实施。另一方面,"第三方力量"可以发挥其非利益相关者的中立角色,监督规划编制和实施过程中保障公共利益,消解各利益群体在追求自身利益最大化的博弈中产生的负外部性。

在深圳湖贝古村的更新实践中,开发商提出拆除古村落的不合理方案引起了社会多方的关注,由此展开了政府、开发商和第三方力量的博弈(图 6-3)。在更新规划编制前期,都市实践建筑设计事务所(URBANUS)与深圳大学主动参与规划协商,提出保护古村落、罗湖公园等历史遗迹的主张,维护了城市遗产与公共利益;在更新规划方案编制中,吴良镛院士等多名城市规划专业学者与政府、开发商展开协商,围绕历史遗迹的"拆"与"存"激烈博弈,从而促使更新规划方案纳入对历史遗迹保护的考虑;在更新规划实施中,第三方专业力量持续关注规划过程与结果,从而保证了公共利益的落实(杨晓春 等,2019)。

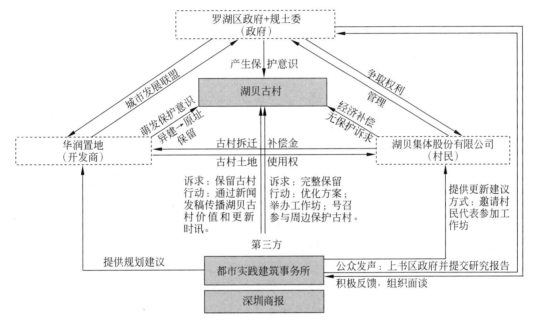

图 6-3　深圳湖贝古村第三方参与初期模式

来源:齐珉华,2017

2019 年,北京市海淀区街镇责任规划师工作推进会推出了高校合伙人制度,健全了责任规划师制度,完善了城市治理体系,创造了高校力量作为第三方参与城市更新的渠道。海淀区街镇责任规划师工作模式采用"1＋1＋N"模式(由 1 名街镇规划师、1 名高校合伙人及 N 个设计师团队组成)。由区政府统筹计划配置,每一个街道对应一所高校团队,从城市设计、交通治理、景观营造、公共服务设施等专项课题出发,帮助各街区进行各类公共空间设计提升、老旧小区改造、公共参与宣传等。

2020 年,广州白云区老旧小区改造过程中,通过成立社区设计师工作办公室,协同广州市城市规划勘测设计研究院聘请社区设计师,开展"冰棒挑战"系列活动,为老旧小区微改造的诉求评价提供依据。在活动过程中,记录儿童购买冰棒的行走路径、各节点的逗留时间,并观察其行动举止与环境之间的互动,结合活动后对儿童采访反馈,后期通过大数据可视化的分析,精细剖析社区中吸引人驻足的积极空间,以及不受儿童欢迎的空间场所。

二、城市更新多主体利益博弈 App 与系统平台建设探索

通过梳理现有城市更新流程,可以发现城市更新传统规划存在如下问题。

(1) 协商过程涉及大量的入户调查与村民/居民的改造意愿收集,一旦方案发生变更,需要反复进行,耗费大量人力、物力与时间;

(2) 利益主体信息不对称,村民/居民对拆迁补偿或对所在小区的规划建设改造情况了解不够,导致要么要价过高,要么由于不了解相关政策和自身权益而对更新改造产生不信任乃至抵触情绪;

(3) 政府难以及时和全面了解更新过程中的村民/居民利益诉求及其变化状况,现实中常被开发商与村民/村集体形成的"联盟"绑架,而不得不做出各种让步。

为使各主体更有效地参与到城市更新规划编制中来,构建一个快速、实时、便捷的城市更新多主体利益协商平台尤为关键。清华大学建筑学院土地利用与住房政策研究中心研究团队推出了城市更新多主体利益博弈 App 与系统平台,连接城市更新中的多元利益主体,通过线上平台工具辅助线下流程,提升城市更新中信息公开与交换的效率、促进各方利益诉求的充分传达、优化更新协商流程,辅助城市更新协商过程的顺利推进。

城市更新多主体利益博弈 App 系统平台的整体架构基于由改造意愿、现状认定、引入企业、拆补方案、更新规划、拆迁实施六阶段组成的流程式协商框架(图 6-4)。App 系统平台的使用主体包括更新核心利益群体(村民、村集体、开发商、政府、租户)和第三方工作小组。其中,第三方工作小组扮演利益协商的组织者和协调者角色。由第三方工作小组启动利益协商流程,核心利益群体在 App 中表达自身利益,遵循一定的协商原则,通过互动协商方式达成共识,完成整个更新协商流程。App 系统平台针对每个城市更新流程阶段不同的协商主体、利益核心、协商标准和协商方案进行了差异化协商模式设计,内嵌安置补偿面积测算、开发情景模拟、更新成本测算等技术模块,辅助利益协商的可视化。

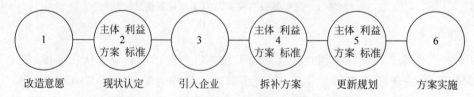

图 6-4　城市更新的六阶段流程式协商框架

(一) 信息收集模块

村民、村集体主体将家庭信息与更新改造涉及的房屋信息、产证情况等以实名方式录入系统,作为基础信息收集的参考。政府将经过实地测绘的信息录入系统,用于后续的比对工作。第三方主体通过"发布—反馈—统计"获取收集其他各方主体的信息、诉求等情况,统筹协调,提升信息传达、反馈效率。通过信息收集模块,更新改造的利益主体进行信

息及时共享,提高信息对称度。

(二) 测算参考模块

测算参考模块主要在三个环节运用:改造意愿阶段、面积认定阶段、拆补/改造方案阶段。测算参考模块的基本操作方式为:由第三方机构、政府主体提供政策文件参考,由相应规则制定责任主体录入、上传具体规则,平台根据录入规则和数据库信息,为各个主体提供相应的测算数据,从而使各主体对切身利益所得获得直观认识。

(三) 更新情景模拟模块

第三方专业机构/政府根据对于拆补方案、规划方案(包括功能分区、安置意向)的初步意愿摸底快速了解各主体诉求,拟订方案草稿,引入定容草模(即按照一定容积率进行强排生成的三维模型)和情景模拟计算器(指标测算),为规划条件设定提供决策支持。通过多次、敏捷的发布—反馈机制,同时获得多主体的反馈,高效地完成方案的调整、迭代,优化形成最终方案。

(四) 设计参与模块

根据模拟的更新情景,对更新改造方案进行模块化设计,村民/居民可以基于模块化方案初步选择安置地块/公服地块改造方案等,并对公共服务设施、开放空间分布、道路交通布局等进行分项表决,最后选择满足多数人诉求的更新改造方案。

总体而言,城市更新多主体利益博弈 App 与系统平台以构建参与式、协商式城市更新规划方法为目标,由六大流程、四个模块共同组成,从而通过线上工具辅助线下流程进行多轮动态参与式协商,实现城市更新规划编制流程可视化、标准化(图 6-5)。与传统的城市更新规划

图 6-5　城市更新多主体利益博弈 App 中的村民主体参与界面示意图

编制方法相比,引入城市更新多主体利益博弈 App 对改进更新规划编制有如下优势:①较少时空协调成本;②标准化博弈流程,增加流程规范性与信息对称度;③记录博弈全过程,识别"钉子户"和矛盾点;④多主体同时反馈,统一调整,提高效率,推进城市更新流程。

小结

　　本章从土地发展权配置的视角建立了城市更新规划技术、政策和实施导向的编制逻辑,提出了各维度更新规划编制内容的基本框架,为各层次更新规划编制提供技术指引。接着,基于广州城市更新的实践,总结了城市更新规划的组织模式、编制技术方法,提出深化更新规划编制的三大路径:一是通过跨专业、团队、领域的协作,促进城市更新的多维度目标;二是借助大数据分析方法,摸清城市更新资源的底数、底盘,建立存量资源评价体系,为更新规划的技术方案和空间政策制定提供支撑;三是借助改造项目的成本—收益分析,以及利益协商流程的搭建,降低更新项目实施的社会成本。最后,基于渐进主义规划、倡导性规划和合作规划等规划理论的启发,提出城市更新规划参与式、协商式的编制流程,介绍了城市更新多主体利益博弈 App 与系统平台的构架。

思考题

　　1. 举例说明城市更新规划编制多专业协作模式中,各专业所起的作用及相互之间的协作关系是怎样的?
　　2. 举例说明第三方主体在城市更新规划编制和实施中的角色与作用。

参考文献

程慧,赖亚妮,2021.深圳市存量发展背景下的城市更新决策机制研究:基于空间治理的视角[J].城市规划学刊,266(6):61-69.

广州:广州市规划和自然资源局,2022.广州市城市更新单元详细规划编制指引(2022 年修订稿)[R/OL].(2022-09-13)[2023-08-11].http://ghzyj.gz.gov.cn/gkmlpt/content/8/8562/post_8562460.html.

广州市住房和城乡建设局,2020.广州市城市更新片区策划方案编制和报批指引[Z].

胡映洁,吕斌,2016.城市规划利益还原的理论研究[J].国际城市规划,31(3):91-97.

林强,李泳,夏欢,等,2020.从政策分离走向政策融合:深圳市存量用地开发政策的反思与建议[J].城市规划学刊,256(2):89-94.

刘昕,2011.深圳城市更新中的政府角色与作为:从利益共享走向责任共担[J].国际城市规划,26(1):41-45.

齐珉华,2017.深圳市湖贝古村城市更新中的第三方参与研究[D].哈尔滨:哈尔滨工业大学.

深圳市规划和国土资源委员会,2018.深圳市拆除重建类城市更新单元规划编制技术规定[Z].深圳.

史懿亭,钱征寒,杨远超,2017.土地开发权的权利性质探究：基于英美的制度设计背景与我国的研究争议[J].城市规划,41(8)：83-90.

田莉,夏菁,2021.土地发展权与国土空间规划：治理逻辑、政策工具与实践应用[J].城市规划学刊,266(6)：12-19.

杨晓春,毛其智,高文秀,等,2019.第三方专业力量助力城市更新公众参与的思考：以湖贝更新为例[J].城市规划,43(6)：78-84.

赵民,2019.国土空间规划体系建构的逻辑及运作策略探讨[J].城市规划学刊,251(4)：8-15.

第七章　总体层面的城市更新规划

深圳 2010 版城市总体规划最早对城市更新开展了专题研究,随后广东省实施"三旧"改造政策推动了旧城镇、旧村庄、旧厂房等总体层面的更新专项规划的编制。总体层面的城市更新规划可归纳为国土空间总体规划中的城市更新专题、市、区层面的城市更新专项规划和特定存量用地要素的更新专题研究三大类。总体层面的城市更新规划通过明确一定时期城市更新的目标、策略和任务,协同土地计划管理目标,向上对接、反馈修正或叠加补充国土空间总体规划,向下指引城市更新片区、单元层面的规划编制和实施。本章以广州、深圳与佛山顺德为例,总结总体层面城市更新规划编制的内容框架。

第一节　国土空间总体规划中的城市更新专题

总体规划中的城市更新专题研究,应对城镇存量用地的类型、数量、分布等信息进行分析,界定城市更新对象,梳理增量和存量空间资源的开发协调关系,提出城市更新的路径和重点,为国土空间总体规划提供支撑。建设用地资源紧缺的超大、特大城市,其国土空间总体规划本质上就是存量规划,城市更新专题研究的结论可作为相应层级国土空间总体规划决策的重要参考或者直接纳入到国土空间总体规划。

一、广州市存量用地再开发与城市更新专题

《广州市存量用地再开发与城市更新》作为市级国土空间总体规划的专题,重点思考新时期存量用地再开发和城市更新在国土空间高质量建设中的战略作用,如何把城市常态化的更新工作融入国土空间规划管控体系。基于生态文明建设和高质量发展要求,专题对存量资源再利用和存量空间发展特点展开详细分析,重点研究了广州存量更新和增量发展的关系,提出建立以存量更新为主线的空间发展模式。以存量更新重构空间秩序、引导新时期国土空间高质量整合,提升城市发展质量,进而明确存量更新的总体方向、实施路径和政策保障,对国土空间总体规划编制提供专项技术支撑。其主要内容可以分为技术逻辑导向的规划内容,政策和实施逻辑导向的规划内容两大板块。

二、技术逻辑导向的规划内容

技术逻辑导向下,专题研究的重点是对存量土地的总体性更新引导,包括对更新战略、更新规模、更新功能、更新方式、支撑要素等方面提出策略指引。

(一) 提出存量用地治理策略框架和模式

1. 摸清城市存量资源的底盘底数

以第三次全国国土调查数据和广州市"人—地—房—业"综合信息平台为基础,结合调查工作中获取的资料,分析、调查存量建设用地的现状,包括各类存量用地的规模、分布特点等。进一步明晰存量资源类型划分标准,建立科学评估体系,结合地块开发强度、建设年代、区位条件、土地利用效率、预判价值等评测指标,对存量用地的利用情况和效率进行详细评估,精准识别可再开发利用的存量用地资源。

2. 评估城市存量空间发展面临的短板

重点分析广州存量空间发展在效率、结构、质量、民生短板四个方面的问题。效率问题主要体现在存量资源的土地利用效率。结构问题体现在存量用地的功能比重方面,以及建成空间的破碎化格局对成片开发与更新的影响。例如,村级工业园用地占总工业用地的1/3。但工业产值仅为全市产值的 10%、全市工业税收的 6%、全市工业用地地均产出的30%,提质刻不容缓。从民生短板上看,以城中村为代表的低成本空间承载人口众多,但城中村内的公共服务配套不足,应急空间不足,社区安全存在隐患。

3. 提出增量存量联动的土地开发模式

结合广州新增建设用地需求和供应,存量用地再开发潜力,综合分析广州增量开发与存量更新协调发展的解决方案,提出了以存量为主线,以"调整重构为主、结构性拓张为辅"的城市空间发展模式,以及增存联动的空间治理模式。

一方面,建立以存量用地为主的建设用地供给机制,聚焦增存比控制、改造总量控制、存量用地供应结构和流量控制等关键指标,对存量更新规模总量、更新用地功能结构、更新空间布局进行调控;另一方面,针对建成空间土地破碎化的特征,基于城市发展空间框架确立的战略平台和节点,精准配置增量资源,通过增量供应撬动存量更新,实现战略地区成片连片开发建设,以存量改造倒逼城市内涵式发展。

4. 探索差异化的国土空间更新治理工具

"十四五"规划提出的城市更新行动包含了存量提质改造和增量结构调整,内涵从旧城区城市更新、"三旧"土地开发治理拓展到全域的空间治理,推动全域空间治理现代化。针对广州城市各区域的发展阶段、发展目标、现状特征、增存空间关系均存在差异性特征,专题探索构建差异化的治理工具,制定相应的配套政策引导市场资本和社会力量精准投入,实施不同更新活动。

专题对广州全域构建城市更新、土地整备和国土综合整治三个政策工具箱,形成四类国土空间治理分区(图 7-1)。一是微更新活化地区,主要涉及老城区、历史城区、历史文化街区、历史风貌区及传统村落等,采用"绣花"功夫进行修补、织补式更新,严格按照相关保护规划要求推进更新活化,最大限度保留区内的特色格局和肌理,延续城市历史文脉和特色风貌。二是高度建成的连片更新地区,主要涉及城区重点发展、既有产业集聚区、轨道交通场站综合开发区等区域,这类区域按现行"三旧"政策由政府引导市场主体统筹推进成片连片更新,统筹公共服务设施、交通配套设施的同步供给。三是城乡混杂地区和结构拓展地区的土地整备片区,重点是国土空间规划的战略发展平台、新城和主题产业园区等,这类区域农地保育与开发建设区交错、增存用地混合,"三旧"改造政策难以适用,由政府实施土地整备,储改结合统筹推进,实现空间高质量治理。四是国土整治地区,主要指城镇开发边界以外的生态和农业乡村地区,通过农用地整理、建设用地整理和乡村生态保护修复,推动田、水、路、林、村综合整治,该地区内存量更新行为需满足所在地区的空间管控要求。

图 7-1   广州国土空间更新治理的四类分区

来源:广州市城市规划勘测设计研究院.广州市存量用地再开发与城市更新[R].2021

(二) 提出存量用地功能指引和系统性支撑

1. 通过存量更新引导城市功能提升

根据区域经济发展、产业转型升级、文化特色延续、人居环境改善等目标,提出以更新促进城市功能提升的策略。例如:通过存量更新对中心地区和外围地区进行差异化的功能导入;通过设定不同城市空间圈层中城市更新单元的"产居"比例,促进产城融合、职住平衡。通过提升城市更新项目的设施配套标准,完善更新地块的功能。

2. 提升存量更新地区公共服务设施

存量更新地区是民生设施需补短板的主要区域。在国土空间总体规划中结合更新改造计划,细化民生设施配套支撑,分级分类提出民生设施统筹优化的策略。通过对城市重点发展平台的更新改造,优先补足市、区级公共服务设施短板;通过连片更新改造,补强周边区域街道级、社区级的公共服务配套设施短板。

3. 完善轨交网络保障城市更新项目实施

结合拟更新的存量用地分布,对轨道交通线网和站点进行优化。通过调整轨道交通线路路由和车站位置、增设车站、增加有轨电车线路、完善更新项目与车站直接联系的自行车道设施等手段,促进轨道交通网络对城市更新项目实施的支撑。

4. 提出城市更新的历史名城保护策略

梳理全市历史文化资源,分级分类梳理、识别保护利用的潜力和可行性,进而分类型提出优先保护、活化利用和有机更新的具体策略和做法。鼓励采取微改造的方式,实现历史文化资源的活化利用。

三、政策逻辑和实施逻辑导向的规划内容

(一) 建立存量更新实施计划库

结合国土空间规划的分阶段实施目标和重点,确定到2035年推进存量更新的规模及更新区域分布。充分考虑不同类型城镇存量建设用地改造的模式及可行性,按照5年、10年、15年的时间维度,合理安排建设时序。按照"市区联动、部门协同"的原则收集各区、各部门拟推进的城市更新项目,并建立相应的存量更新计划库。

(二) 制定存量更新政策顶层设计框架

围绕规划提出的存量更新目标,结合广州城市更新行政管理架构等因素,提出存量更新政策顶层设计框架和主要政策创新建议。对分区、分类的存量更新,有针对性地提出政策应对措施。

(三) 整合多种方式促进土地整备

突破"三旧"改造政策的适用局限性,针对整备前土地分布零散,夹心地、插花地遍布,各类权属用地犬牙交错的情况,综合"三旧改造+土地征收+农地保育+生态修复"等方式,将外村飞地、国有低效存量用地、"三地"①、留用地、区域重大基础设施拟征收用地、拆旧复绿用地等统筹划入土地整备范围,推动成片更新与整备,破解增存用地混杂、破碎的问题。

第二节 城市更新专项规划

对于现状以城镇建成区为主、建成环境较差、更新需求较为强烈的市县辖区,可根据地方实际需要组织编制城市更新专项规划。2009年广东省实施"三旧"改造以后,广州和深圳等珠三角城市探索城市更新专项规划编制框架,细化、分解、落实国土空间总体规划的要求,给予市场合理预期,引导公共财政投资方向。城市更新专项规划的主要任务是:明确城市更新的目标、规模、策略和时序,提出更新功能、类型、方式等差异性引导;确定城市更新的系统性设施布局安排、增存空间统筹和设施衔接统筹,划定重要的更新统筹片区,为城市更新详细规划编制提供依据。按照"一级事权、一级规划"的原则,2015年以后,伴随着城市

---

① "三地":指的是适用广州"三旧"改造政策的边角地、插花地、夹心地。根据《关于"三旧"改造工作实施意见(试行)的通知》(2009〔122〕号文),边角地是指在城市规划区或者村庄建设规划区内难以单独出具规划条件、被"三旧"改造范围地块与建设规划边沿或者线性工程控制用地范围边沿分隔(割)、面积小于3亩的地块。夹心地是指在城市规划区或者村庄建设规划区内难以单独出具规划条件、被"三旧"改造范围地块包围或者夹杂于其中、面积小于3亩的地块。插花地是指在城市规划区或者村庄建设规划区内难以单独出具规划条件、与"三旧"改造范围地块形成交互楔入状态、面积小于3亩的地块。

更新管理职能的下沉和属地化管理的趋势,在存量更新资源规模大、更新事务紧迫的城市,城市更新专项规划分为市级和县区(镇街)两个层面①。

一、广州市城市更新专项规划

(一) 项目概述

广州从 2009 年全市有组织地开展"三旧"改造以来,就已启动城市更新专项规划编制,至今历经了三个阶段。2010 年,广州编制了首个城市更新专项规划——《广州市"三旧"改造规划》,为"三旧"资源(旧城镇、旧村庄、旧厂房)分类改造确定了结构性指引。基于"三旧"的分类政策,探索编制了《旧城保护与更新规划》《旧厂房更新专项规划》《城中村(旧村)改造规划指引》,构建了"1+3+N"的规划体系②,其规划内容包括改造任务及范围、改造原则、改造目标和策略、改造类型与方式、改造功能、改造规模与强度、综合交通与配套、历史文化遗产保护等各专项支撑、实施机制建议等方面,这版规划成为"三旧"改造主管部门审批管理具体项目的重要依据,适应了当时快速、规范推进项目实施的需求。

2015 年,为适应城市更新管理机构调整和更新战略的转型,开展了《广州市城市更新总体规划(2015—2020 年)》,作为 2010 版"三旧"改造规划的修编,调整更新范围、思路与内容重点。规划弱化了更新规划对用地空间的安排,更加注重更新工作机制的构建和中长期战略安排,并提出了全面改造和微改造两种差异化更新方式。构建了"更新总体规划—5 年行动计划—年度计划—更新片区策划方案—更新项目实施方案"的"分区+分时"的更新规划管控新体系,奠定了更新规划的基本框架。在规划管控方面,这版更新专规提出从单个项目到"系统引导+片区统筹+项目推进"的管控方式转变,以城市更新片区为抓手推动连片多类综合更新。

随着国土空间规划体系的建构推进,广州从 2018 年开始开展城市更新专项规划的编制探索,在国土空间治理语境下谋划城市更新思路和策略,发挥专项规划的传导和衔接作用(图 7-2)。一方面,细化分解并落实国土空间总体规划对城市更新的目标要求,提出下层次规划需要落实的管控指标和指引;另一方面,系统梳理存量更新的总体规模、设施配套需求,明确城市更新的重点地区和目标导向,为市场和原权利人的更新活动提供明晰的预期,引导公共财政和社会资本的精准投放。系统梳理全市存量更新的规模、设施配套需求,整体统筹存量更新的空间布局和时序安排,明确系统安排、设施配套、节奏控制、实施机制等方面内容。

规划重点探索以下四方面创新。

(1) 创新市区联动、分级编制的方法,结合事权明确各级规划编制及管控重点。市级更新专项规划基于城市更新的地位和作用,明确价值导向,解决战略和策略性问题;区级更新

---

① 广州、深圳城市更新专项规划分为市、区两级,东莞城市更新专项规划分为市级和镇街两个层面编制,惠州城市更新专项规划分为市级和县(区)级两个层面。

② "1+3"本质上是总体层面的城市更新专项规划,作为职能部门调整控规导则以及审查和审批改造地块方案的依据。"N"指"三旧"改造地块的改造方案,并不具有法定效力。

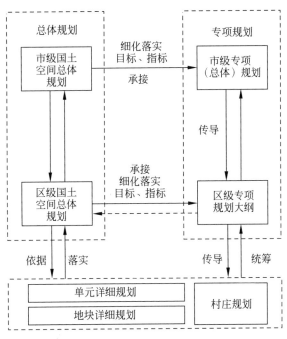

图 7-2　广州城市更新专项规划与国土空间规划的关系

专项规划大纲注重统筹传导，解决设施配置、空间布局等系统性问题，传导管控的具体要求。

（2）贯彻分区、分类的差异化更新路径，结合国土空间规划的战略布局及空间发展格局，划分更新分区、明晰项目类型，针对性地提出更新策略重点与政策建议，保障更新规划实施。

（3）针对公共服务、交通、市政等区域设施开展承载力研究，在区级层面匹配更新开发强度及规模需求分析，提出设施配套要求，明确开发强度分区及更新开发容量控制要求。

（4）引入城市运营的视角，更新时序安排兼顾短期的市场开发思维和长期的城市运营思维，考虑规划预留，提出探索低效园区"临时更新"、配套设施商业化运营、产业收益反哺设施维护成本等思路。

(二) 技术逻辑导向的规划内容

以 2015 年版广州市城市更新总体规划为例，介绍广州城市更新专项规划的具体内容、编制思路及方法。

1. 评估上版更新专项规划的实施情况

评估上一轮城市更新专项规划的实施绩效，按照目标分解、分项评估的思路，从空间格局变化、土地利用效率、民生改善成效、重点要素管控、产业升级成效等方面，综合采取定量对比、定性评价等方法，评析更新实施与目标的差距；从政策、管理、规划、资金等方面剖析更新实施问题形成的原因，针对性地提出新一轮更新规划编制的主要方向。

2. 开展专题研究，提出规划工作框架

以评估的结论为基础，针对"三旧"改造初期改造项目实施空间无序、计划偏差等问题，按照"发展战略"＋"行动计划"的规划编制思路，开展《广州城市更新的阶段与内涵研究》《城市更新实施机制案例研究》《城市更新改造模式及配套政策研究》等三个专题研究，构建城市更新总体规划编制工作框架。

3. 明确城市更新目标、思路与策略

衔接总体规划及相关上位规划，明确城市更新作为实现城市发展战略抓手的重要地位，并提出城市更新在城乡建设、产业发展、基础设施和公共设施建设、环境整治、生态保护、文化传承等方面的目标（图7-3）。从组织、空间、模式及行动等方面切入，提出城市更新的具体策略安排。主要包括：①考虑各区差异，提出全市统筹、区为主体、多元参与的组织策略；②避免项目零散实施，确定系统引导、片区统筹的系统性空间策略，促进旧村、旧厂连片更新（图7-4）；③依据发展方向及改造条件，采取全面改造或微改造的差异化模式策略；④规避市场冲击，按"先易后难"的原则，明确计划总控的可持续行动策略，分期、分步推进，落实滚动实施的计划安排。

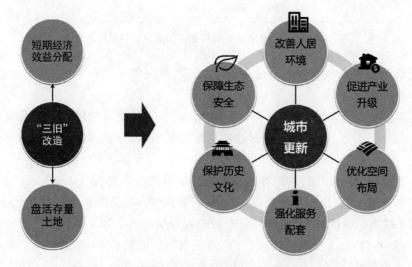

图7-3　2015年版广州市城市更新总体规划的多元目标

来源：广州市城市规划勘测设计研究院. 广州市城市更新总体规划（2015—2020）[R]. 2016

4. 预测城市更新的规模与分期指标

多角度切入分析存量更新的改造规模、实施规模和分期改造目标，分别从需求和供应的角度预测、校核更新规模。从需求端考虑维持城市发展所需的用地总量、竣工建筑量，分析通过存量更新保障的建设用地供地规模；从供应端结合历年更新项目的批复实施情况，分析城市发展态势，判断更新推进实施的可行性，预测不同情境下的更新规模情况。多种方法综合校核目标规模的预测结果，并考虑分期推进的节奏，明确规模指标分时序安排，避免更新活动对城市房地产市场带来较大的冲击，避免存量土地入市对政府公共财政带来影响。

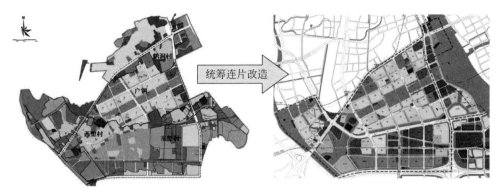

彩图 7-4

图 7-4　推进多权属主体系统引导、片区统筹的空间策略

来源：林隽 等,2015

5．构建"更新片区＋项目单元"的更新管控体系

规划构建了"更新片区—项目单元"的更新规划体系,作为成片连片城市更新的空间管控单位。更新片区是开展成片连片更新策划编制的空间单位,项目单元是编制更新改造方案、更新项目实施的空间单位。通过片区统筹、单元实施,有效协调公共服务与市政基础设施的落地。规划结合城市发展战略和公共服务系统框架,整合零散地块、规整用地边界,从片区和项目层面对其范围的用地及设施统筹考虑。更新片区主要位于城市重点功能区、一江两岸三带地区、轨道枢纽站点周边地区和"三规合一"规划划定的产业区块,这四类城市发展重点地区内。规划共确定更新片区 71 个、项目单元 352 个,均纳入更新总体规划项目库,作为年度更新计划编制的重要依据(图 7-5)。同时,规划制定了片区和项目单元的相应管理规则,提出实施路径。

6．提出适宜的专项控制指引

规划开展了城市产业升级、历史文化保护与利用、自然生态保护、环境风险控制、配套服务设施与保障性住房建设、综合交通优化、城市风貌特色营造等七个专项指引的编制,细化城市更新行动推进的相关要求。针对广州当地情况和过往实践经验,新增环境风险控制、自然生态保护等专项指引,提升城市更新的综合效应。

(三) 政策逻辑和实施逻辑导向的规划内容

1．提出更新重点和时序指引

基于建立完善城市更新制度、推进重点区域与重点领域的城市更新工作两大任务,确定全市城市更新的重点工作,包括推进城市更新立法,加强更新政策配套,完善更新工作机制,重点推动老旧小区、旧村庄、历史文化街区的更新。结合更新目标及策略分区,划定全市近期重点更新片区;确定全面改造、微改造两类重点项目计划库,结合各区更新工作安排明晰近远期时序计划。

2．提出更新政策和实施机制

规划构建了由"行政体系＋运作体系＋法规体系"构成的城市更新制度,从政策设计和

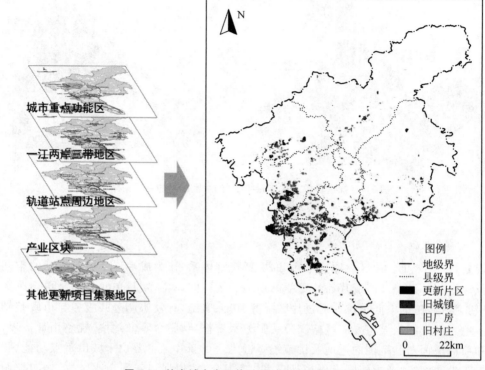

城市重点功能区

一江两岸三带地区

轨道站点周边地区

产业区块

其他更新项目集聚地区

彩图 7-5

图例
— 地级界
⋯ 县级界
■ 更新片区
▦ 旧城镇
▨ 旧厂房
▥ 旧村庄

0   22km

图 7-5   结合城市发展战略系统划示城市更新片区

来源：广州市城市规划勘测设计研究院.广州市城市更新总体规划(2015—2020)[R].2016

实施机制等方面强化规划实施的保障措施,增强规划的可操作性。行政体系视角提出更新办事程序,明确部门职责分工,主要从部门管理水平提升、部门间组织协调、审批流程优化等方面提出指引要求。运作体系视角主要针对分类实施存在的问题,强化规划的引领和控制作用,提出"系统引导、片区统筹"的管控方式。法规体系视角主要梳理城市更新工作推进中的瓶颈问题,针对性地提出相关政策支撑,完善重点片区和重大项目的管控机制。

二、深圳市城市更新专项规划

(一) 深圳市城市更新专项规划的作用与历程

1. 深圳市城市更新专项规划的作用

城市更新专项规划的作用是确定规划期内城市更新的总体目标和发展策略,明确分区管控、城市基础设施和公共服务设施建设、实施时序等任务和要求。城市更新专项规划具有衔接与指导两大作用(图 7-6)。一方面,衔接国土空间规划,进一步明确城市更新的规模、更新单元计划规模、基础设施供给规模和公共住房供给规模等。同时为市、区城市更新和土地整备五年工作的方向与目标提供指引,"自上而下"进行更新任务分配和开发管控,为城市更新和土地整备年度计划的制定提供依据。

另一方面,市、区两级城市更新专项规划分别对更新整备对象的潜力进行摸底,明确改

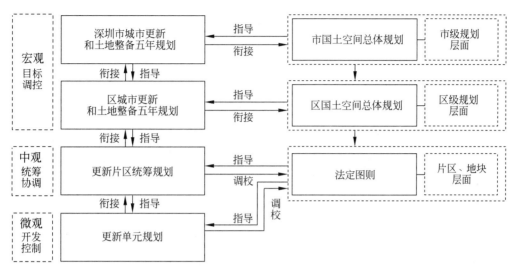

图 7-6　深圳市城市更新和土地整备五年规划与国土空间规划的关系

造规模,并划定更新功能分区指引,确保市级划定指标直接落实到片区。区级划定的指标参照市级划定的更新范围向下落实,后续也将作为城市更新单元报批的重要审查依据。城市更新专项规划是城市更新单元划定、城市更新单元计划制定和城市更新单元规划编制的重要依据。城市更新专项规划通过对各类更新用地规模下限考核和更新计划总规模上限控制相结合的管理,形成刚弹结合的市、区更新计划管控衔接机制,推动更新计划的实施。

2. 市级城市更新专项规划的编制历程

2009 年以来,深圳开展了三轮城市更新专项规划。2010 年,深圳编制了首个市级更新专项规划《深圳市城市更新"三旧"改造专项规划(2010—2015)》,作为指导全市城市更新工作的纲领性文件。该规划主要包括四个方面的内容:①制定全市 5 年更新目标,并对不同存量用地的更新方式提供引导;②结合密度分区与城市设计指引,提出更新项目需综合考虑周边承载力与城市风貌,对更新项目的容积率和城市设计要素进行管控;③落实保障性住房建设,通过基准配建比例和修正比例综合确定城市更新项目的保障性住房配建比例;④划定近期重点更新地区;对改造需求迫切且动力较强的地区,根据不同规划功能定位提出分类改造指引。

2016 年,为配合城市更新管理下沉的行政管理改革,深圳编制了第二版城市更新专项规划——《深圳市城市更新"十三五"规划》。该版规划主要有四个方面的思路转变:①强化更新分区管控,进一步对项目的更新模式与改造功能提出引导(图 7-7);②加强更新片区统筹,试图解决前一阶段更新项目实施过程中出现的"碎片化"问题;③提高配套设施标准,优先安排与落实配套设施,保障配套设施与更新项目同步建设;④搭建预警机制,为更新容量和配套设施规模提供支撑(缪春胜,2018)。

2020 年,在国土空间规划体系建构和落实国家"十四五"规划背景下,深圳市启动编制《深圳市城市更新和土地整备"十四五"规划》。该规划有以下四方面创新:①整合以市场为主导的城市更新与以政府为主导的土地整备,提出城市更新和土地整备的分区指引、更新

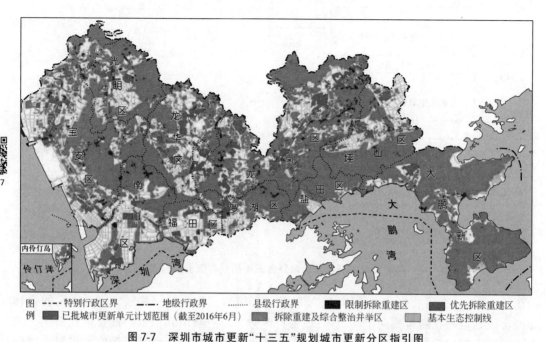

彩图 7-7

图
例
- ----- 特别行政区界　　—·—· 地级行政界　　········· 县级行政界　　■ 限制拆除重建区　　■ 优先拆除重建区
- ■ 已批城市更新单元计划范围（截至2016年6月）　　■ 拆除重建及综合整治并举区　　■ 基本生态控制线

图 7-7　深圳市城市更新"十三五"规划城市更新分区指引图

来源：深圳市规划与国土资源委员会.深圳市城市更新"十三五"规划[R].2016

整备融合政策试点区域,加强存量更新的政策融合[①]（图 7-8）;②贯彻有机更新理念,鼓励开展城中村、旧工业区和旧住宅区的综合整治,加快生态功能区内用地的清退与整备工作,探索综合整治的激励措施;③深入开展土地整备利益统筹,加速盘活成片土地,通过城市更新和土地整备统筹落实和完善各类公共服务设施,提升基础设施系统的支撑能力和城市安全能力;④调整规划用地结构,增加居住用地供应,保障产业发展空间。规划提出通过拆除重建类城市更新配建、土地整备公共住房用地、产业用地供应等方式筹集公共住房和配套宿舍,加大住房保障力度;明确各区工改"M0"类更新用地指标上限,明确规划期内保留提升、连片改造及整备的产业空间规模。

（二）区级城市更新专项规划—以盐田区城市更新和土地整备"十四五"规划为例

"十四五"期间,随着粤港澳大湾区及社会主义先行示范区的战略布局持续深化,深港合作逐渐强化、轨道设施有序贯通,盐田区迎来了发展的黄金机遇期和转型关键期。但是,全区可建设用地面积 23.43km², 现状建成区 20.92km², 面临土地后备资源不足和土地利用低效等发展瓶颈。回顾"十三五"期间,盐田区的城市更新立项项目主要以市场动力强的居改类项目为主,工改类项目市场动力不足、实施推进困难,集中连片的规模化产业空间供

---

① 城市更新是以土地协议出让为基础、市场化运作的改造模式,而土地整备则是由政府主导的土地收储模式。深圳的土地整备以公共利益和城市发展需要为出发点,通过利益统筹协商,综合运用土地、规划、资金、产权、地价等多种政策,把权属混乱、零散低效的用地梳理整合成产权清晰、成片、成规模的用地,一部分作为留用地返还原权利主体,其余部分则作为政府收储的用地入库。

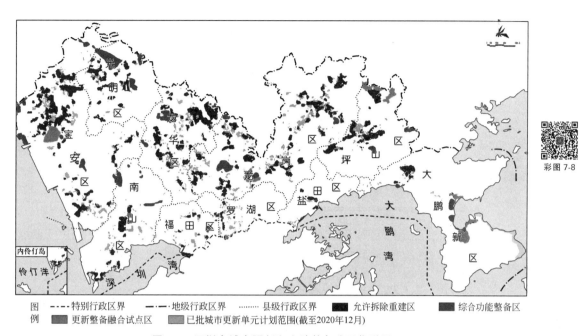

彩图 7-8

图
例

　----- 特别行政区界　　—·— 地级行政区界　　········· 县级行政区界　　■ 允许拆除重建区　　■ 综合功能整备区
　■ 更新整备融合试点区　　■ 已批城市更新单元计划范围(截至2020年12月)

图 7-8　深圳市城市更新和土地整备分区指引图

来源：深圳市规划和自然资源局.深圳市发展和改革委员会.深圳市城市更新和土地整备"十四五"规划[R].2022

给有限。盐田区结合新的发展要求,合理制定"十四五"期间区更新整备目标、规模安排、空间引导、时序统筹等内容,组织编制《盐田区城市更新和土地整备"十四五"规划》。

该轮五年规划编制的特点在于采用市区联动、同步编制、双向校核机制,统筹协调各部门、各规划的空间需求与供给,形成市区联动传导的考核指标和工作内容。规划首次在五年存量规划中探索以市场为主导的城市更新与以政府为主导的土地整备的融合。规划以区内全资源要素为规划底图底数,全面梳理存量更新整备资源,积极落实战略目标并制定更新整备目标,统筹存量家底,制定更新整备策略,划定空间管控范围及制定分区规划指引,设定规划任务指标并设计考核机制。规划编制遵循"十三五"更新整备评估及存量挖潜→规划解读与目标制定→总量统筹与策略制定→空间管控范围划定与分区规划指引→行动计划制定与实施保障措施的技术路线(图7-9)。

(三) 技术逻辑导向的规划内容

1. 理清全区更新整备潜力用地

全面梳理盐田区的土地资源,规划以国土空间地理信息数据为基础,丰富城市更新和土地整备的内涵和对象范围。依据更新整备政策,将地块的土地利用效率、建设年代、风貌质量、区位条件、规划导向、预判价值等指标作为评估筛选的标准,将全区现状建成区内外具备更新整备的潜力用地精准识别,摸清更新整备的家底。同时整合前期收集调研的各职能部门、各街道诉求及服务商更新整备意愿,形成规划编制重点,摸清规划的底图底数。

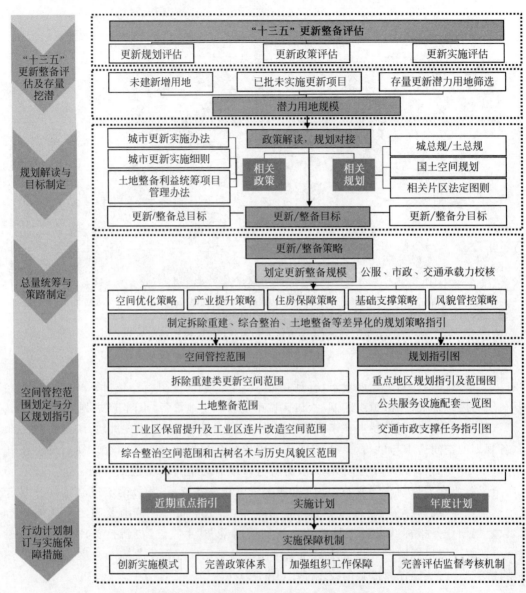

图 7-9 盐田区城市更新和土地整备"十四五"规划技术路线图

2. 确定远期战略与近期实施的规划目标

规划从战略角度深入研判盐田区的发展形势与需求,在完成市"十四五"城市更新专项规划下达的指标基础上,从盐田区的发展机遇和战略切入,实现"目标战略—空间抓手—实施路径"的分阶段传导。规划衔接 2035 年国土空间远期战略,对近期 5 年、未来 10 年的更新整备计划提前谋划,进行合理预留和安排。规划反思"十三五"更新实施存在问题,分析盐田区当前面临的紧迫性问题,并借助战略规划的区域分析方法锚定盐田区未来 15 年长远的发展趋势和规划目标,结合更新整备潜力资源特征,制定近、中、远三步走更新整备战略和工作重点。

3. 统筹更新整备规模和规划策略指引

强化战略目标与空间供给的匹配性,通过对规划目标的逐级分解、细化,结合更新整备潜力用地分布特征,确定更新整备的重点片区及其他一般片区的规模。重点从"空间布局优化、产业提质升级、住房保障、基础设施支撑、风貌管控"五个方面加强更新整备潜力资源的统筹,制定拆除重建、综合整治、土地整备等差异化的更新策略指引。同时,以上位规划确定的用地功能、建筑规模管控为基础,统筹研究城市更新和土地整备项目的空间分布和类型结构,合理分配规划期内城市更新和土地整备项目的建筑增量,合理安排工业、居住、商业和公共配套等规划用途的用地比例。

4. 多专业校核确定更新整备规模与方式

规划配备公共服务设施规划和市政工程设施规划两个子课题,结合上位规划、相关专项规划建立公共服务设施和基础设施项目清单,明确辖区通过城市更新和土地整备保障重大公共服务设施、交通设施和市政设施供给的责任。依据筛选出来的更新整备项目增量对公共服务设施、市政基础设施和道路交通设施等进行需求预测与统筹规划,解决更新项目碎片化带来的设施落地难问题。同时,以公共服务市政交通的承载力科学校核合理的更新整备规模与方式,确定合理有序的更新整备步骤。

(四) 政策导向的规划内容

1. 制定刚弹结合的量化考核指标体系

规划结合盐田区发展目标提出辖区可量化指标,并与市城市更新"十四五"专项规划下发的指标要求进行双向校核。区层面明确"十四五"期间拟实施的城市更新和土地整备总规模,包括新增更新单元计划规模、新增"工改 M0"类更新单元计划规模、用地供应规模、综合整治用地规模、产业空间发展实施规模、公共住房配建规模、中小学占地规模、高中占地规模、综合医院占地规模等。对指标进行整体评估和预控,在预估可完成市级考核要求的基础上制定更为严格的区级指标。通过刚弹结合的约束性指标和预期性指标体系内容,加强政府对城市更新市场运作的统筹力度。

表 7-1　盐田区城市更新和土地整备"十四五"规划计划指标一览表

类　别	目 标 名 称	市/区下发盐田区五年指标要求
更新单元计划规模	新增更新单元计划用地规模/hm²	上限值
	"工改 M0"类更新单元计划用地指标/hm²	上限值
用地规模	直接供应用地规模/hm²	下限值
	空间储备用地规模/hm²	下限值
	综合整治用地规模/hm²	下限值
产业发展	工业区保留提升区用地规模/hm²	下限值
	连片升级改造区用地规模/hm²	下限值
住房供应	公共住房和配套宿舍配建规模/万 m²	下限值

续表

类　别	目 标 名 称	市/区下发盐田区五年指标要求
公共服务设施规模	中小学数量/个	下限值
	中小学用地规模/hm²	下限值
	中小学预计学位/个	下限值
	高中占地规模/hm²	下限值
	综合医院占地规模/hm²	下限值

2. 制定引导公共利益贡献的精细化政策

政策、制度的建立对城市更新和土地整备工作的价值取向起到决定性作用,应通过精细化的配套政策,引导市场贡献更多公共利益。规划积极探索政策激励、补偿奖励等措施鼓励市场、社会力量参与更新,探索盘活存量建设用地的市场化机制。创新搭建不同更新、整备项目之间的统筹平台,协调各类型公共产品的更新配建要求,避免城市更新公共产品供给重复化,提高基本公共服务均等化和多元化水平。创新土地整备政策,加快重大民生设施用地整备和统征工作,积极探索已出让未建设用地的处理方式。

(五) 实施逻辑导向的规划内容

1. 制定科学有序的年度实施计划

首先,建立城市更新和土地整备项目库,项目库主要字段包括项目名称、所属街道和拆除范围面积;其次,针对"十四五"期间制定城市更新和土地整备年度实施计划,提出"立项、审批、供应"工作计划,提出近期重点地区的更新指引,制定公共住房、大型公共配套和市政交通设施落地的指标表和计划表;最后,按照"先紧后松"的原则制定推动规划实施的行动方案,将用地供应目标、土地整备实施目标、工业区保留提升目标、工业区连片升级改造目标、公共住房筹集目标、各类公共设施规划实施目标等任务合理分解至各年度。

2. 健全绩效考核与计划动态调校机制

首先,建立系统的五年规划评估制度,定期对规划实施情况进行评估和检讨。重点保障产业升级类、重大民生设施类项目纳入计划,探索开通绿色审批通道,动态追踪项目进度。同时,建立居住类城市更新项目计划的动态调校机制,新增居住类城市更新计划项目与已计划立项居住类城市更新项目的实施或清退情况挂钩。

其次,加强考核监督制度,例如,建立区内城市更新和土地整备专项行动目标责任考核制度,鼓励将以综合整治为主,融合功能改变、加建扩建、局部拆建的复合式城市更新纳入更新计划,并将相应工作纳入政府绩效评估指标体系。搭建常态化的计划动态调校机制,建立促进项目实施的倒逼机制。

最后,强化资金保障,包括建立区级城市更新项目公共配套和市政类民生设施建设的保证金制度,设立资金监管账户和进行专款专用,确保民生设施按城市更新单元规划的配置要求严格落实。

第三节　不同类型的城市更新专题研究

一、广州市旧厂房改造专项规划

(一) 项目概述

　　广州全市旧厂房总量较大,占地面积达 129.17km²,占全市现状建设用地的 10%,平均毛容积率仅为 0.44;产权包括国有产权、集体产权及混合产权三类。对比旧村庄和旧城镇,旧厂房改造项目涉及的权属主体较单一,涉及的建筑规模较小,项目推进的实施性更强、积极性更高。2009 年,广州市开展了旧厂房改造专项规划(图 7-10),作为旧厂房改造项目改造方案审查的基本依据。

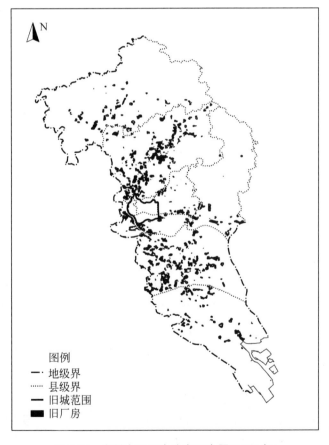

彩图 7-10

图例
- ━ 地级界
- ⋯ 县级界
- ━ 旧城范围
- ■ 旧厂房

图 7-10　广州市旧厂房分布示意图(2009 年)

来源:广州市城市规划勘测设计研究院.广州市旧厂房改造专项规划(2010—2020 年)〔R〕.2010

(二) 技术逻辑导向的规划内容

规划遵循"集约节约用地,保障公共利益、反映利益各方诉求,适应市场经济需求、调动各方积极性"三大原则,编制侧重点在于中观层面的成片连片统筹规划控制,避免单个地块改造对成片更新造成割裂,兼顾城市整体发展的需求和单个项目改造的成本收益。规划分为总体、中观和具体地块三个层面,重点在于片区及分区等中观层面的内容控制。包括确定改造范围,划定改造分区,确定改造分区的地块开发强度,确定各分区用地功能构成比例,提出支撑体系规划调整建议、制定改造分区导则等六大内容(图 7-11)。

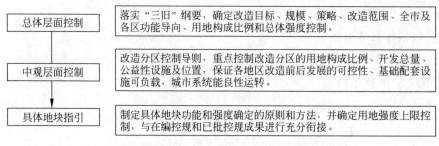

图 7-11　广州旧厂房改造规划的内容层次

旧厂房改造的管控方式采取"导则+指引"的形式:导则重点控制改造分区的开发总量、公益性设施及位置;指引则主要对具体地块改造功能及强度的确定提出规则,确保规划成果面向管理和实施。

1. 总体层面:确定更新目标策略、明确改造功能和强度指引

总体层面深化《广州市"三旧"改造规划》对旧厂房改造的原则要求,具体落实城市总体规划和战略规划对城市发展的战略方针、功能格局、人口及用地等方面的要求,重点确定全市旧厂房改造的总体目标、策略、功能导向;明确各区改造功能指引和强度控制,作为指导各区旧厂房改造的指引(图 7-12)。

2. 中观层面:衔接控规管控、制定改造分区控制导则

中观层面结合控制性详细规划(简称控规)管理单元确定改造分区,制定改造分区控制导则,参照控制性详细规划控制的主要内容,补充尚未编制控制性详细规划地区的控制要求。对局部地段的旧厂房项目整体确定改造功能及比例、开发规模、开发强度、设施配套等规划管控要求,保证各地区改造后基础配套设施可负载,城市系统可运转。控制要求面向职能部门规划管理使用,实现与法定规划的有效对接。

3. 具体地块层面:落实公益性设施,指导实施方案编制

具体地块层面采取"刚性与弹性相结合"的管控办法:对公益性设施用地规划的落地、定界,实现刚性管控;对居住和商业等经营性用地则仅确定分区总体用地规模和分区开发强度总量,并规定地块用地强度上限。此外,制定具体改造地块的规划管理指引,提出改造功能和强度确定的原则、方法和考虑因素,确保公益性设施的落实。

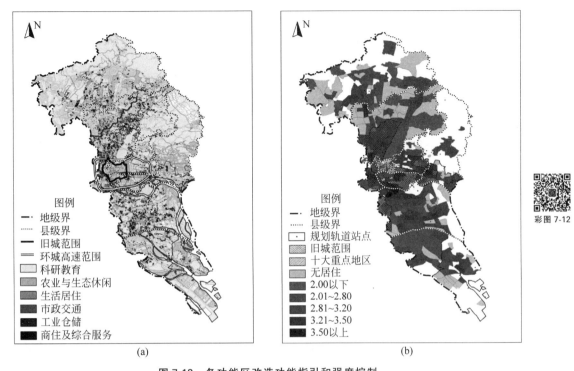

图 7-12　各功能区改造功能指引和强度控制

（a）旧厂房改造功能指引图；（b）旧厂房改造强度控制图

来源：广州市城市规划勘测设计研究院.广州市旧厂房改造专项规划(2010—2020 年)[R].2010

(三) 政策和实施逻辑导向的规划内容

根据各区上报的改造项目计划,结合全市旧厂房改造目标,制定近 1～2 年各区旧厂房改造的实施计划,进而确定规划实施的保障措施：一是土地保障措施,探索适合旧厂房改造的土地收储与出让机制,实施地块捆绑改造模式；二是财政保障措施,结合项目重要程度,明确采取全市统筹平衡、新旧区联动、多方参与等方式筹措改造资金；三是政策保障措施,包括研究制定土地收益管理、开发功能与强度管理指引、产业促进等方面的政策规定。

二、深圳市城中村(旧村)综合整治总体规划

(一) 项目概述与技术路线

深圳是全国城中村密度最高的一线城市之一。改革发展 40 多年来,上千个城中村成为新市民的第一落脚点。保障低收入人群的住房需求,为其提供大量低成本居住空间,在促进城市整体职住平衡方面起到了不可替代的作用。

2017 年初步摸查,深圳城中村用地总规模约 321km²,占全市建设用地的 31%,建筑总规模约 4.5 亿 m²,占全市建筑总量的 43%。在建设用地资源高度稀缺背景下,深圳于 2005 年出台了《深圳市城中村(旧村)改造总体规划纲要(2005—2010 年)》,确立了以拆除重建为导向的更新目标和总体策略,大力推进重点地区城中村的全面改造。2009 年确立的城市更

新单元制度大大激发了市场主体参与城中村改造的积极性,全市城中村改造进程加快,但大拆大建的更新模式也导致低成本空间消失、职住矛盾加剧、历史文化消失等问题。在2016年的湖贝古村改造案例中,城中村"拆或留"的问题引起了舆论的广泛关注,社会各界纷纷开始讨论城中村的可持续发展问题。2019年,深圳市印发《深圳市城中村(旧村)综合整治总体规划(2019—2025年)》,从城市发展战略高度,肯定了城中村在保障低成本居住空间,传承城市文脉方面的价值,标志着深圳走上探索城中村全面可持续发展的转型之路。该轮规划重点划定了约55km² 的城中村综合整治分区,占城中村总面积的17%(图7-13)。

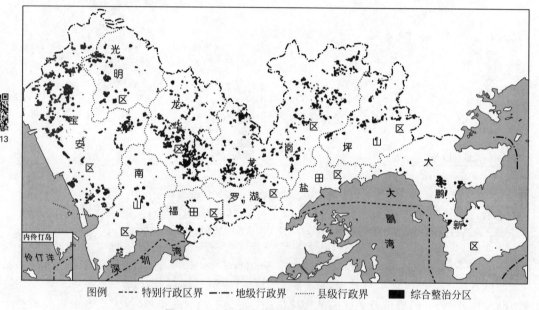

图例 ----- 特别行政区界 —·— 地级行政界 ········· 县级行政界 ■ 综合整治分区

图 7-13 深圳市城中村综合整治分区范围图

来源:深圳市规划和自然资源局.深圳市城中村(旧村)综合整治总体规划(2019—2025)[R].2019

深圳市城中村综合整治总体规划遵循"现状基础资料调研→综合整治分区划定→建立分区管理机制→构建实施保障机制"的技术路线(图7-14)。通过全面摸查全市城中村用地边界、用地规模、建设情况和改造实施情况等具体信息,合理确定城中村居住用地保留规模;通过构建弹性管理机制,制定占补平衡程序对城中村综合整治实施动态维护。强化以政府为主导,完善市场主体参与制度,将城中村综合整治类更新和城中村综合治理有效衔接。

(二) 技术逻辑导向的规划内容

1. 现状调查与评估

深圳城中村数量多、规模大、分布广、产权关系复杂,长期以来缺少全面系统的调查和对城中村用地概念的明确界定,导致无法准确反映城中村的现状规模、建设情况和与城市之间的关系。

首先,规划明确深圳市城中村用地主要为原农村集体经济组织继受单位和原村民实际

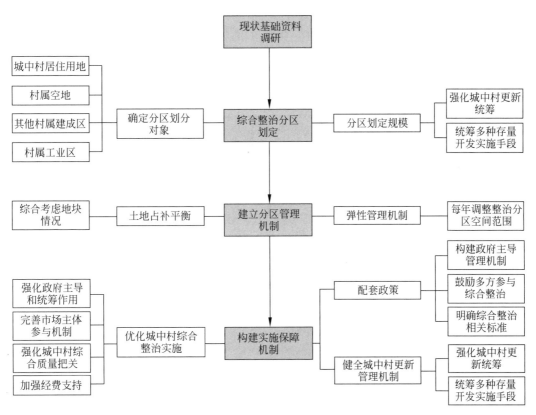

图 7-14　深圳市城中村（旧村）综合整治总体规划的技术路线

来源：根据《深圳市城中村（旧村）综合整治总体规划（2019—2025 年）》总结

占有使用的土地，包括已划定城中村红线范围用地、非农建设用地、征地返还用地、旧屋村用地，以及原农村集体经济组织继受单位和原村民在上述用地范围外形成的区域，不包括国有已出让用地，但登记在原农村集体经济组织继受单位名下的用地除外。其次，为破解城中村现状家底不清的问题，规划开展了城中村的全面普查，对全市城中村数量、用地边界、现状用地功能、建筑质量、建设年代、开发强度和不可移动文物保护单位等基本情况进行了全面摸底并建库（缪春胜 等，2021）。

深圳居住在城中村内的人口超过 1200 万人，约占全市实有人口的 60％。城中村保障了低收入人群的住房需求，成为深圳新市民的第一落脚点。同时，城中村中紫线及历史风貌区占全市历史文化空间的 41％，市级以上非物质文化遗产大部分发源于城中村，由原住民传承。城中村包含了宗祠文化、客家文化和移民文化的印迹，记录了深圳历史文化发展脉络，是历史记忆与文化传承的重要载体，体现了城市文化多样性。规划充分认识到城中村在平抑外来人口生活成本、平衡职住关系、延续本土文化、提升城市活力等方面的重要价值。

2. 确定更新发展策略

更新尽可能避免大拆大建，注重人居环境的改造和历史文脉的传承。高度重视城中村的保留，合理有序、分期分类开展全市城中村各项工作。从提升城中村公共服务和基础设施水平、提高住房保障能力、活化历史文化资源、引导产业升级转型、促进社区全面发展等五方面提出发展策略;逐步消除城中村安全隐患,改善居住环境和配套服务,优化城市空间布局与结构,提升治理保障体系,促进城中村全面转型发展。

3. 划定综合整治分区规模

综合整治分区的划定工作牵涉部门多、房屋产权利益关系及住户人员复杂、利益主体诉求不尽相同,整体推进协调难度大。规划通过市、区、街道、社区等多级联动,形成"市级全面统筹、各区负责实施、街道社区配合"的工作机制,推进综合整治分区的划定。

综合整治分区划定的对象以全市城中村居住用地为基础,扣除已批更新单元计划范围用地、土地整备计划范围用地、棚户区改造计划范围用地、建设用地清退计划范围用地及违法建筑空间管控专项行动范围的用地。城中村综合整治分区划定综合考虑单个地块面积要求、各类管控与保护区线、拆除重建容积率红线、市区城市更新"十三五"规划及地块完整度等因素(图 7-15)。最终综合整治分区划定对象总规模约 99km²,其中城中村用地规模为55km²。从住房保障、职住平衡、城市文脉传承和城市发展多样性等角度考虑,未来需保留的城中村居住用地比例不低于 50%。

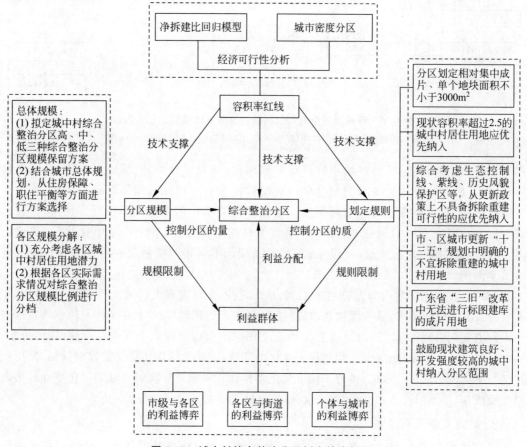

图 7-15　城中村综合整治分区划定技术框架

来源:缪春胜 等,2021

4．确定综合整治分区比例

综合考虑各区城中村的分布与规模、改造实施情况，以及相关政策和上位规划要求，对各区城中村综合整治的划定规模与比例采取了差异化的要求。鉴于福田区、罗湖区和南山区的就业岗位相对集中，且住房需求缺口较大，对低成本居住空间的需求潜力在全市属于第一层次，建议城中村综合整治分区划定比例不低于75%；而其他各区处于第二层次，建议综合整治分区划定比例不低于55%。

(三) 政策逻辑导向的规划内容

1．明确刚性管理要求

为加强政府的有效管控，合理、有序、规范地开展城中村城市更新工作，规划强调对城中村综合整治分区的刚性管理。规划明确划入分区的城中村不得进行大拆大建，引导进行以综合整治为主的有机更新。除法定规划确定的公共利益、清退用地及法律法规要求予以拆除的用地外，综合整治分区内的用地不得进行大拆大建；同时明确要求，所有未纳入拆除重建类城市更新计划和已纳入计划但不能在2020年前正式实施拆除的城中村，均纳入城中村综合治理三年行动实施范围。

2．制定弹性管理机制

为避免刚性管理影响市场活力和导致出现"一刀切"等现象，规划还制定了以占补平衡和总规模不减少为前提的年度调整机制(缪春胜 等,2021)。因土地整备项目或棚户区改造项目或落实重大基础设施、重大产业项目等确需纳入拆除重建类城市更新单元计划的项目，以及近期具备高度可实施性的拟拆除重建类更新项目的实施需要，各区可按年度对综合整治分区空间范围进行调整，年度调整应遵循"总量指标不减少，功能布局更合理"的原则，且总规模不得大于各区综合整治分区范围用地面积的10%，规划期内累积调整的总规模不得大于辖区综合整治分区范围用地面积的30%。因落实市级重大项目确需突破前述30%要求的，应报市政府批准。

(四) 实施逻辑导向的规划内容

1．加强监管、强化租赁市场管理

为确保城中村改造后租金不会大幅提高，保障低成本居住空间，规划提出政府相关部门应加强城中村租赁市场管理，要求企业控制改造成本，并参照租赁指导价格合理定价。改造后出租的，应优先满足原租户的租赁需求，有效保障城中村低成本居住空间的供应。同步加强市场秩序整治，严厉打击城中村租赁市场违法违规行为。同时，提出政府相关部门应通过计划引导、规划统筹、价格指导等手段，引导各区有序推进城中村规模化租赁改造，鼓励纳入政策性住房保障体系进行统筹管理。

2．政策保障、建立长效管理机制

为了将城中村综合整治类更新和城中村综合治理进行有效衔接，规划在更新管理机制、市场主体参与、公众参与、运维管理等方面提出完善的政策保障机制。在更新管理机制

方面,强调以综合整治分区为抓手,通过协调多种存量用地开发手段的实施时序,控制城中村改造节奏,促进城中村可持续发展;完善市场主体参与机制,鼓励市场主体参与城中村综合整治类更新;强调公众参与和开放协商的工作方式,建立多方联动工作平台,充分调动居民的积极性,逐步实现从"单向管理"向"共建共治共享"的转变;全面推进物业进村,引导建立或引入专业的物业服务企业,促进城中村改造后实现自我管养。

三、顺德村级工业园升级改造总体规划

(一) 项目概述与技术框架

20 世纪 90 年代以来,伴随着村社为单位的农村工业化快速发展,珠三角集体建设用地开发从土地流转扩张转向物业开发建设,以村集体自建或合作方式建成了具有一定规模的工业区块,形成由集体产业用地为主构成的村级工业园,成为珠三角实体经济发展的重要载体。2018 年底,顺德全区村级工业园共有 382 个,园区面积为 93km²(图 7-16),其中产业用地面积为 76.2km²,合法比例仅为 51.78%,村级工业园工业用地规模占全区的 58%,产值却仅占全区工业产值的 27%。2019 年,顺德以村级工业园改造整治提升为着力点和突破口,形成"政府引领、市场主导、拆建并举、专业运营"的村级工业园改造整治提升模式。村

彩图 7-16

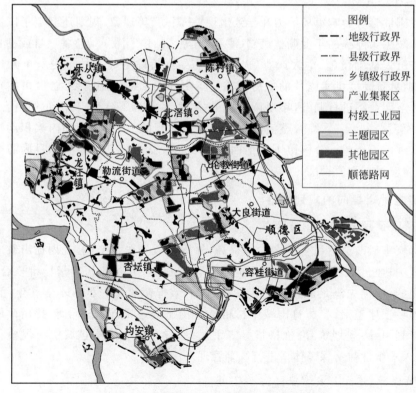

图例
- ┈ 地级行政界
- ┈·┈ 县级行政界
- ┈┈ 乡镇级行政界
- ▨ 产业集聚区
- ■ 村级工业园
- ▦ 主题园区
- ▨ 其他园区
- ── 顺德路网

图 7-16　顺德区村级工业园的空间分布

来源:佛山市城市规划设计研究院.顺德高质量发展暨村级工业园升级改造总体规划[R].2019

级工业园改造试图实现"六个一"目标，即"淘汰一批落后产能、拆除一批危旧厂房、整治提升一批旧园区、新建一批现代主题产业园、复垦复绿一批已建设用地、储备控制一批发展用地"。

　　顺德区村级工业园升级改造空间规划编制的难点是借助实验区给予村级工业园改造的土地政策，通过空间调控和政策工具的联动，实现低效村级工业用地减量、提效。改造规划在建设用地规模布局空间腾挪与整合、产业空间重构统筹、用地建设指引等方面为村级工业园土地高效利用提供了有效路径。改造规划编制遵循"发展空间评估→用地减量评估→实施机制制定→政策体系构建"的技术路线（图 7-17）。

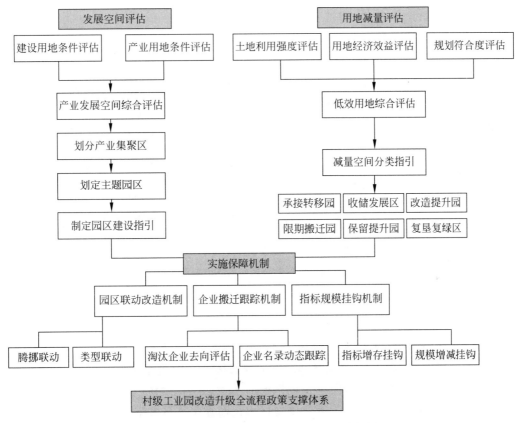

图 7-17　顺德村级工业园改造规划编制技术路线

来源：根据《顺德区高质量推动村级工业园升级改造总体规划》总结

(二) 技术逻辑导向的规划内容

1. 梳理现状空间管控要求

　　村级工业园升级改造的核心难点集中在土地整理。村级工业园多规冲突严重，一方面，规划对现状产业用地集聚度、土地合法性、权属情况、经济效益等进行空间分析，分析全区低效可腾退空间的空间特征。另一方面,规划分类梳理各类规划的空间管控要求,系统梳理土地利用总体规划、城乡规划、产业规划等规划管控要素,明确城镇开发边界、生态保护红线、生态控制线、永久基本农田控制线等一级控制线,城市蓝线、城市紫线、城市棕线、城市绿线等二级控制线,以及水源保护区、生态公益林、森林公园等各类管控要素的分类分级管控要求,形成"多规融合"管控要素图。

2. 建立模型评估产业集聚空间

基于生态优先、空间集聚原则,从建设用地条件评估和产业用地条件评估两方面建立国土空间工业用地双评价模型(涵盖7大类核心评价因子和57小类评价要素),开展产业空间集聚适宜性评价;通过评估全区适宜的国土空间建设用地和优势产业区位,为主题园区的选择提供支撑(图7-18)。

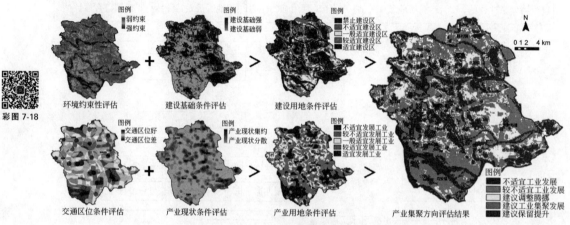

彩图7-18

图7-18　村级工业园产业空间集聚适宜性评估结果

来源:梁雄飞 等,2021

3. 协调划定全区产业空间边界

在现状底数摸查、发展用地评估、产业用地评估基础上,项目组与区村改办、发改等部门、镇街多次协商,征询村居、企业意见,划定顺德区的产业集聚区和主题园区空间边界(图7-19)。其中主题专业园区,即以特色产业为主题的专业园区,以连片开发的近期村级工业园改造项目为主,原则上位于产业集聚区内。产业集聚区并非单一的用途管制区,而是改造项目的"政策区",区内"工改工"项目可享受各项村级工业园升级改造优惠政策(梁雄飞 等,2021)。

4. 构建工业用地绩效评价体系

整合土地部门、建筑部门和产业部门等相关部门的数据,形成"园区—用地—建筑—企业"四个层级的工业园立体台账。进一步从土地开发强度、用地效益度和合规导向三个目标层,构建工业用地绩效评价体系(表7-2)。对10项指标分别赋予权重,采用加权分析的方法判断产业集聚区内工业用地的综合绩效,得出低效、中效、高效用地。对产业集聚区内外的村级工业园,根据各村园的土地利用效率分别提出相应的更新用途引导方式。

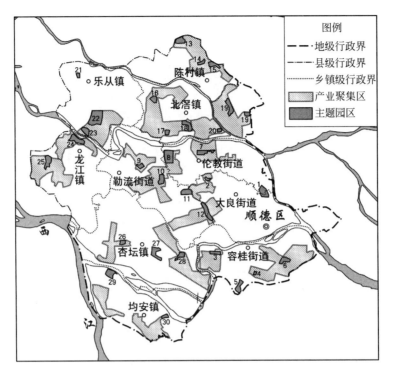

彩图 7-19

图 7-19　顺德产业集聚区与主题园区划定方案

来源：佛山市城市规划设计研究院. 顺德区高质量推动村级工业园升级改造总体规划［R］. 2019

表 7-2　顺德区低效工业园区指标评价体系

目标层	权重	准则层	权重	子准则层	权重	总权重
土地开发强度	0.4	产业用地情况	0.8	产业用地容积率	0.3	0.096
				产业用地建筑密度	0.1	0.032
				建筑质量差的建筑比例	0.6	0.192
		未充分利用情况	0.2	空闲地比例	—	0.08
土地用地效益	0.4	经济效益	0.5	税收密度	0.7	0.14
				工业总产值密度	0.3	0.06
		社会效益	0.1	就业人口密度	—	0.04
		创新潜力	0.4	创新企业数量	—	0.16
合规导向	0.2	生态影响	0.5	刚性控制要素比例	—	0.1
		功能导向	0.5	产业集聚区分布	—	0.1

来源：佛山市城市规划设计研究院. 顺德区高质量推动村级工业园升级改造总体规划［R］. 2019

5. 提出差异化的村园建设指引

在兼顾顺德现状产业门类的前提下，以环境影响程度为主要指标，将主题园区划分为科技主题园、综合主题园和智造主题园三大类。对各类园区提出用地功能比例控制、开发强度控制、建筑形态指引和服务配套指引。

(三) 政策逻辑导向的规划内容

1. 统筹区内建设用地规模和指标

广东省高质量发展体制机制改革允许顺德村级工业园改造以"总量约束、全区平衡"的原则修改土地利用规划，建设用地规模边界，实现用地布局优化。顺德区梳理出分散在各镇街，可用于调整的用地规模约为 566.67hm²，解决项目用地不符合土地利用规划要求的问题。同时，完善历史用地手续和新增建设用地指标，鼓励、倒逼村集体对无合法手续的低效工业用地进行改造；对顺德区复垦复绿类园区产生的拆旧复垦指标与商业、商住和娱乐等经营性用地出让挂钩，增强镇（街）及土地原权属人进行低效工业用地复垦复绿的动力（图 7-20）。通过拆解、腾挪、挂钩等策略，强化地方政府在村级工业用地"资源统筹、空间统筹、项目统筹"中的作用，促进集体建设用地要素的配置优化（梁雄飞 等，2021）。

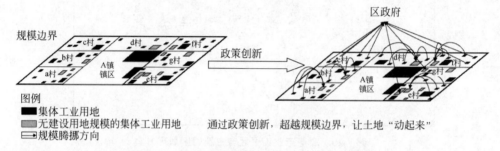

图 7-20　集体存量用地改造的政策创新示意图
来源：梁雄飞 等，2021

2. 提出利益平衡机制推动工改工

村级工业园改造项目以"工改工"为主导方向。规划对"工改工"项目用地容积率不设上限，改造后的平均容积率不低于 1.50。通过构建不同类型项目的利益平衡机制，提出以"工改住"项目反哺"工改工"和复垦复绿类项目的政策设计。将过去相对零散、独立、薄利的"工改工"和复垦复绿类等微利改造项目与"工改住"等经营性项目相结合并统筹推进，促进连片改造和类型联动（梁雄飞 等，2021）。通过"政府让利""商品厂房""分割转让""混合开发""财政扶持"等方式充分鼓励市场参与"工改工"项目。

(四) 实施逻辑导向的规划内容

1. 搭建村园改造监测机制

制定税收强度不低于 20 万元/亩的入园标准，对工业园区在改造前后的开发强度、租金水平、税收增长、集体收益和企业门类等内容加以统计，并进行跟踪反馈。项目改造实施监测结果能够对改造产生正面激励作用，消除待改造村集体的观望情绪（蔡立玦 等，2021）。

2. 建立企业动态追踪机制

建立全区 3038 个优质企业清单名录，各镇街在推进近期改造项目前，应先制订企业跟踪台账；在企业搬迁前完成腾挪安置方案的编制，动态跟踪、及时解决企业搬迁存在的问题,减少村级工业园改造对企业生产的影响,避免优质企业和产业关联度大的企业因园区拆迁而流失。

3. 构建改造分类实施指引

对全区 279 个村级工业园的低效用地建立一本台账,近期实施拆除工作。根据工业园区所处产业集聚区内外情况和用地效益分级情况,对减量空间进行分类,将村级工业园区划分为改造提升园、承接转移园、限期搬迁园、复垦复绿区、收储发展区、保留提升园六类,并提出对应的实施指引建议(图 7-21)。

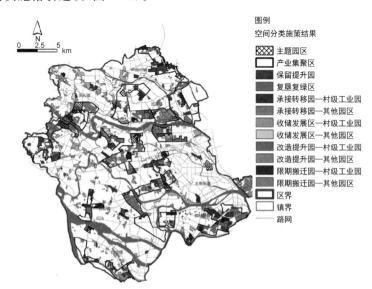

彩图 7-21

图 7-21　顺德区工业用地改造分类指引
来源:佛山市城市规划设计研究院.顺德区高质量推动村级工业园升级改造总体规划[R].2019

第四节　总体层面城市更新规划的内容总结

一、总体层面城市更新规划的内容框架

总体层面的城市更新规划强调从城市发展战略高度,确定城市更新的总体目标与理念,落实国土空间总体规划对城市土地用途管控的策略。具体来讲,土地利用转型对城市功能、产业空间、容积增量、公共设施产生直接影响,并对土地一级市场、房地产市场产生冲击,需要对存量更新的规模、功能、方式和强度提出总体调控策略。考虑到各片区存量资源结构、资源承载力存在差异,结合更新子目标的空间指向,总体层面的更新调控需要提出分区、分类、分要素指引。总体层面也需加强更新规划的实施效力,提出更新实施的行动计划,为政府制定城市更新年度计划提供支撑。具体包括控制存量用地更新的进程,协调存量更新与增量开发的关系,预评估更新实施的综合效益,构建城市更新规划的实施保障机

制等(图 7-22)。

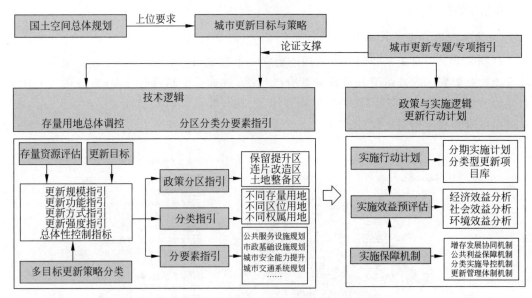

图 7-22　总体层面城市更新规划的内容框架

　　城市更新专项规划是国土空间专项规划的类型之一,也是总体层面城市更新规划的主要类型。广州和深圳存量资源规模大、类型多样,采取了市、区两级分层编制和分级审批的模式。市级城市更新专项规划强调明确城市更新的总体目标和战略安排、更新策略分区及管控要求和更新系统要素的支撑导引。在广州的编制探索中,市级更新专项规划定位为资源利用类专项规划而非要素配置类规划[1],主要对存量资源的开发利用进行统筹和安排,偏向发展类规划的编制方法。区级更新专项规划大纲突出对区级国土空间总体规划和市级更新专项规划的衔接和传导,编制内容更为详细,内容框架与区政府的城市更新管理事权、对存量资源的开发诉求密切相关。区级城市更新专项规划需平衡好区级空间发展诉求与市级更新整备规划统筹约束的关系;落实市级更新专项对更新规模指标、公共设施、市政设施落地的任务分解,制订更新行动计划。以广州和深圳为例,总结了技术、政策和实施逻辑三维度导向下城市更新规划编制的基本内容。

(一) 技术逻辑导向的规划内容

1. 存量更新资源分析

　　更新规划编制前需摸清存量用地资源的特征,包括存量用地的资源总量、要素类型、产权属性、空间分布特征。分析过程通常借助城市地理信息基础数据和土地、规划、建筑大数

---

　　[1]　根据《广州市市级国土空间专项规划编制与审批工作指引》(草案,2020.09),资源利用类专项规划指的是与自然资源利用紧密相关的专项规划,如能源、矿产、水资源利用、历史文化资源、海洋开发利用等专项规划;要素配置类专项规划指的是需要在详细规划中落实用地的专项规划,包括教育、医疗、体育、养老、文化等各类公共服务设施和交通、水利、通信、给水、雨水、污水、燃气、电力、环境卫生等市政基础设施专项规划。

据平台,结合第三次全国国土调查的现状建设用地信息,形成服务于精细化存量空间管理的"一张图"。

2. 更新目标确定

基于国土空间规划、国民经济和社会发展发展五年计划制定一定时期城市更新的总体目标和侧重点;在总体目标的基础上制定实施规模、建设用地供应、公共服务供给、住房保障等分目标。各地可根据存量资源特征和城市发展的总体目标,因地制宜确立更新目标。

3. 更新策略分类

从产业导入、分类施策、增存协调、空间布局等角度提出实现更新目标的策略途径。对于村级工业园、城中村、国有工业用地等特定类型的更新对象,更新专题需根据存量资源的特征,分别提出相应的更新策略。例如,深圳城中村(旧村)综合整治总体规划提出了"优化城中村功能与结构,提升城市公共服务和基础设施支撑水平。提高住房保障能力,活化城中村历史文化资源,引导产业转型升级,促进社区全面发展"的策略。

4. 更新总体调控

(1)更新用地规模:包括总体更新规模、按各更新方式的规模(拆除重建类、综合整治类等)和土地整备规模。更新规模的确定需综合考虑规划期内城市土地供应指标、房地产市场容量、城市重大基础设施对用地的需求,以及历年更新项目批复实施情况。

(2)更新功能:更新功能指引主要指土地用地转变的用途结构,可通过划定产业区块、工业区连片改造区等措施保持一定的产业用地比例,避免房地产开发产生经营性用地和物业的过剩。

(3)更新方式:更新方式各地分类不一,包括如深圳的拆除重建和综合整治,广州的全面改造和微改造。对存量用地更新方式的划定需综合考虑地块所在区位、所在单元的规划、地块现状权属结构和建设情况等因素。例如,深圳新一轮的城中村综合整治范围的划定综合考虑了全市拆除重建的容积率红线、分区规模、划定规则和利益群体的充分沟通(缪春胜 等,2021)。

(4)更新强度:城市更新开发强度的总体管控一般依据城市密度分区、移交政府公共用地的比例、平均拆建比等因素确定。更新强度分区也需考虑城市更新的总体政策分区,综合交通、公共服务设施和市政公用设施的承载力,对轨道交通站点地区、城市中心区、历史文化保护区、滨水地区等提出特别控制要求。

(5)总体性控制指标:包括实施城市更新活动的底线管控指标和考核更新目标实现的约束性指标。底线管控指城市更新过程中必须坚守的土地用途管制要素和开发管控要素,例如,城市生态敏感区的开发容积底线、重点地区的基础设施承载力极限、城市更新和土地整备落实公共安全工程建设的指标。约束性指标根据更新子目标具体指向而定,例如,保障性住房配建比例、综合整治用地规模、保留工业用地规模、提供义务教育学位数量等。

5. 分区、分类、分要素指引

(1)更新政策分区指引:对全市划分更新政策分区,实施差异化的管控策略。更新分区的划分可按照城市更新、土地整备两大更新方式对全域存量资源进行划分；也可基于国土空间总体规划的空间结构，划定重点更新区、一般更新区等更新策略分区；还可对单一的功能区细分，例如，深圳城市更新和土地整备"十四五"规划将存量工业用地细分为连片改造、保留提升、土地整备三大类。对于历史用地问题突出、城市建设用地资源稀缺的城市，可在总体更新规划层面探索全域土地综合整备，统筹全域多类型土地要素，统筹土地全生命周期开发经营长效利益的平衡（吴军 等，2021）。

（2）更新分类指引：分类指引需要在城市更新总体调控的基础上，对不同类别的存量用地（旧村庄、旧城镇、旧厂房、闲置用地等）、不同权属的存量用地（集体和国有）、不同区位的存量用地（中心城、近郊、远郊、重点功能区等），分别提出更新功能定位和管控指引。

（3）更新分要素指引：根据城市更新目标提出不同要素的更新指引，通常包括历史文化、生态环境、基础设施、综合交通、城市设计等方面。

(二) 政策和实施逻辑导向的规划内容

政策和实施逻辑的导向目标在于提出更新行动计划的政策支持和实施机制。具体内容包括以下三方面。

1. 实施行动计划

将一定时期的城市更新总体规模和目标任务进行分解，为地方政府制定城市更新行动计划、更新年度计划提供决策参考。建立各类存量用地资源的更新实施项目库，明确通过城市更新落实公共服务设施、市政基础设施项目，道路交通设施项目的项目计划。对于老旧小区微更新等民生类更新项目，以及与政府财政资金划拨密切相关的更新项目，适宜编制实施项目库，以利于更新规划的编制与管理工作的对接。

2. 实施效益预评估

根据更新规划对存量用地更新的总体调控方案，实施绩效的预测。社会效益评估包括对社会服务设施的优化、人居环境的改善；经济效益评估包括实施更新方案的政府财政压力预测、政府土地出让金和税收预测等；环境效益评估包括对公共绿地贡献、污染减排、生态修复等方面的作用。同时，可建立系统的规划评估制度，对更新专项规划实施情况进行评估和检讨。

3. 规划实施保障机制

实施保障机制重点包括增存发展的协同机制、公共利益的保障机制、分类实施的导控机制和更新管理的体制机制。实施保障机制需依据城市更新的总体目标和更新策略而定，因地制宜。实施保障机制，需探索城市更新规划支撑国土空间规划实施的规划传导机制，完善城市更新与土地整备联动的政策路径，探索多元化的城市更新补偿方式，完善更新规划实施的组织保障措施。

二、城市更新总体规划战略选择的影响因素

虽然广州、深圳在城市更新总体规划的内容框架上有诸多共同点，但在编制内容框架

和与国土空间规划的关系方面,也存在一定差异。具体体现在:广州更新专项规划紧密承接国土空间总体规划,强调更新专项规划的总体统筹和要素管控层级传导,内容全面,框架较为庞大;深圳城市更新专项规划与国土空间规划体系相对独立,具有显著的政策性与注重近期实施的特点,编制内容聚焦于公共服务和基础设施规划等公共利益保障,更新规划结构与分区指引等结构性管控要求,编制框架精炼。究其原因,人地关系紧张程度、土地财政依赖程度等都影响着城市更新总体规划的价值取向和内容框架。

从城市用地规模来看,2006—2020 年土地利用总体规划给予的新增建设用地指标中,广州和深圳每年仅分别有 7.4km^2 和 9.1km^2 的增量,从 2009 年以来两地实际建设用地的供应计划来看,新增指标远远无法满足实际需求。两地虽都面临建设用地指标供给缺口的强烈约束,但广州近年来国有建设用地供应计划仍远大于深圳,处于存量更新与增量开发并存的阶段(图 7-23)。而深圳已进入存量开发为主的阶段,2012 年存量用地供应首次超过新增用地供应,2015 年 73% 的建设用地指标来源于存量用地,而同时期广州存量用地占建设用地实际供应的比例仅为 35%[①]。深圳 2015—2022 年间通过城市更新和土地整备供应建设用地指标占年度计划供应建设用地比例平均达 20% 上下,这一比例也超过广州近两年15.3% 的平均水平[②]。此外,在三级财政分配体制的压力下,广州地方财政对预算外土地出让金的依赖仍然较大,而深圳近年来土地出让收入占比维持在 15% 以下,已基本摆脱土地财政的依赖(图 7-24),这对两地更新规划的价值取向和政府利益诉求产生深刻影响。

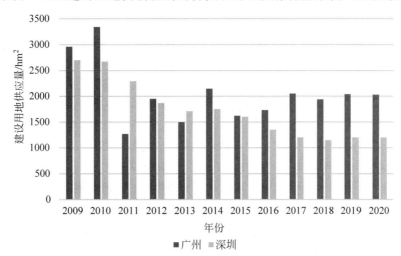

图 7-23　2009—2020 年广深城市建设用地供应计划比较
数据来源:广州市建设用地供应计划.广州市规划和自然资源局;
深圳市年度建设用地供应计划.深圳市规划和自然资源局

①　数据分别来源于深圳市规划国土研究中心、广州市规划和自然资源局。两地存量用地的范畴比城市更新宽泛,以深圳为例,存量用地包括已列入年度计划的拆除重建类城市更新和土地整备用地,以及国有土地上房屋征收用地等。

②　数据来源:根据深圳历年年度建设用地供应计划的数据计算,2015—2022 年深圳城市更新和土地整备每年平均计划供应建设用地规模约 2.3km^2。

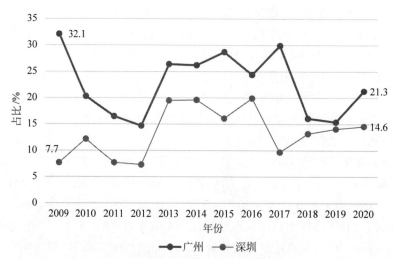

图 7-24　2009—2020 年广深历年土地出让金占地方财政总收入的比例

数据来源：广州市统计年鉴，深圳市统计年鉴

在此背景下，广州城市更新专项规划更多扮演着反馈、修正和支持国土空间规划的编制工作（杨慧祎，2021）。市、区两级更新专项规划重在建立落实国土空间总体规划战略的路径和机制，编制期限与国土空间总体规划一致。更新专项规划致力于加强政府对各类存量资源的统筹利用，协同土地储备促进区域成片开发。更新专项规划更关注增存发展协调，加强城市更新与土地整备的联动（例如探索土地征收和旧村改造相结合的土地整备模式），避免"挑肥拣瘦"的零星改造对土地连片开发产生干扰，控制存量用地大规模转为经营性用途冲击土地一级市场和存量住房市场。除了对更新规模、方式和开发容量的管控之外，更新专项规划还包括对更新项目实施的底线管控要求，对土地连片改造的引导，对更新策略分区的管控。

深圳城市更新规划的目标在于运用多种政策工具为城市腾挪建设用地指标和空间，缓解城市发展空间的绝对短缺掣肘。城市更新专项规划更强调实施性与行动性，时效为 5 年，并通过各类计划（建设用地供应计划、土地利用年度计划等）传导落实，作为城市更新单元计划立项与规划编制的重要依据。2010 版的深圳城市更新专项规划定位为城市近期建设规划与土地利用规划的重要组成部分，指导城市更新实施。更新专项规划制定的更新规模等管控指标，纳入深圳城市更新和土地整备年度计划进行任务分解，落实公共服务设施和政策性住房供给等目标；并通过年度建设用地供应计划落实城市更新供应建设用地的规模、用途结构和分区配置。市、区两级更新专项规划通过制定空间资源在土地权利人和城市之间的再分配规则，保障存量更新活动对公共服务用地、设施和"两房"（指保障性住房和创新型产业用房）的供给。

总之，总体层面的城市更新规划编制内容框架需充分考虑城市更新治理的目标和价值取向，以及城市宏观社会经济发展趋势，衔接国土空间总体规划和相关国土空间专项规划。

小结

广州和深圳自三旧改造以来逐步建立起总体层面的城市更新规划类型体系,包括专题、专章和专项规划。城市更新专项规划属于国土空间特定领域专项规划,对各类更新规划编制与更新行动实施起到纲领性统筹作用。各类城市更新专题、专章是国土空间总体规划的研究部分,对于特定类型存量用地更新实施起到指导作用。城市更新专项规划的趋势是与以政府为主导的土地整备相结合,在补偿标准、容积分配等方面实现政策融合,以缓解市场主导和政府主导更新项目在实施过程中的进展不均衡和碎片化危机。各类总体层面的城市更新规划需要与各类城市更新实施计划衔接,以落实地方政府空间开发权的管控,并通过国土空间详细规划和一系列的更新配套组合,实现存量更新顶层设计的落地。

思考题

1. 广州和深圳城市更新专项规划编制的侧重点和深度有哪些异同?
2. 深圳城中村综合整治规划的政策性逻辑对旧村庄改造有哪些启发?

参考文献

蔡立玟,何继红,梁雄飞,等,2021.存量低效工业园区改造全周期监管策略:以佛山市顺德区村级工业园升级改造实践为例[J].规划师,37(6):45-49,55.

佛山市城市规划设计研究院,2019.顺德区高质量推动村级工业园升级改造总体规划[R].

梁雄飞,李汉飞,朱墨,等,2021.村级工业园升级改造助推高质量发展的新举措:以佛山市《顺德区高质量推动村级工业园升级改造总体规划》为例[J].规划师,37(4):51-56.

缪春胜,邹兵,张艳,2018.城市更新中的市场主导与政府调控:深圳市城市更新"十三五"规划编制的新思路[J].城市规划学刊,244(4):81-87.

缪春胜,覃文超,水浩然,2021.从大拆大建走向有机更新,引导城中村发展模式转型:以《深圳市城中村(旧村)综合整治总体规划(2019—2025)》编制为例[J].规划师,37(11):55-62.

吴军,孟谦,2021.珠三角半城市化地区国土空间治理的困境与转型:基于土地综合整备的破解之道[J].城市规划学刊,263(03):66-73.

杨慧祎,2021.城市更新规划在国土空间规划体系中的叠加与融入[J].规划师,37(8):26-31.

林隽,吴军,2015.存量型规划编制思路与策略探索:广钢新城规划的实践[J].华中建筑,33(02):96-102.

第八章　片区层面的城市更新规划

　　片区层面城市更新的主要目标是解决项目制城市更新背景下"个案式"更新与城市协调发展的矛盾,项目局部得益与整体利益失衡的矛盾。通过整合片区内的各更新项目和更新单元的用地功能、统筹公共服务和市政设施要素,促进片区利益统筹,推动成片连片更新;避免碎片化更新规模叠加带来容量超载、土地用途冲突等合成谬误。片区层面的城市更新规划大多为非法定空间规划研究,是多个城市更新单元或项目统筹的规划类型,并对城市更新详细规划的修编提供指引。在城市更新的战略性地区或多个更新单元集中的地区,片区更新规划是利益平衡和实施统筹的平台。本章通过三个案例,介绍了广州城市更新片区策划、深圳城市更新片区统筹规划和上海城市更新区域评估的规划内容框架。上海城市更新区域评估并不是严格意义上的城市更新片区规划,区域评估的作用在于通过开展公共要素的实施评估,明确各类要素的提升要求,为控规局部调整、协调具体更新项目的规划编制提供依据。但是从规划方法和阶段来看,区域评估对于开展成片更新具有重要作用。

第一节　广州城市更新片区策划

一、广州城市更新片区策划概况

　　广州编制片区策划方案的初衷是:解决土地权利人自主更新带来的空间碎片化、公共服务设施供给不足等问题;通过对战略性地区或多个更新单元、项目集中地区开展规划研究,加强政府土地储备,推进成片连片更新。2016年,广州颁布《广州市城市更新办法》,规定纳入城市更新片区实施计划的区域,应当编制片区策划方案。同年,广州颁布了《广州市城市更新片区策划方案编制指引(试行)》,规范片区策划方案编制的技术内容框架。2020年,广州市住房与城乡建设局印发了《广州市城市更新片区策划方案编制和报批指引》,进一步规范片区策划方案编制的技术内容和工作流程。片区策划方案的编制任务是对城市更新片区的目标定位、更新项目划定、更新模式、土地利用、开发建设指标、公共配套设施、道路交通、市政工程、城市设计、利益平衡及分期实施等方面作出安排和指引,明确地区更新实施的规划要求、协调各方利益、落实城市更新目标和责任。城市更新片区策划方案的编制强调对历史文化的传承延续,对城市公共利益的保障及对相关权利人合法权益的尊重,平衡公众、权利人、参与城市更新的其他主体等各方利益。随着近年来成片连片改造项目的推进,广州逐步形成了重点地区整体收储(政府主导)、旧村全面改造(自主改造/合作开发)、国资地块的土地整备(合作开发)三种成片连片改造模式(许宏福 等,2020)。

　　城市更新片区策划的范围结合城市更新专项规划、城市发展战略、国土空间总体规划等上位规划划定。综合考虑以下因素：一是协调道路、河流等自然要素及产权边界；二是保证基础设施系统和公共服务设施相对完整；三是符合成片连片和有关技术规范的要求。另外，由于更新片区策划方案还涉及更新单元详细规划优化修改建议的内容，所以片区范围的划定与城市更新单元划定相衔接。广州对于更新片区策划的规模没有强制性的要求，一般而言不小于 $50hm^2$，可以包括一个或多个城市更新单元和项目，以实现对更新单元的整体统筹，传导设施配建要求。

二、广州市荔湾区大坦沙岛片区更新策划案例

(一) 项目概述

大坦沙岛处于广州荔湾区、白云区与佛山南海区三个行政区的交界地区，是广州与佛山西联的桥头堡，承担着疏解荔湾旧城人口的职能。大坦沙岛的区位优势和景观资源突出，对比荔湾旧城区更具备改造提升地区品质的潜力，并且能够带动周边未改造区域的更新。

在"广佛同城化"和"三旧改造"政策指引下，大坦沙岛面临新的发展机遇，开启了更新改造的片区策划方案编制。大坦沙岛旧村改造较早从空间统筹、规模统筹、设施统筹等方面，探索了片区策划方案编制的技术方法和组织模式。大坦沙岛片区策划将全岛整体纳入片区更新范围，主要涉及坦尾、河沙、西郊三个经济联社集体用地及国有用地 34 宗，面积约 $3.55km^2$（图 8-1）。

(二) 技术逻辑导向的规划内容

1. 开展现状及相关规划分析

资料收集包括社会经济基础、土地权属、建筑现状、历史文化现状、规划及建设设想五个方面（图 8-2）。结合收集的资料，详细梳理和分析人口及经济发展、用地、建筑、公共服务设施与市政基础设施、历史文化资源、留用地、飞地等现状情况；进一步对片区范围现状人居环境、用地结构、设施配套、道路交通、绿地景观、产业发展、土地权属、改造意愿等方面予以评价，梳理片区内可用存量资源，明确留、改、拆的范围。

同时，梳理国民经济和社会发展规划、国土空间规划、城市更新专项规划，对接城市更新的重点工作与项目计划、基本生态控制线及其他专项规划内容。结合上位规划要求、生态保护红线、工业产业区块线、重点基础设施控制线等，明确片区更新的刚性控制条件。

2. 片区更新策划方案编制

1) 明确片区发展策略框架

考虑到大坦沙岛周边区域商务办公空间、高端服务产业缺乏，公共服务设施欠缺的现状，规划提出打造广州西联佛山的桥头堡以及服务广州西部的品质宜居、公共服务中心。根据可用资源、刚性控制条件和发展条件，提出片区发展策略框架，包括：片区总体发展目标定位与主导功能，明确片区产业导入意向；进一步提出片区公共服务设施、市政基础设施、道路交通、生态环境等方面的发展目标及其规划诉求。结合交通、市政等承载力评估及城市形态控制等，综合分析得出大坦沙岛总体开发规模的上限指标。

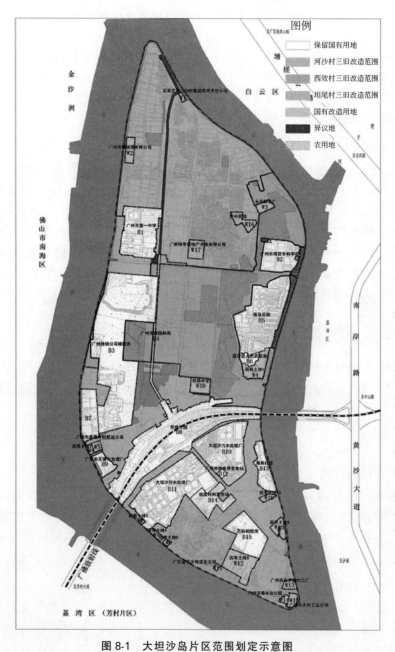

图 8-1   大坦沙岛片区范围划定示意图

来源：广州市城市规划勘测设计研究院. 大坦沙岛更新改造规划方案[R]. 2012

一、社会经济基础资料

1. 村现状人口资料，需当地公安部门及街道确认盖章

(1)村户籍人口数、户数持宅基地证或集体房产证的户数情况

(2)村范围内拥有房屋产权的非村民人员构成，分类统计人数、户数

(3)村域现状流动人口

(4)村域常住人口总数

2. 近五年村集体收支财务公开数据，需经村集体、当地街道办、当地水务和农业局盖章确认

二、土地权属资料

1. 最新的1：2000地形图(西安坐标和广州坐标的电子文件)

2. 村集体土地勘界测绘成果，需国土部门确认盖章

3. 村用地信息

(1)区分村属土地、集资房用地、国有土地、争议地的边界，并提供用地权属边界范围及权属用地面积

(2)现状、2006年土地利用现状调查、第二次全国土地地类现状图

(3)有合法手续建设用地(已办理土地使用证，包含已落地和未落地的留用地指标)的证件及复印件、宗数和红线

(4)无合法手续建设用地的建设时间宗数和红线，并提供相应的证明材料

(5)近三年农用地转建设用地申请与批准情况，如有获批相关转用指标，提供相关材料

(6)历年征用地情况，村域范围内历年征用地情况，每宗征地需详细列明征地单位、证号、红线范围、面积、使用性质等信息

三、建筑现状资料

1. 村建筑入户实测成果(包括住宅建设量、物业建筑量、公共服务设施和基础设施建筑量)，需国土部门确认盖章

2. 成果要求"一户一册一图一表"，每户须附户主户口簿复印件

四、历史文化现状

1. 村集体土地范围内是否有文保单位，如有这类，需提供文物建筑红线图

2. 村集体土地范围内古树、古井等历史环境要素的分布情况，需提供历史保护要素统计表，并在地形图上标示位置

五、规划及建设设想

1. 村居住安置用地的选址范围及要求

2. 村复建物业建筑的选址范围及要求

3. 村未来集体经济及产业发展设想

4. 融资地块的选址范围及要求

图 8-2　大坦沙岛片区策划基础资料收集清单

2)进行规模统筹,测算建筑总量及改造成本

片区策划中建设总量的测算直接影响到复建安置的可能性,通过融资实现改造经济平衡的可行性,兼顾地区设施的承载力。面向实施计算拆迁补偿总量、总体建筑容量、复建和融资容量,及总体改造成本。测算方法如下。

(1)留改拆和复建建设量。

基于权属主体和改造意愿,确定保留、改造和需要拆除的建设量。根据政策要求确定复建建设量的核定方式,分别测算复建安置住宅总量、复建集体经济物业总量、复建安置区公建配套总量,统计复建总量(图 8-3)。

(2)更新改造成本。

城市更新涉及大规模的资金投入,主要包括测量费、方案编制费用等前期费用,拆迁费用、复建费用及其他相关费用(图 8-4)。其中拆迁费用、复建费用是成本的主要组成部分,需要结合房屋拆迁、复建总建设量的测算情况,按照政策核算更新项目改造成本。

(3)更新融资建筑总量。

从改造实施可行性角度,结合上述测算得出的更新改造成本和按政策评估的融资楼面地价,测算经济平衡所需的融资建设量,并按照设施配建的比例要求测算融资区的公建配套建设量,汇总得出融资建筑总量(图 8-5)。

(4)确定更新总建筑规模。

汇总更新片区的复建总建设量、融资总建设量、公建配套建设量等,得出保障更新实施推进所需的总建设量,并对比片区发展策略中研定的总体开发规模上限,判断更新改造是否可行。若更新需要的总建设量突破片区开发规模上限,则改造无法实现就地经济平衡,需要异地平衡改造建设量,或提出资金筹措策略安排。若更新需求总量没有突破片区开发规模上限,则可实现改造的就地经济平衡,按需求规模确定片区建筑总量。规模上限对比改造需求有盈余的,盈余部分可由政府统筹安排用于公益性设施(图 8-6)。

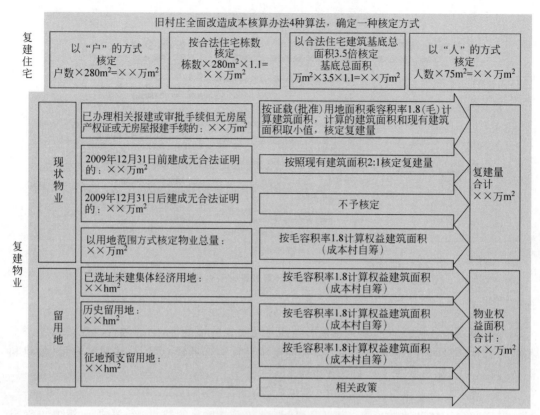

图 8-3　复建总建设量核算示意

来源：根据《广州市旧村庄全面改造成本核算办法》等政策文件整理

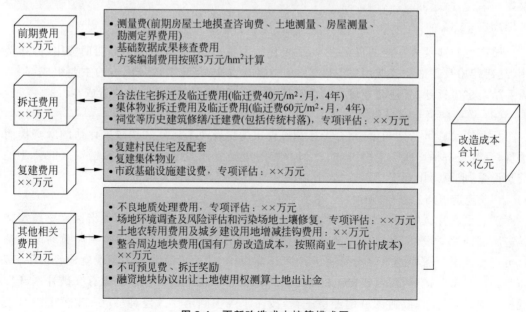

图 8-4　更新改造成本核算模式图

来源：根据《广州市旧村庄全面改造成本核算办法》等政策文件整理

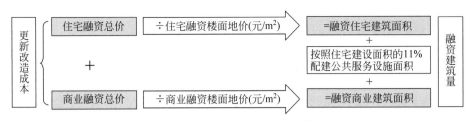

图 8-5　融资建筑面积测算思路

来源：根据《广州市旧村庄全面改造成本核算办法》等政策文件整理

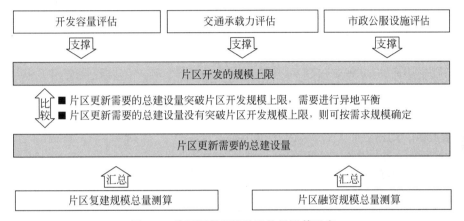

图 8-6　片区更新规模总建筑量测算示意

　　大坦沙岛片区按照上述步骤测算了旧村住宅、物业的拆复建成本,旧厂房、旧城镇征收补偿业主方的成本,设施建设成本及其他相关成本等,全岛纳入改造成本总计为 117 亿元(表 8-1)。结合融资地价评估结果,测算需要的融资建筑总量约为 191 万 m²。含复建安置建设量,全岛规划总建设量为 605 万 m²,规划毛容积率为 1.7,拆建比为 1∶1.6,经测算满足交通、市政设施承载等要求。

表 8-1　大坦沙岛片区更新改造成本构成一览表

	成 本 项 目	备　注
1	纳入改造总成本的村,拆复建成本	河沙、西郊、坦尾纳入改造成本总和
2	国有单位用地改造成本	包括国有旧工厂、旧城镇改造成本
3	市政基础设施成本	按 6 亿元/km² 预估国有用地市政基础设施投入(不包含快捷路、快捷路立交桥和过江通道的建设成本)
4	全岛地质处理成本	根据地质评估专题,纳入改造成本的地质处理费用为 5 亿元,包含以下几个方面:村及国有单位自主改造用地、公共服务设施用地、市政设施用地、停车场地、道路,并预留 10% 的风险系数成本。不纳入成本的地块为保留地块和不需要作地质处理的绿地水系等

续表

	成本项目	备注
5	公共服务与市政设施专项成本	全岛规划新建独立占地的公共服务与市政设施建设总成本
6	农用地收储	收储农用地,其中返还给10%农用地不给予征地款,以36万元/亩计其余农用地收储成本
7	农用地和未利用地征收的相关税费	包括复垦费、耕地占用税、新增建设用地使用费、征地管理费
8	前期可研、设计、测量等咨询费	按实际发生额计
	1~8成本之和的不可预见费	以上各项成本小计的5%计不可预见费

3)进行空间统筹,提出用地布局方案和土地整理策略

(1)提出用地布局方案建议。根据上位规划要求,兼顾土地权属人及相关利益人的诉求和意见,提出用地布局思路。围绕片区商务旅游、休闲娱乐的核心功能,生态居住、商业服务及其他扩展功能,提出片区总体空间结构,进而提出用地布局方案建议,并明确复建安置区和融资区的用地分布(图8-7)。

彩图 8-7

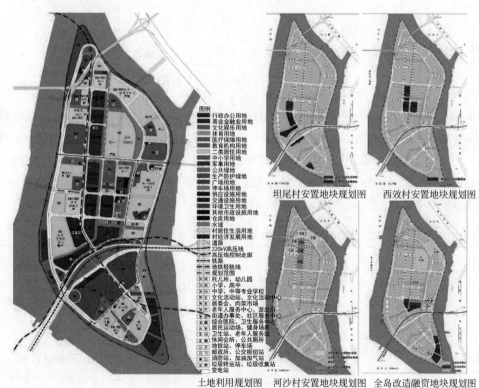

图 8-7　大坦沙更新规划用地布局方案

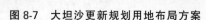
来源:大坦沙岛更新改造规划方案.广州市城市规划勘测设计研究院[R].2012

（2）制定片区土地整理策略。梳理片区范围的土地权属情况、土地利用现状、国土空间总体规划建设用地规模及调整的相关说明，补纳标图建库情况、"三地"及超标"三地"分析、拆旧复垦说明、农转用说明、完善历史用地手续情况等。涉及整合国有用地、土地置换或异地平衡的，需明确整备主体、实施路径及权属情况。对于集体建设用地，采取以下三种土地整理方式：一是作为集体复建安置用地的，保留集体土地性质；二是作为改造融资用地的，转为国有建设用地，开发所得收益用于支持大坦沙岛的更新改造；三是作为公共服务、市政道路设施、政府政策性住房（含国有城镇住宅复建房）等公益性用地的，转为国有建设用地，该部分用地和设施，由改造主体实施建设，后移交给政府统筹。另外，农用地需办理农用地转用手续，并将边角地、插花地、夹心地按照政策纳入改造范围进行整体改造。在全岛统筹改造的前提下，针对各个国有单位的不同情况及规划情况采取现状保留、政府公益性收储两种土地处置方式。

4）进行设施统筹，提出配套设施布局建议

根据规划居住建筑总量，以广州市标准（户均面积取 $100m^2$/套，户均人口 3.2 人）推算得出片区服务人口约 11 万人。结合人口规模和分布情况，按照政策要求标准配置教育、医疗、文化、城管、体育、养老、配送等公共服务设施，明确各类公共服务及市政基础设施的种类、数量、分布和规模，并配建公共租赁住房、市场化租赁住房、共有产权房和人才公寓，最终提出公共服务设施、市政公用设施的用地布局与占地规模。

大坦沙岛的公共服务设施按照服务层级分为三级：区域统筹级公共服务设施、居住区级公共服务设施与居委小区级公共服务设施。规划的区域统筹级大型商业及公共服务设施主要集中分布在两个地区：沿桥中路以东及双桥路以北形成的倒 T 型商业轴带和大坦沙岛南部沿江地带。规划的居住区级及居住小区级公共服务设施主要根据规划的居住用地，考虑设施的服务半径和居民使用的便利性，结合小区中心和规划绿地综合考虑布局。

在交通设施方面，规划形成"一环两纵四横"骨架路网格局，并提出细化立交节点设计，解决岛内交通通畅问题。加强公共交通规划，形成 4 条岛内公交环线与坦尾站和河沙站 2 个轨道站接驳，打造集停车、公交换乘、建筑、地下空间于一体综合开发的 2 个交通枢纽。优化组织进出岛交通，严格控制岛上低等级道路直接汇入快捷路主线；优化过江通道的立交设计，保证交通主线畅通。在道路断面上落实慢行空间，打造主要慢行道、次要慢行道及滨水慢行专用道三级慢行系统。市政设施方面，针对给排水、电力、电信、燃气、环卫等工程提出规划原则，并落实具体的设施位置和规模安排。

5）确定历史文化资源保护措施

针对历史文化遗产保护对象的核查情况，明确片区范围涉及的历史文化遗产保护内容，落实各层次保护规划要求，对保护对象提出具体的保护利用措施。

(三) 实施逻辑导向的规划内容

1. 提出控制性详细规划修改建议

提出对更新单元详细规划修改建议的主要内容，包括地块划分、用地性质、地块开发强度、公共服务设施、市政基础设施、道路交通、绿地景观系统等方面的建议。此外，重点对城市开放空间组织、公共空间体系、建筑高度控制、片区整体形态控制、街道界面控制等内容提出更新片区城市设计指引。

2. 提出片区更新实施模式安排

城中村改造主要采取"自主改造、协议出让"的方式。大坦沙岛3个村——坦尾村、西郊村和河沙村位于广州市城市重点功能区,是对完善城市功能和提升产业结构有较大影响的52个"城中村"中的三个。按照上位规划要求,除保留部分在建和新建项目以外,以整体拆除重建为主实施全面改造,并采取"自主改造、协议出让"的改造模式。其主要过程包括依法成立全资子公司,项目立项,办理规划许可申请,协议出让,办理土地相关手续,组织实施拆迁及办理国土土地使用权登记等过程。

对于国有用地的改造,则针对各单位的不同情况及规划情况,采取现状保留和政府公益性收储两种改造模式。一方面,对岛上符合城市发展目标与整体地区定位,且有合法手续的15宗国有单位用地予以保留。另一方面,按照方案对控制为道路、绿地及其他非营利性公共服务设施的19宗国有用地,由政府依法收回并根据相关规定给予合理补偿。

3. 制定项目更新实施指引

一方面,提出用地腾挪、分期滚动改造的分期实施方式。通过"搬积木"的腾挪改造方式分期滚动改造,以缓解全岛一次性改造所面临的资金压力和风险,保障改造主体经济发展的延续性。另一方面,通过挖掘土地潜力,分阶段腾挪空间,实现用地功能的置换和居住环境的改善。提出分期完成的具体时序安排,其中3年内完成村民住宅及其生活配套的拆建、复建;5年内完成村集体物业的复建改造、全岛的市政基础设施和公共服务设施建设;融资地块的分期实施计划由融资方视开发经营情况而定。

第二节　深圳城市更新片区统筹规划

一、深圳城市更新片区统筹规划的概况

随着市场化导向的更新单元规划实施的推进,深圳"全市更新专项规划＋更新单元规划"两级管控体系的不足越发明显。具体表现为以下几个方面。

(1) 碎片化更新削弱了城市更新单元的统筹作用:更新单元和项目之间缺乏整体性考量,零星更新导致大型公共设施难以落实,开发规模叠加形成空间谬误。

(2) 法定图则由于编制时间较为久远,难以应对更新地区发展目标变化带来的用地功能调整需求。部分法定图则中的现状保留用地,由于被列入城市更新年度计划,亟待进行功能和结构的改变,这就需要对法定图则进行优化评估。

(3) 以拆除重建模式为主的房地产开发导向带来城市去产业化危机,产业用地更新陷入了"工改地产化,连片改造难"的窘境。城市更新亟须探索在较大的空间范围协调各类更新单元和更新项目的实施,统筹分配开发增量指标,协调城市功能结构、保障社会公共利益。深圳法定图则的优化也需要借助于片区层面的城市更新统筹规划协调复杂的管控

要求。

2016年深圳"强区放权"改革赋予各区开展城市更新和土地整备更多的自主权和责任。城市更新项目决策由原先的市级行政部门主导转变为区级政府主导,更加关注更新实施的综合效果。在此背景下,各区政府积极推动城市更新片区统筹规划,整合更新单元和零星项目,克服碎片化改造带来的空间合成谬误,落实基础设施和公共服务设施的总体布局;片区统筹规划体现了区级政府对辖区土地开发和整备的思维,为产业和社会民生项目的落地提前整备空间。

城市更新片区统筹规划借助土地储备、房屋征收、综合整治、拆除重建等手段,通过对集中连片更新地区进行整体统筹;综合考虑规划功能、交通组织、公共配套、自然生态等因素,统筹划定各单元边界,统筹用地贡献和公共服务设施配置,以统一规则协调多元利益,解决片区内的土地历史遗留问题,并制定各单元规划设计条件,提出实施方案和时序。片区统筹规划可分为空间统筹、利益统筹和实施统筹三大部分。通过空间统筹重新划定单元边界,通过拆建比规则的利益统筹确定各单元内配套要求及开发量,通过分期及实施统筹各单元的开发方式,推动存量地区的连片更新,促进公共服务设施和连片产业空间的用地供给(戴小平 等,2021)。

二、华强北片区城市更新片区统筹规划

(一) 片区概述和规划背景

华强北(旧称"上步片区")在20世纪80年代是改革开放后深圳发展"三来一补"产业和推动国家电子工业起步的"试验田",而后随着深圳城市结构的变迁和产业的迁移,在极短时间内完成了从工业区到商贸中心的转型。如今的华强北片区是全球最大的电子信息产业生产资料集散地,也是珠三角乃至中国电子信息产业的窗口。

《深圳市福田区现代产业体系中长期发展规划(2017—2035年)》将华强北定位从以电子为特色的综合商贸区提升为"全球智能终端创新中心",成为福田区构建"科技＋金融＋文化"完整产业结构的重要支点。然而,片区利用原旧工业区空间承载商贸功能的转型过程,并未充分适应创新型产业的发展要求。高品质、低成本的产业空间不足,基础设施滞后,以20世纪80年代轻工业区为基础的建成环境,在公共空间、地下停车、物流仓储、公共配套方面还有许多欠账。

早在20世纪90年代初,华强北已开发建设用地占片区总面积98%以上,是深圳最早面对存量发展难题的建成区之一。2008年,华强北首次编制《上步片区城市更新规划》,确立了片区整体容量规模,制定了基于更新单元的开发容量分配原则,并对更新单元之间的实施时序和公共空间的衔接做了统筹指引,形成了指引片区更新改造的纲领性文件(图8-8)。经过10年的发展,华强北面临的新的发展问题,包括以下几个方面。

(1)碎片化的拆除重建带来了空间割裂、公共服务设施配套不足、基础设施欠账等问题。尤其是支撑商贸活动的仓储、物流空间极度稀缺。

(2)市场主体推动工业厂房更新改造通常指向高端商业办公用途,使得片区租金成本

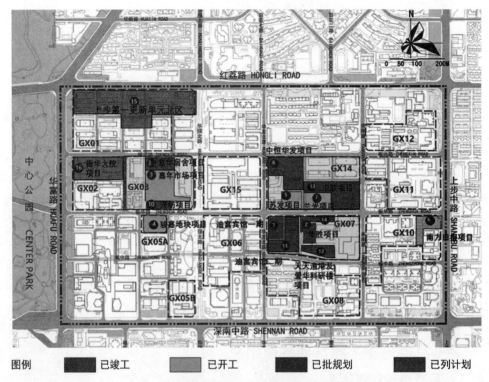

彩图 8-8

图例　■ 已竣工　　■ 已开工　　■ 已批规划　　■ 已列计划

图 8-8　华强北既有城市更新项目进展情况

来源：福田区华强北片区城市更新统筹规划.深圳市城市规划设计研究院股份有限公司[R].2019

成倍提升。大量现状保留的老旧厂房经多年频繁改造后,结构安全隐患逐渐累积,且工业用地使用权也已到期,带来经营的不确定性。

（3）高品质、低成本、成规模的研发办公和会议、展览等共享空间稀缺,许多看好华强北的外来电子企业也最终无法在华强北片区内找到合适的物业。

华强北片区城市更新统筹规划（2019）的目标是解决有限的空间承载力与新产业功能叠加升级的矛盾。通过对 2008 年《上步片区城市更新规划》和 2013 年片区法定图则进行评估与调整,重点推动华强北片区产业转型升级和产业空间供给侧改革,引导片区城市更新从零散实施向统筹实施转变。

(二) 技术逻辑导向的规划内容

本轮更新统筹规划在技术层面包括以下工作重点:在对片区发展的现状和改造方式研判的基础上,对片区开发权分配、用地规划做出精细化调整指引,并协调相关支撑体系的建设要求,从而为后续开展法定图则调整提供技术支撑。

1. 深入现状调研,识别片区发展基础和特征

项目组基于产业部门调研、数据分析、实地走访,将华强北片区 16000 余条企业经营地点和经营状况数据进行三维标记和可视化,识别出电子专业市场仍是片区产值规模最大、

优势最明显的根基产业,主要分布在华强北路两侧街区,进而划定了华强北供应链产业核心集聚区范围。产业空间需求专题研究中引入深圳电子商会专业团队,分析得出电子元器件供应网络和相关产业链的配套能力是华强北"中国电子第一街"的产业生态根基,以及未来推动产业创新转型的主要资源。产业核心区范围既指明了片区产业转型升级所依托的根基,也聚焦了现状交通、物流矛盾冲突的主要区域。

2．多因子评估更新对象,优化更新策略分区

依据深圳城市更新计划立项政策、现状产业基础、城市设计和规划导向三个维度,将现状地块的土地权属、出让年限、建设年代、风貌质量、区位条件、配套短板、更新意愿、产业价值、规划导向、城市设计等指标作为评价筛选标准,将片区具备更新条件和需求的用地进行精准识别评估,研判城市更新对象。

选取现状空间老旧、更新意愿较强、对片区整体提升价值明显的区域作为拆除重建类的统筹单元,同时绑定公共利益贡献的要求,以保障片区城市空间、公共配套、基础设施得到同步提升。华强北路两侧单元调入保留提升为主的单元,原则上以综合整治为主、局部拆建为辅,避免短时间内集中拆除重建对产业根基造成不可逆的破坏(图8-9)。

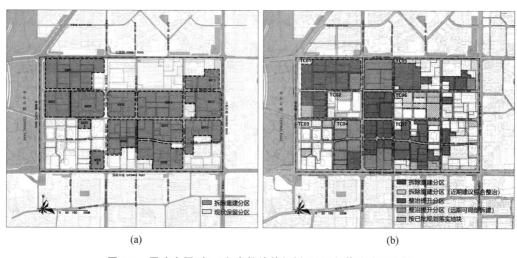

彩图8-9

(a)　　　　　　　　　　　　　　　　　(b)

图8-9　原法定图则(a)和本轮统筹规划(b)更新策略分区比较

来源：福田区华强北片区城市更新统筹规划.深圳市城市规划设计研究院股份有限公司[R].2019

规划参照现行政策,对中轴商贸片区预留了综合整治与局部拆建的所需增量。同时,适度调入建设规模指标纳入两翼,使统筹更新具有基本的经济可行性,提升公共利益贡献的标准以确保片区城市空间、公共配套、基础设施得到同步提升。最终确定约占片区面积18%的拆除重建范围,集中落实新增公共利益空间,剩余区域保留和有序提升公服设施,促进片区的有机更新。

3．精细化城市设计提供高质量城市空间

规划编制参考详细规划深度,除了达到衔接法定规划调整所必需的用地布局和公共设施布局等刚性内容外,还增加了产业空间需求与城市设计专题研究内容,支撑刚性规划条

件和经济指标分配的合理性,将抽象普适的规划标准与片区特征结合。产业空间需求分析得出华强北片区主要定位为智能硬件创新研发中心,所需空间与现状老旧工业厂房或法定图则规划的商业办公功能都不尽匹配。城市设计提出延续华强北混合、高密、高效的空间特质,在15分钟步行半径内整合专业市场、低成本研发用房、高品质研发办公等空间类型,为各种类型和成长阶段的企业提供发展空间。规划提出缩短创新产业链条中不同环节的时空距离,形成"一小时创新迭代圈"的构想,通过规划用地指标和城市设计导则落实理念。

4. 明确公共住房供应和公共服务设施供给水平

居住成本和生活配套是城市吸引创新人才的重要因素。本轮统筹规划对公共服务设施供给和规划居住人口进行了供需校调分析,确保规划居住人口与片区有限的公共服务设施容量相匹配,并达到《深圳市城市规划标准与准则》所要求的服务水平。为响应加大住房供应、平抑居住成本的政策方针,规划测算并明确了公共住房的总量,各单元配套公共住房供应下限要求。公共服务配套提升方面,通过在统筹单元内增加和扩建中小学、幼儿园以补充学位,构建"工作-居住-教育"15分钟生活圈。

5. 对接法定图则,调整优化规划用地与支撑体系

本轮统筹规划提出了规划用地和支撑体系的调整优化方案。规划在保持法定图则干路和一级支路网不变的前提下,对地块划分进行了优化;在保证法定图则规划的公共用地和设施规模不减少的前提下,根据规划需求校核进行设施扩容与布局优化。为支撑创新产业发展,规划提出在延续片区主导功能的前提下,提升新型产业用地(M0)的兼容比例,并向重点产业统筹单元集中。

在优化规划用地的同时,更新统筹规划对相关支撑体系进行了全面梳理和调整。规划开展了城市设计、综合交通、市政工程、绿色更新等专题研究,形成了地上地下公共空间、道路网络、公共交通站点布局、慢行交通、静态交通、物流仓储、给水工程、雨水工程、污水工程、通信工程、电力工程、燃气工程、海绵城市建设等支撑体系,为下阶段法定图则的优化提供了技术支撑。

(三) 实施逻辑导向的规划内容

本轮统筹规划延续了2008年开展的《上步片区城市更新规划》所奠定的更新实施思路,即按照统筹单元进行规划管控。除技术层面衔接法定图则调整外,进一步从立项管理、增益管理、技术管理等层面推进城市更新的统筹实施。

1. 立项管理:提出城市更新单元整体申报范围指引

片区内既有的深圳市第一批试点城市更新单元在2011年前后陆续获得规划批复,但由于当时深圳城市更新单元计划、规划管理和实施监督的相关制度尚未完善,项目立项管理中出现项目小型化、碎片化问题。

本轮统筹规划进一步划分面积 5hm² 以上、功能特征和空间边界相对完整的统筹单元作为指标分配、责任绑定和项目申报的基本单元(图8-10)。统筹单元导则要求统筹单元范围申报城市更新单元计划需首先对所有业主开展意愿征集,协商一致后形成单一的申报主

体,从而落实统筹规划和法定图则对统筹单元提出的规划指引,降低实施过程中多主体博弈的交易成本,也为政府规范城市更新立项审查提供了技术支撑。

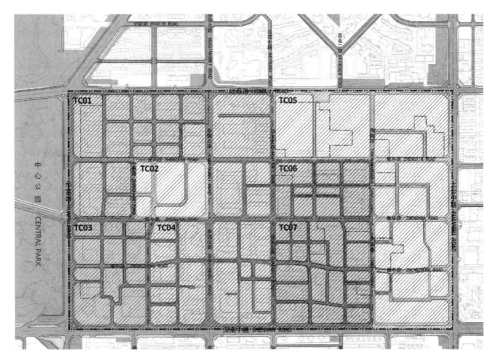

彩图 8-10

图例 ▨ 重点产业单元　　▨ 整治提升单元　　▨ 商业办公单元　　▨ 生活配套单元

图 8-10　华强北城市更新统筹规划单元划定

来源:福田区华强北片区城市更新统筹规划.深圳市城市规划设计研究院股份有限公司[R].2019

2. 增益管理:建立统筹单元建筑增量的上下限

在优化更新策略分区的同时,规划结合技术评估与经济测算,从片区整体层面测算并提出各单元的开发权分配方式。规划基于城市设计和基础设施、公共服务承载力的评估,提出在维持片区法定图则设定的建设总量上限的基础上,建立分配规则,优化增量分配,促进更新实施。进而,规划结合更新策略分区、城市设计与初步经济测算,优化统筹单元内的地上、地下建设规模和建筑高度分区等空间要求,重新调整各个统筹单元的开发增量规划上限值,保证各单元扣除公共利益贡献之后的净拆建比基本一致。通过设定增量分配在更新实施中的结余、转移规则,提高片区增量分配机制在中长期的适应能力。

在深圳本轮国土空间规划体系改革中,法定图则将按照标准单元进行建筑总增量管控,具体地块的建筑量等规划指标在符合标准单元刚性管控要求的前提下,由更新单元规划具体深化明确。本次统筹规划将为标准单元内部的建筑增量分配提供参考,指导更新单元规划编制。

3. 技术管理：编制城市设计导则服务技术审查

规划通过编制单元城市设计导则，辅助区级城市更新主管部门开展片区内申报城市更新单元的技术审查工作。导则提出了统筹单元内的地上、地下建设规模、各地块配建公共设施规模等指标的取值建议。同时依托三维城市设计导则示意，提出了片区建筑高度、建筑退线、开发建设用地内绿地广场空间布局、机动车出入口布局、架空步行连廊和地下步行通道位置、裙房活力功能布局、地下仓储中心和货运流线布局等空间形态指引，为城市更新单元精细化的设计审查工作提供技术支撑（图 8-11）。

彩图 8-11

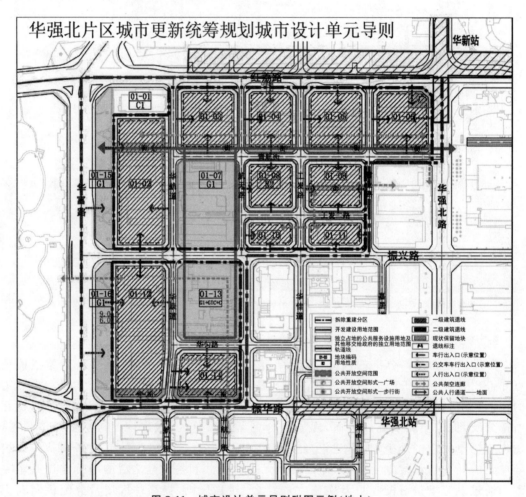

图 8-11 城市设计单元导则附图示例（地上）

来源：福田区华强北片区城市更新统筹规划. 深圳市城市规划设计研究院股份有限公司[R]. 2019

综合来看，这一轮的统筹规划旨在通过"留改拆"多措并举，推动片区多元主体形成合力。统筹规划对于开发权和空间形态的双重导控思路将融入法定图则和更新单元规划的编制工作。

第三节　上海城市更新区域评估

一、上海城市更新区域评估的技术框架

2015 年,上海市颁布了《上海市城市更新实施办法》,建立了以"区域评估＋实施计划"为核心的城市更新区域评估技术框架。城市更新区域评估旨在确定地区更新需求,适用更新政策的范围和要求。评估"缺什么",明确"补什么",将公共要素的"补缺"作为适用更新政策的前提。城市更新区域评估以单元规划要求为基础,从已批控制性详细规划的实施情况、相关标准的实施、地区发展诉求、其他要求四个方面开展城市更新单元评估,形成公共要素清单,明确各更新单元内应落实的公共要素的类型、规模、布局、形式等要求。城市更新区域评估的具体技术流程如下。

(一) 进行地区评估

按照控制性详细规划,统筹城市发展和公众意愿,明确地区功能优化、公共设施完善、城市品质提升、历史风貌保护、城市环境改善、基础设施完善的目标、要求、策略,细化公共要素配置要求和内容。

(二) 划定城市更新单元

按照公共要素配置要求和相互关系,对建成区中由区县政府认定的现状较差、改善需求迫切、近期有条件实施建设的地区,划定城市更新单元。更新单元应以更新项目所在地块为核心,宜以单元规划确定的近期更新街坊为基础,结合实际更新意愿,选择近期有条件实施建设的范围划为更新单元;实践中更新单元一般等同于控规编制单元。城市更新单元一般最小由一个街坊构成,一个更新单元内可以有一个或多个城市更新项目。城市更新单元可根据具体更新意向进行增补,也可在城市更新实施计划阶段根据具体更新项目进行范围调整。

(三) 开展公共要素评估

城市更新区域评估的核心内容是对城市功能、公共服务设施、历史风貌、生态环境、慢行系统、公共开放空间、基础设施和城市安全七个方面的公共要素进行重点研究。具体包括以下两个方面。

一是结合地区需求和公众意愿调查,明确公共服务设施缺口。在更新评估阶段,就地区发展需求、民生诉求广泛开展调查、征求意见,并明确公众参与的对象和方式,公众参与的过程和结论等内容。公众参与的对象应当包括本地居民、街道或镇政府及利益相关人。对于更新单元所在范围的居民意见调查,应详细说明调查的范围,接受调查的居民构成、调查方式、调查过程及调查问卷的分析处理等内容。

二是结合公众意愿和地区发展需求,从服务半径合理性、实施急迫度、实施可能性三个方面开展评估,提出该地区亟待改善的公共要素类型和规划控制要求。公共要素清单的深度建议见表 8-2。

表 8-2　公共要素清单的深度建议

内　　容	深　度　建　议
功能业态	判定现状功能是否符合功能发展导向,提出提高业态多样性和功能复合性的对策建议
公共设施	明确现状需增加配置的社区级公共设施的类型、规模和布局导向 明确现状邻里级、街坊级公共设施的改善建议
历史风貌	针对历史文化风貌区、文物保护单位、优秀历史建筑、历史街区的区域,梳理需遵循的保护要求 提出城市文化风貌和文化魅力提升的对策建议
生态环境	提出是否需编制环境影响评估的建议,以及需重要解决的环境问题 对是否承担生态建设提出对策建议
慢行系统	提出完善现状慢行系统的对策建议,以及慢行步道的建设引导
公共开放空间	提出现状公共空间在规模、布局和步行可达性等方面的问题和对策建议
城市基础设施和城市安全	提出现状交通服务水平、道路系统、公共交通、市政设施、防灾避难、无障碍设计等基础设施和安全方面的问题和对策建议

来源:上海市规划编审中心.上海市控制性详细规划研究/评估报告暨城市更新区域评估报告成果规范(试行稿)[R].2016

(四) 编制意向性建设方案

初步明确更新单元内有意愿参与城市更新的物业权利人及其更新需求,以及在更新政策方面的诉求。初步确定更新项目主体,协商落实公共要素清单、适用的规划土地政策等,统筹形成意向性建设方案。明确实施计划阶段编制应重点关注或解决的问题,并提出有针对性的建议。

二、普陀区社区城市更新区域评估案例

(一) 项目概述和基础调研

2015 年,普陀区提出加快建设"科创驱动转型实践区,宜居宜创宜业生态区"的发展战略,拟通过社区更新梳理可用土地资源,推动全区各街镇统筹均衡发展,助推全区创新转型和谐发展。2016 年,普陀区提出以城市更新的途径解决社区长期存在的公共服务能力偏低、社区服务体系不健全、社区活力不足、社区自治能力不强等问题。该规划作为普陀区全社区更新的纲领性文件,从公共服务、宜居环境、文化邻里、创新就业、社区治理五大方面,统筹全区社区更新方向,并为区内控制性详细规划的局部调整、各类专项规划的协调、区域更新评估的专项研究和具体更新项目的规划编制提供依据。规划作为普陀区社区城市更新年度计划制定的重要参考,并且向下指导各街道层面及地块层面的更新规划编制。

在区域评估前期,项目组与复旦大学社会工作系的专家合作,通过问卷调查、居民深度访谈、街镇座谈、网上征询等方式,深入社区开展调查,征询当地居民、相关政府部门、街镇政府意见,摸清各街镇居民对公共服务设施的改善需求,街镇社区治理面临的问题。具体开展了以下调研。

　　首先,开展社区居家养老需求调研。以石泉街道为例开展了社区居家养老需求调研,深度考察不同类型老年人的需求。通过问卷调查,采用描述性统计与推论统计相结合的方式测量老年人的生理、心理、社会特征和服务资源的可及性。通过梳理社区为老年人服务的相关资源——包括政策资源和服务资源,描绘石泉街道居家养老地图,考察现有资源与老年人需求之间的匹配情况,从而为不同需求类型的老年人匹配适切的政策与服务资源,并为下一阶段的社区适老性更新工作的开展提供依据。

　　其次,开展了社区治理调研。项目组访谈了三类人群:①社区管理者,包括街镇办、居委会的领导及工作人员,了解他们对于本街镇的发展设想,管理工作中遇到的问题和难点;②业委会工作人员,了解业委会工作的主要问题,与物业、居委之间的协作关系;③不同类型社区的居民代表,通过座谈了解他们对公共服务设施和空间的需求,以及最希望改善的地方。

　　最后,开展了街镇座谈。选取具有典型性的长寿、真如、甘泉三个街道开展个案研究,了解各街镇发展中的工作思路、面临的问题及可用资源,增进社区成员的社会意识和社区认同感。座谈对象包括各街道办的社区事业办公室、社区服务办公室、社区平安办公室、社区自治办公室的负责人。

(二) 技术逻辑导向的规划内容

1. 多源数据评估人口结构与活动特征,促进公服设施精细化配置

　　通过从公安局人口办、统计年鉴、总规评估报告、街镇访谈获得的多源数据,分析各街镇人口数量及变化趋势、人口老龄化程度、外来人口情况、分布密度等情况,评估各社区养老、托幼、基础教育设施的供需情况,预测人口结构和年龄变化对各类公服设施的需求。进一步基于手机指令大数据构建分析模型,刻画居民职住关系和人口通勤联系度(图 8-12);选取特定时间段手机用户密度,通过商业布点与游憩人群密度叠加分析地区活力,从而为公共服务设施的精细化配置提供依据。

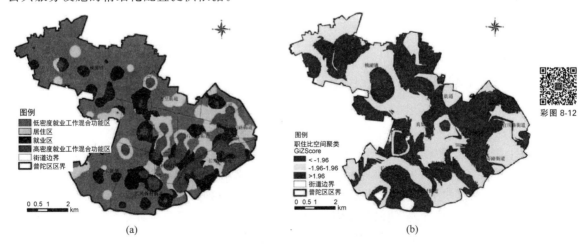

彩图 8-12

图 8-12　普陀区社区职住关系分析图

(a) 职住区域划分;(b) 职住比空间聚类

来源:上海复旦规划建筑设计研究院有限公司.上海市普陀区社区城市更新总体评估[R].2016

2. 创新社区公共服务设施综合评估模式,摸清社区家底和公共服务水平

公共服务设施的评估对象包括基础教育设施、养老设施、医疗设施、文体设施和绿地广场(图8-13)。对于区级公共服务设施,从设施的总量和层级配比、公共服务资源空间分布等方面,定量评估设施的供需和空间布局特征。对于社区级公共服务设施,改变传统公共服务设施评估对同类设施采取同一服务半径判断服务的方法,根据人口数量、设施规模、步行路径,分析公共服务可承载人口的定量评估和合理步行路径的定位评估,将两个范围叠加得出各居住地块人口所能获得的服务水平,得出各类社区级设施供需规模差距和空间服务水平,促进公共服务设施按指标配置转向按人的需求配置。

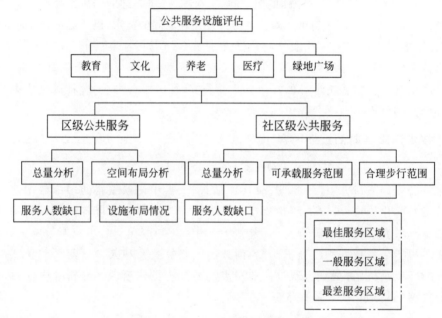

图 8-13 公共服务设施评估框架图

来源:上海复旦规划建筑设计研究院有限公司.上海市普陀区社区城市更新总体评估[R].2016

(三) 实施逻辑导向的规划内容

1. 区级层面:提出便民生活圈计划实施路径

注重教育、养老、卫生、文体、社区环境、社区就业创新等社区服务的完善、提升。对养老、医疗、教育设施,社区综合环境、社区文化、体育设施分别提出更新实施行动项目,完善15分钟社区生活圈的服务水平。通过更新公共服务和基础配套设施,增强基层自治能力,提升社会管理水平。同时,规划提出了六大社区更新目标(可持续、宜居、幸福、生态、学习、和谐)和七大行动计划(便民生活圈计划、幸福久龄计划、宜居普陀计划、社区针灸计划、乐活社区计划、宜创普陀计划、和谐共治计划)。各项行动计划都分别提出了行动要点、发展对策、主要项目,以及预期性和规定性指标。

2. 街道层面：制定更新指引的技术框架和社区分类

基于公共要素评估结论，综合街镇访谈及政府年度工作报告，提出更新方向、更新需求（功能业态、公共服务设施、社区居住环境、公共开放空间等）、更新策略；进而结合上位规划梳理各街镇更新项目库，对不同更新项目类型提出推进建议，以及落实这些建议需要进一步编制的规划清单（如城市设计研究、老旧小区综合改造、控规局部调整）。技术框架如图 8-14 所示。

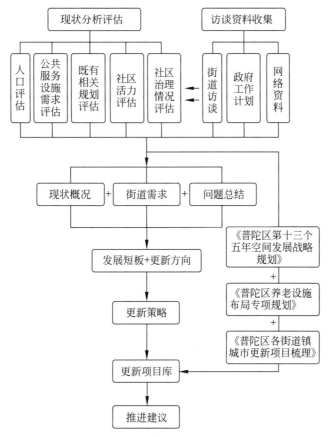

图 8-14　普陀区街镇更新指引技术框架

来源：上海复旦规划建筑设计研究院有限公司.上海市普陀区社区城市更新总体评估[R].2016

同时，规划结合街道工作实际、人口年龄构成、户籍人口密度等多个因子，以及社区的住房情况和年限，将普陀区 266 个居委社区细分为 10 类（图 8-15）。根据社区分类结果，对典型社区开展居委会、业委会访谈和居民座谈，倾听更新主体和居民的实际需求，提出物质更新指引和社区治理更新指引。

3. 项目层面：对更新实施项目展开绩效评议

通过"试点项目＋活动策划＋公众参与"构建城市更新项目与社区自治之间的纽带，将更新规划转译为行动计划。例如，规划为万里街道策划了"绿行万里"行动，在社区建设社区跑步

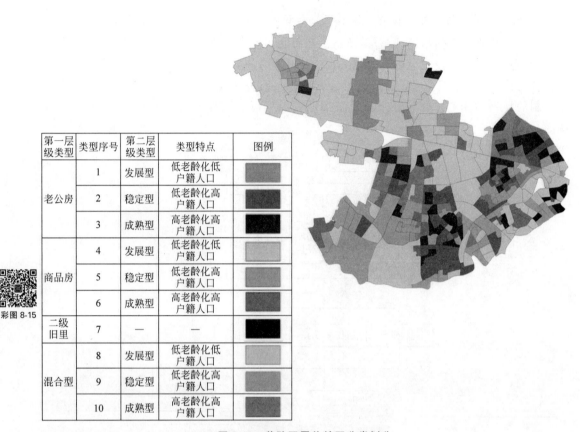

第一层级类型	类型序号	第二层级类型	类型特点	图例
老公房	1	发展型	低老龄化低户籍人口	
	2	稳定型	低老龄化高户籍人口	
	3	成熟型	高老龄化高户籍人口	
商品房	4	发展型	低老龄化低户籍人口	
	5	稳定型	低老龄化高户籍人口	
	6	成熟型	高老龄化高户籍人口	
二级旧里	7	—	—	
混合型	8	发展型	低老龄化低户籍人口	
	9	稳定型	低老龄化高户籍人口	
	10	成熟型	高老龄化高户籍人口	

彩图 8-15

图 8-15　普陀区居住社区分类划分

来源：上海复旦规划建筑设计研究院有限公司.上海市普陀区社区城市更新总体评估[R].2016

道和健身道体系,优化社区慢行系统环境。充分利用社区内的龙珍港、横港和桃浦河等水系,以及跨三个街区的中央绿地,串联各街道内的公共绿地、滨水空间和公共活动设施。

　　该规划为普陀各街镇社区规划的编制与实施提供了依据。以甘泉街道为例,以 15 分钟社区生活圈全覆盖为目标,甘泉街道社区规划建立了社区"公共资源库",全面调查现有公共服务设施及存量空间资源;明确重点建设任务,形成项目总库,在项目总库的基础上进行进一步的筛选,形成社区更新三年行动计划和"分期任务包";制定了"乐活泉家计划""悦行甘泉计划""缤纷客厅计划"等三大行动计划,有效提升近期内公共服务的服务效率和服务品质。

第四节　片区层面城市更新规划的内容框架和比较

　　片区层面的城市更新规划主要对空间相对完整的成片地区、功能及分布存在关联的多个更新项目进行统筹。片区统筹的范围一般为具有成片连片改造需求、更新项目权益主体多元复杂的片区,或是城市重点发展的片区。从更新规划内容框架来看,可分为以广深为代表的更新统筹规划和以上海为代表的更新区域评估。实践中,片区更新(评估)往往作为城市更新区域控规调整的前期研究。

一、片区层面城市更新规划的内容框架

片区层面城市更新规划的核心在于城市更新项目的空间要素统筹和利益统筹。技术逻辑导向下,空间要素统筹规划是核心,其关键是:协调片区内各更新单元和更新项目的功能业态、公共服务设施、建筑增量分配和基础设施配套;协调已批更新项目、计划立项更新项目、潜在更新项目等不同类型项目的开发控制指标,平衡各更新地块的增量分配和责任贡献,避免碎片化更新带来的负外部效应。从实施逻辑来看,更新统筹规划本质上是利益统筹规划,关键是统筹片区内各更新单元的实施时序和开发模式,优先保障城市更新实施过程中公共用地、公共设施和腾挪地块移交政府(图 8-16)。需要注意的是,片区层面的更新规划并不具备法定效力,其管控内容需向下传导通过国土空间详细规划予以落实。

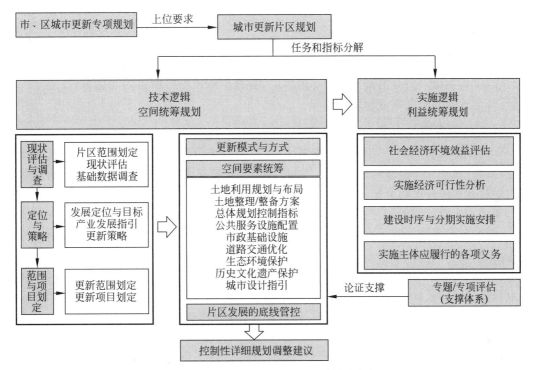

图 8-16 片区层面城市更新规划的内容框架

(一) 技术逻辑导向的规划内容

1. 现状评估与基础数据调查

在片区更新规划前期研究阶段需开展现状评估,对片区范围人居环境、用地结构、设施

配套、道路交通、绿地景观、产业发展、土地权属、改造意愿等方面进行总体评估。需重点完善更新片区范围的人口及经济发展现状,对土地利用、土地权属、完善历史用地手续等用地现状情况进行梳理。

2. 更新片区定位与策略

梳理更新片区与周边地区的功能关系,提出更新片区发展定位,明确片区主导功能;结合更新片区发展条件,提出片区公共服务设施、市政基础设施、道路交通、产业发展、生态环境等方面的发展目标和具体策略。

3. 片区范围与更新项目划定

根据用地权属边界、权属人发展意愿、项目实际需求、现行控制性详细规划导则、地块及周边规划道路情况,划分更新片区的具体范围。进一步依据用地权属的独立性更新项目对应的改造方式,结合控制性详细规划,明确更新项目的类型、改造范围、改造主体、改造方式和改造模式等。

4. 更新模式与方式

对片区内存量土地二次开发提出多种改造模式,如土地征收、协商收购、自行改造等。深圳城市更新片区统筹规划为各更新单元、更新模式的统筹提供了平台,更新模式具体包括土地整备模式、城市更新模式和棚户区改造模式(戴小平 等,2021)。进一步通过与土地权利人、更新主管部门和更新实施主体的协商,明确片区各更新项目的改造方式,确定拆除重建、功能改变或综合整治地块的范围。

5. 空间要素统筹

空间要素统筹是城市更新片区规划的核心工作,具体包括用地布局、土地整备和配套设施布局三部分。用地布局依据国土空间总体规划、城市更新专项规划,结合土地权利人及相关利益方的诉求和意见,提出更新片区的用地布局思路和方案。片区更新规划阶段需同步开展土地整理的前期工作,例如,广州的片区策划需梳理土地权属情况、土地利用现状、土地利用总体规划的建设用地规模、完善历史用地手续等现状,明确土地整备的主体和实施路径。配套设施布局包括教育、医疗、文化、城管、体育、养老、配送等公共服务设施的种类、数量、分布和规模,提出片区更新的底线管控要求。值得注意的是,片区层面更新规划部分内容与控制性详细规划重合,包括土地利用规划、规划控制指标、公共服务设施配置、道路交通优化、历史文化资源保护、城市设计指引等都是控制性详细规划编制关注的要素。

(二) 实施逻辑导向的规划内容

1. 经济、社会、环境效益评估

经济效益评估包括更新后片区发展的政府地价收益预估、税收总量预测、收回的经营性用地、更新后产业发展情况等。社会效益评估包括更新方案对片区道路交通提升、公共服务设施完善、市政基础完善的效益影响。环境效益包括人居环境、绿地率、黑臭水体治理、海绵城市建设等方面的成效。

2. 实施经济可行性分析

经济可行性分析重点是根据权利人的土地贡献、片区拆迁配建和复建融资结构,分析实施土地整理的成本和经济收益。以深圳坪山坑梓片区统筹更新规划为例,通过构建以"净拆建比"为核心、多指标协调的利益统筹规则,统筹各单元的预期收益,构建经济测算模型,保障项目经济可行和市场公平(戴小平 等,2021)。

3. 建设时序和分期计划安排

具体内容包括片区内各更新单元的建设时序、建设内容、时间安排和资金安排等,制定各单元的分期实施计划。片区分期实施需保障公共用地和设施先行移交,与地块开发同步建设。

4. 实施主体应履行的各项义务

重点是基于利益均衡、责任共担原则,落实城市更新社会责任与更新实施的捆绑。以广州为例,片区策划应提出实施主体需落实的搬迁责任,向政府移交城市基础设施和公共服务设施用地,配套建设城市基础设施和公共服务设施,以及政府主管部门要求落实的其他责任。

二、片区层面城市更新规划的内容比较

实践证明,片区层面的更新规划在协调单个项目利益和城市整体利益、统筹更新单元边界、推进连片改造保障设施落地、控制土地开发外部效应方面的积极作用。从沪、广、深实践来看,片区更新规划内容总体包括前期研究、利益统筹、空间统筹、实施统筹四个版块(表 8-3),既涉及土地利用和布局、规划控制指标等城市规划的常规技术性内容,也包括土地整备、整理方案、征收补偿等土地政策类内容,还包括改造成本测算、拆迁补偿成本测算、资金安排等经济层面的内容。除广州外,目前各地尚未形成统一的编制标准。片区层面的更新规划大多由区政府组织编制,各区片区统筹的目标、内容框架并不一样。

表 8-3　广州、深圳和上海片区层面城市更新规划的内容比较

方案	内　容	广州市城市更新片区策划	深圳市城市更新片区统筹	上海市城市更新区域评估
前期研究	片区范围与目标定位	●	●	●
	更新项目的具体范围	●	●	
	更新目标	●		●
	现状数据调查	●	●	
	更新模式与方式	●	●	
	公众参与			●
利益统筹	土地利用和布局方案	●	●	●
	划定更新单元			●
	土地整备和土地整理方案	●		
	规划控制指标	●	●	●
	公共服务设施	●	●	●
	住宅开发			●

续表

方案	内　容	广州市城市 更新片区策划	深圳市城市 更新片区统筹	上海市城市 更新区域评估
空间统筹	产业发展及布局	●		●
	道路交通优化	●	●	●
	历史文物资源及保护	●	●	●
	生态环境保护		●	●
	市政基础设施	●		●
	城市设计指引	●		●
	公共开放空间			●
	城市安全			●
实施统筹	实施经济分析	●	●	
	资金来源安排	●		
	分期实施及时序	●	●	

来源：广州市住房和城乡建设局.广州市城市更新片区策划方案编制和报批指引[Z].2020；
上海市规划审中心.上海市控制性详细规划研究/评估报告暨城市更新区域评估报告成果规范[Z].2016

比较广、深、沪三地片区层面的更新规划发现，广州的片区策划管控内容更为广泛，包含产业研究、供地方案、土地整备、控制性详细规划修编建议等内容。片区策划促进片区更新协同城市发展，保障政府主导存量土地发展权和土地增值收益分配。由于区级更新专项规划的编制仍未完成，区层面的建设规模总量、设施规划要求无法通过全覆盖的片区或单元进行分解、传导。目前正在开展的片区策划方案仍然是"自下而上"地通过设施承载力分析、实施需求分析等方法测算更新规模、提出实施建议。深圳的片区统筹规划更新是"自上而下"管控和"自下而上"发展诉求之间的缓冲层（赵冠宁 等，2019），适应了属地政府对碎片化存量用地统筹更新与整备的需要；编制内容的侧重点取决于区级政府对存量用地更新和地区发展的综合诉求。

上海市城市更新区域评估主要面向控制性详细规划修编，明确控制性详细规划优化调整区域，落实上位规划的控制指标和公共要素清单，其关注要素与控制性详细规划编制要素相重合，侧重于城市土地开发的公共要素和功能系统优化。2021年《上海城市更新条例》颁布后，城市更新区域评估发展为综合性的区域更新方案，促进区域整体转型（如徐汇滨江、虹口北外滩）。区域更新方案主要包括规划实施方案、项目组合开发、土地供应方案、资金统筹及市政基础设施、公共服务设施建设、管理、运营要求等内容。

需要注意的是，片区层面的更新规划并不具有法定效力，其管控内容和措施需向下传导到单元和地块层面的开发控制，通过国土空间详细规划予以落实。广州片区策划需明确控制性详细规划修改或修编的必要性，并提出控制性详细规划不需调整、局部微调、调整修编三种优化建议。明确地块划分、用地性质、开发强度、公共服务设施、市政基础设施等单元详细规划需优化修改的内容。深圳城市更新片区统筹规划通过"单元控制导则"形式，构建了导则条文和导控要素体系，将片区统筹所明确的指标与要求分配到各个更新单元（盛鸣 等，2018）。

此外，技术逻辑和实施逻辑导向的规划内容划分并非泾渭分明，这两方面内容往往相互交叉、联系紧密。例如，经济可行性分析在一般情况下被认为是实施逻辑导向的内容板块，但是在片区策划方案的技术成果编制中，规模测算和空间方案等内容都离不开经济可行性测算。方案中建设总量、复建区及融资区的位置选取和功能确定都不仅仅是技术层面可以单独解决的问题，需要兼顾实施逻辑。随着城市更新从零星改造走向成片连片更新和全域土地综合整备，片区层面的更新规划仍需因地制宜开展技术指引的标准化工作，建立与城市更新专项规划和土地储备规划的传导协同机制。

小结

　　片区层面的城市更新规划目标在于统筹各类更新项目和更新单元的空间要素，促进连片更新和零星更新相协调。片区更新有助于引导更新统筹主体按照国土空间总体规划要求，综合考虑市场因素、土地权属类型、权利人诉求，统筹连片区域更新改造的空间功能、业主权益和空间形态，促进土地价值与权益再分配达成广泛共识。片区更新规划的呈现形式和内容框架（如规划、策划或实施评估）与地方国土空间规划体系相关，并且与组织编制机构的规划事权密切结合。片区更新规划需关注连片更新区域内划分不同的实施路径分区，匹配土地回购、自主更新、合作更新等模式，融合拆除重建、用地提容、综合整治等二次开发方式。

思考题

　　1. 广州的城市更新片区策划如何将管控要求向下传导至城市更新单元规划？
　　2. 深圳城市更新片区统筹规划的主要作用是什么？

参考文献

戴小平，许良华，汤子雄，等，2021. 政府统筹，连片开发：深圳市片区统筹城市更新规划探索与思路创新[J]. 城市规划，45(9)：62-69.

广州：广州市规划和自然资源局，2022. 广州市城市更新单元详细规划编制指引(2022年修订稿)[R/OL]. (2022-09-13)[2023-08-11]. http://ghzyj. gz. cn/gkmlpt/content/8/8562/post_8562460. html.

盛鸣，詹飞翔，蔡奇杉，等，2018. 深圳城市更新规划管控体系思考：从地块单元走向片区统筹[J]. 城市与区域规划研究，10(3)：73-84.

许宏福，林若晨，欧静竹，2020. 协同治理视角下成片连片改造的更新模式转型探索：广州鱼珠车辆段片区土地整备实施路径的思考[J]. 规划师，36(18)：22-28.

赵冠宁，司马晓，黄卫东，等，2019. 面向存量的城市规划体系改良：深圳的经验[J]. 城市规划学刊，251(04)：87-94.

第九章　单元层面的城市更新规划

单元层面城市更新规划的对象为具有实施潜力的城市更新单元。2009年颁布的《深圳市城市更新办法》最早建立了城市更新单元规划制度,对拆除重建类项目采取打破以宗地为单位的更新管理模式,整合分散的权利主体,统筹各方利益,优化用地功能布局。城市更新专项规划是城市更新单元计划制定和更新单元规划编制的重要依据。在广州,城市更新单元规划属于控制性详细规划阶段的成果,其成果审批后作为改造项目实施管理的依据。广州、深圳两地对城市更新单元的编制管理存在显著差异。本章比较了广州和深圳城市更新单元的定位和划定标准,进一步基于深圳的旧工业和旧村庄更新单元规划编制案例,总结城市更新单元规划的内容框架,最后探讨了广州、深圳城市更新单元规划内容框架差异性背后的成因。

第一节　城市更新单元的定位与划定

一、广州城市更新单元的定位与划定

(一) 广州城市更新单元的定位

广州的"城市更新单元"属于全市国土空间详细规划单元的一种类型。城市更新单元详细规划(以下简称"更新单元规划")是地块详细规划制定及修改、城市更新项目规划许可和改造实施的法定依据(邓堪强,2022)。更新单元规划上承国土空间总体规划分区指引,传导落实相关刚性管控要求,向下指导土地利用和开发建设。

城市更新单元规划除需按照国土空间详细规划的技术规范要求确定单元内的底线约束要求、发展规模与开发容量、用地功能布局、配套设施要求及公共空间布局等内容外,还需结合经济可行性分析、空间形态设计、设施支撑评估的综合性研究,对城市更新单元的改造模式、土地整备、经济测算、区域统筹及分期实施等方面做出细化安排,保障城市更新项目的落地实施。

(二) 广州城市更新单元的划定

广州城市更新单元以政府划定为主导,以城市更新项目范围为基础,以成片连片为基本原则,同时考虑各类产权人的意愿。城中村连片改造的更新单元规模往往较大,例如,番禺区蔡边一村城市更新单元规模达197.4hm²(图9-1)。城市更新单元划定,需综合考虑道路、河流等要素及产权边界等因素,结合更新资源占比、近期重点项目空间分布等因素,保证基础设施和公共服务设施配套相对完整,落实国土空间详细规划单元划分要求。

彩图 9-1

图 9-1 番禺区蔡边一村城市更新单元范围

来源：广州市人民政府.穗府函〔2020〕194 号.番禺蔡边一村城市更新单元详细规划通告附图

城市更新单元划分的工作步骤包括：①结合更新资源占比、近期重点项目空间分布等因素，在城镇开发边界内成片连片划定更新单元，以行政村域、社区范围为基础划定单元边界初步方案；②在初步方案的基础上，可结合重点功能平台、产业园区修正，进一步确定更新单元边界；③属于其他情况的，原则上仍按行政村域、社区范围，适当考虑高等级道路及大型河流、山体等自然地物、地块权属，划定更新单元。

下面以广州黄埔区为例，分析城市更新单元划分的具体方法：

（1）城镇开发边界内连片划定。与国土空间规划体系中其他类型单元执行相同的划定思路，在城镇开发边界内划定，不包含国土空间规划开发边界以外连片区域。

（2）低效资源连片成片区域。低效用地资源、"三旧"用地等城市更新用地原则上需占更新单元面积的50%以上。

（3）充分考虑行政、管理事权。遵循行政管理事权划分的要求，更新单元原则上不突破镇街边界、行政村界。城市更新单元划分需要对接"四标四实"①标准基础网格边界。标准基础网格是统计人、地、房等数据的基础单元。

（4）结合地物、主干路网等局部修正。结合自然地物、权属信息、主干路网等对更新单元的边界进行局部修正，避免单元边界切割有效用地权属、跨越现状或规划主干路网，同时衔接后续规划管理。

---

① "四标四实"网格，即标准基础网格。"四标"，指的是一张"标准作业图"、一套"标准建筑物编码"、一个"标准地址库"和一张"标准基础网格"。"四实"，指的是通过入户走访、外业调查的方式，核准"实有人口""实有房屋""实有单位""实有设施"。

（5）特殊情况划定思路。对于资源连片成片但周边没有改造需求的地区，为保证单元的连片性、完整性，也可将部分已开发完成且没有改造需求和空间的地块一同纳入更新单元。

（6）与其他类型单元协调优化。更新单元边界需衔接国土空间规划管控体系的相关要求，与其他类型单元统筹衔接、适当调整优化，确保区域内单元间不存在缝隙、重叠等情况，最终形成更新单元划分的成果，据此开展更新单元规划的编制（图 9-2）。

彩图 9-2

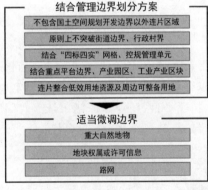

图 9-2 黄埔区城市更新单元划定
来源：广州市城市规划勘测设计研究院.黄埔区广州开发区城市更新专项总体规划[R].2021

二、深圳城市更新单元的定位与划定

（一）深圳城市更新单元的定位

在深圳，城市更新单元是管理城市更新活动的基本依据。2009 年《深圳市城市更新办法》确立了实行城市更新单元规划和年度计划管理制度。城市更新单元计划管理包含了政府对拆除重建类项目的产权门槛、空间尺度、更新方向、更新意愿、社会责任的管控。城市更新单元是为实施以拆除重建类城市更新为主的城市更新活动而划定的相对成片区域，是确定规划管控要求、协调各方利益、落实城市更新目标和责任的基本管理单元。城市更新单元管理包括前端规划编制、中端项目监管和后端规划落实三个部分。城市更新单元规划是城市更新项目实施的规划依据，经批准后被视为已完成法定图则相应内容的修改或者编制,从而提高了更新规划的实施效率。

(二) 深圳城市更新单元的划定

《深圳市城市更新办法》明确对于城市建成区中需要进行城市更新的区域,应当在保证基础设施和公共服务设施相对完整的前提下,按照有关技术规范,综合考虑道路、河流等自然要素及产权边界等因素,划定相对成片的区域作为城市更新单元。一个城市更新单元可以包括一个或者多个城市更新项目。在符合全市城市更新专项规划的基础上,城市更新单元的划定采取原权利人和市场主体协商的方式,借助市场化机制内部化了历史用地处置和利益主体博弈的交易成本。

合理划定拆除范围是城市更新单元计划与规划的基础工作。拆除范围应符合国土空间总体规划等上位规划的相关管控要求;原则上应位于各区城市更新五年专项规划确定的拆除重建类空间范围之内。拆除范围用地面积应当大于 10 000m²,原则上应包含完整的规划独立占地的城市基础设施、公共服务设施或其他城市公共利益项目用地,且可供无偿移交给政府、用于建设城市基础设施、公共服务设施或者城市公共利益项目等的独立用地应当大于 3000m² 且不小于拆除范围用地面积的 15%。

深圳以权利人和市场主导划定的更新单元规模普遍比广州小。截至 2020 年底,深圳市规划批复拆除重建类城市更新项目 543 个,拆除规模合计 4016.1hm²,平均每个项目面积为 7.4hm²。

(三) 城市更新单元的计划管理

城市更新单元计划是更新单元规划编制的前提条件。2010 年深圳出台《深圳市城市更新单元规划制定计划申报指引(试行)》,规范了深圳市城市更新单元计划的常态申报工作,明确城市更新单元的申报主体包括权利主体或委托单一市场主体、原农村集体经济组织继受单位、政府相关部门、辖区街道办事处等。申报项目的更新意愿需满足"双三分之二"的原则,即专有部分占建筑物总面积三分之二以上的权利主体且占总人数三分之二以上的权利主体同意进行城市更新。2019 年颁布的《深圳市拆除重建类城市更新单元计划管理规定》(以下简称《管理规定》)结合近 10 年的城市更新单元计划申报和审查经验与教训,进一步强化了拆除范围划定、更新方向确定的规划与政策要求,完善了计划审查、审批与调整程序和要求。截至 2020 年底,深圳市拆除重建类城市更新计划公告项目合计 928 个,拆除规模合计 7424.6hm²,平均每个项目面积约为 8hm²。

城市更新单元计划的编制依据是全市城市更新专项规划和法定图则,主要内容包括明确更新范围、申报主体、物业权利人的更新意愿、更新方向和公共利益项目用地等。其中,更新方向应当按照法定图则等法定规划确定的用地主导功能。拆除范围图、现状权属图、建筑物信息图是申报更新单元计划的必备图纸。其中,拆除范围图须包含申报拆除范围及其坐标、地块边界及编号、周边道路(现状与规划)及其名称、邻近地理实体及其名称、最新地形图等信息(图 9-3)。在城市更新单元规划阶段,可对拆除范围进行优化调整。此外,若拆除范围外涉及土地清退、用地腾挪、零星用地划入、外部移交用地,或者其他公共利益用地需要与更新单元进行规划统筹的,还须划定"更新单元范围"。

《深圳市拆除重建类城市更新单元计划管理规定》明确了列入城市更新单元计划的基

彩图 9-3

图 9-3 深圳市城市更新单元拆除范围图

来源：深圳市城市更新和土地整备局.深圳市拆除重建类城市更新单元计划管理规定(深规划资源规〔2019〕4 号)

本条件包括以下几点。

（1）首先判断拆除重建的必要性。主要包括城市基础设施、公共服务设施亟须完善，环境恶劣或者存在重大安全隐患；现有土地用途、建筑物使用功能或者资源、能源利用明显不符合社会经济发展要求，影响城市规划实施等情形。

（2）是否符合上位规划的管控要求。城市更新单元应符合国土空间总体规划(城市总体规划、土地利用总体规划)、城市更新专项规划等上位法定规划管控要求；应满足基本生态控制线、水源保护区、橙线、黄线、紫线、蓝线等城市控制性区域的相关管控要求。

（3）是否满足拆除重建的基本条件。主要包括权利人更新意愿、拆除范围用地面积、合法用地比例、建筑物建成年限等基本条件。

（4）城市更新方向是否和法定图则一致。申报的更新方向应符合法定图则或其他法定规划要求。且申报的开发强度应合理可行，具备可实施性。

第二节　深圳城市更新单元规划编制

一、深圳城市更新单元规划的编制内容

深圳城市更新单元规划属于法定图则编制层次的成果，规划编制以国土空间规划、法

定图则为依据,传导落实各级规划管控要求,编制深度参照详细蓝图执行。根据 2018 年出台的《深圳市拆除重建类城市更新单元规划编制技术规定》(深规土〔2018〕708 号),更新单元规划编制成果由技术文件和管理文件组成。技术文件作为规划设计情况的技术性研究和论证,包括规划研究报告、专项/专题研究、技术图纸。管理文件作为规划与自然资源主管部门实施城市更新单元规划管理的操作依据,包括文本、附图和规划批准文件(图 9-4)。城市更新单元明确更新规划的强制性内容,对应在下一行政许可阶段明确的内容,留有弹性,便于管理程序的衔接。

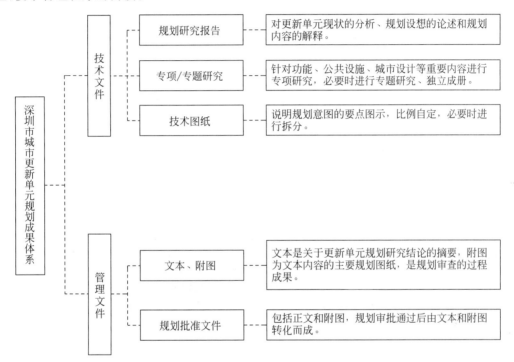

图 9-4　深圳市城市更新单元规划成果体系框架图
来源:《深圳市拆除重建类城市更新单元规划编制技术规定》(深规土〔2018〕708 号)

围绕"公共利益优先、实现利益平衡、创新产业空间供给、提升城市品质"等目标,城市更新单元规划包括"现状分析与意愿调查、土地信息核查、明确更新目标与方式、划定更新单元范围与土地整理、明确功能控制要求、提出城市设计策略、制定利益平衡方案、开展专题/专项研究"八个方面的内容。值得注意的是,城市更新单元规划需将拆除与建设用地范围、地块划分与指标控制、建设用地空间控制、分期实施规划等内容落实为法定控制要求。

二、金威啤酒厂城市更新单元规划

(一) 项目概述与规划构思

金威啤酒厂城市更新单元位于深圳市罗湖区东晓街道布心片区,邻近水贝珠宝产业园区和罗湖"金三角"商业中心。2012 年,由于市场变化和企业经营等原因,金威啤酒厂生产业务亏损严重,最终企业选择将啤酒业务整体出售。深圳金威啤酒有限公司作为申报主体申报了城市更新单元计划,并作为后续的实施主体,拟导入新的产业,实现产业转型升级与企业的可持续发展。根据《2012年深圳市城市更新单元计划第四批计划》,金威啤酒厂城市更新单元原更新范围全部划定为拆除重建区。

金威啤酒厂城市更新单元规划的重要意义在于唤醒了深圳城市更新对工业遗存的保护意识。为保证工业遗存保护的科学性,在规划编制过程中邀请多位专家提前介入研讨方案,并面向社会举办"新遗产,新价值"设计工作坊,在广泛吸收各界意见与建议的基础上,审慎研究工业遗存保护范围与利用策略。经过多次专家及设计机构的研讨,最终确定将范围占比13%(约1.1hm²)的用地划定为工业遗存保护范围,并提出兼顾产业转型升级与工业遗存保护、利用的城市更新总体构思(图9-5)。

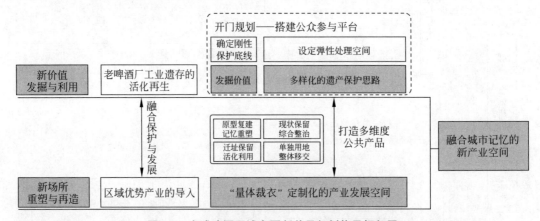

图9-5　金威啤酒厂城市更新单元规划构思框架图

来源:深圳市城市规划设计研究院股份有限公司.罗湖区东晓街道金威啤酒厂城市更新单元规划[R].2015

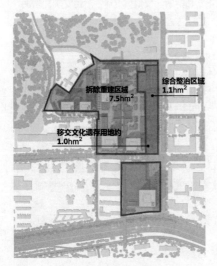

图9-6　金威啤酒厂更新单元更新方式示意图

来源:深圳市城市规划设计研究院股份有限公司.罗湖区东晓街道金威啤酒厂城市更新单元规划[R].2015

(二) 技术逻辑导向的规划内容

在金威啤酒厂城市更新单元中,规划技术逻辑导向的规划内容主要体现在拆建和保护范围的划定、规划目标及方向的研判、土地使用功能及城市设计方案的推敲、开发强度的确定等方面。

1. 划定工业建筑保护范围和更新方式

厘清现状土地及建筑物的产权关系,将土地及建筑物信息核查结论作为城市更新单元划定的重要依据,进行历史风貌区和历史建筑评估调查,确定城市更新单元的具体更新方式。

金威啤酒厂更新单元规划提出了"拆除重建＋工业遗存保护"的复合化更新改造方式,并划定具体的拆除重建范围及综合整治范围(图9-6)。根据原有厂区工艺流线、厂区特色风貌等,全面梳理金威啤酒厂具有历史保留价值的工业建筑、设施及设备等元素；结合对单元范围周边和范围建筑和环境要素的综合评估，确定将东北部水塔、滤池、发酵罐、包装及分销车间等连片用地划定为工业综合整治范围，剩余用地确定为拆除重建范围，作为新产业发展空间；将工业综合整治范围东昌路沿线用地规划为公共管理与服务设施及商业混合功能，该用地及其中的现状建筑物与构筑物一并无偿移交给政府，单独开展综合整治工作。

2. 明确更新单元产业功能和发展定位

结合对区域产业发展趋势的研判，确定更新单元的发展方向及功能定位。根据罗湖区产业布局规划，金威啤酒厂所在的"水贝—布心"片区将打造成为全国性的珠宝时尚产业总部、设计营销中心及旅游购物目的地。

金威啤酒厂更新单元规划提出以黄金珠宝产业为核心，打造集购物休闲、文化体验及工业遗存展示为一体的产业综合体。新产业发展空间发展集高端珠宝专业市场、金融服务、文化创意、技术研发为一体的珠宝产业及服务业。规划保留部分金威啤酒厂的特色工业遗存建筑，依托工业遗产的艺术性和开放性功能，对其进行功能再生，植入啤酒工艺文化和珠宝工艺文化展示功能，拓展珠宝产业的附加值。

3. 编制单元土地使用和城市设计方案

城市更新单元规划的编制以法定图则为依据，结合开发强度、片区环境承载能力、城市设计空间方案合理性、多主体利益平衡等多视角的相互校核，对单元功能结构进行优化，确定单元土地利用规划方案（图 9-7）。

金威啤酒厂处于自然公园与城市建成区的过渡地段，且东昌路沿线保留有工业遗存建筑，需借助城市设计手法营造特色化城市空间风貌。通过对单元范围外景观特色及空间关系等进行系统性分析，提炼出城市设计核心要素（公共空间、慢行系统、景观环境、建筑形态等），结合规划布局与道路交通组织的需要，确定单元的土地使用和城市设计方案，并提出需要进行规划管控的城市设计要素与要求。

4. 传承工业文化展开适应性空间改造

城市更新单元对综合整治范围的改造方式，包括功能改变、局部加建、局部拆建、空地扩建、综合整治等多种技术手段，在不对原有建筑物有大改动的前提下，完善老旧建筑物功能。

金威啤酒厂更新单元通过多次现场踏勘与深入发掘，明确对内部生产厂房、料仓、水塔、啤酒酿造设备、管道等具有突出工业遗产保留价值的物质空间与设备进行保留整治；以珠宝产业空间与工业遗存空间的融合为出发点，提出工业遗存建筑功能转型的设计方案。通过改变原厂区使用功能、原型复建厂区特色建筑立面、改造利用原厂区设备管道等方式，于东昌路规划多个主题活动区，利用旧厂区设备点缀新建园区的公共空间，将工业元素作为新旧建筑间联络的工具。

5. 多维度论证合理确定单元开发容量

城市更新单元规划以《深圳市城市规划标准与准则》确定的密度分区、《深圳市城市更新单元规划容积率审查技术指引（试行）》为基础，综合片区环境承载能力确定具体的开发

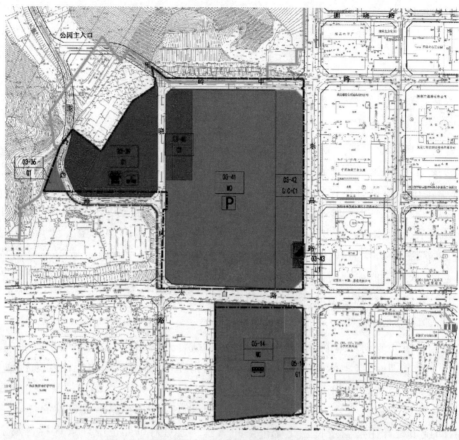

图 9-7　金威啤酒厂城市更新单元土地利用规划图

来源：深圳市城市规划设计研究院股份有限公司.罗湖区东晓街道金威啤酒厂城市更新单元规划[R].2015

容量(表 9-1)。因金威啤酒厂更新单元规划在工业遗产保护方面的特殊贡献,给予了相应的开发规模奖励;进一步结合水贝—布心片区珠宝产业的空间需求,在满足片区市政、交通及公共服务设施可承载的前提下,综合研究确定更新单元规划开发规模为 436 100 m²,其中 55%为产业研发用房,有效保障了珠宝产业发展空间及产业综合体的落实(表 9-2)。

表 9-1　金威啤酒厂更新单元开发强度计算一览表

基础开发量 /m²	转移开发量 /m²	奖励开发量 /m²		政策计算开发量 /m²	最终确定开发量 /m²
422 185.3	42 778.1	配建创新型产业用房	12 050	493 548.5	436 100
		配建公共服务配套设施	3900　28 585.1		
		保护文化遗产	12 635.1		

来源：深圳市城市规划设计研究院股份有限公司.罗湖区东晓街道金威啤酒厂城市更新单元规划[R].2015

注：1. 项目属市重点产业项目,新型产业用地基础容积率为 6.0;

　　2. 土地移交超过范围 15%的部分,给予转移开发量;

　　3. 配建创新型产业用房、公共服务配套设施奖励等面积开发量,保护文化遗产奖励 1.5 倍开发量;

　　4. 经片区市政、交通等承载力评估,最终开发量为 436 100 m²,低于政策计算开发量。

表 9-2　金威啤酒厂更新单元规划技术经济指标表

项　目			数　量
开发建设用地面积/m²			67 903
容积率			6.4
计容积率总建筑面积/m²			436 100
其中	商业、办公及酒店		57 700
	商务公寓		57 600
	产业研发用房		240 560（含创新型产业用房 12 050）
	产业配套商业		76 340
	公共配套用房		3900
	其中	小型垃圾转运站	200
		社区管理用房	500
		公交首末站	3200
地下商业建筑面积/m²			3000

来源：深圳市城市规划设计研究院股份有限公司.罗湖区东晓街道金威啤酒厂城市更新单元规划［R］.2015

（三）政策逻辑导向的规划内容

在金威啤酒厂城市更新单元中,政策逻辑导向的规划内容体现为通过制定工业遗产保护的容积率奖励规则,探索城市更新项目对未定级工业遗产资源的制度性保护。

一方面,更新单元将北部厂区东侧靠近东昌路沿线用地划定为工业建筑保护用地,规划用地性质为"公共管理与服务设施用地＋商业用地",其土地及现状建筑物、构筑物及设备全部移交政府管理,作为永久保留的工业建筑(图 9-8)。同时,规划划定了工业遗产管控要求,促进了对深圳未定级历史建筑的制度化保护(表 9-3)。并且,要求由实施主体另行编制保留工业建筑的综合整治规划研究,通过综合整治与功能改变等手段,赋予原有的工业元素以新的功能,以活化利用的方式促进工业建筑保护。

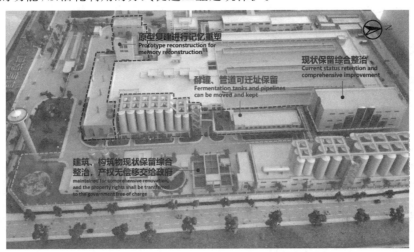

彩图 9-8

图 9-8　工业遗存保护方式图

来源：深圳市城市规划设计研究院股份有限公司.罗湖区东晓街道金威啤酒厂城市更新单元规划［R］.2015

表 9-3 工业遗存管控要求一览表

地块划分及指标管控	空间管控		实施责任管控
	地上空间	地下空间	
1. 开发用地面积：9678.3m²； 2. 规划容积：6810m²； 3. 建筑覆盖率：40%； 4. 建筑限高：24m	1. 公共空间：落实公共空间不少于3000m²； 2. 架空连廊：落实2条东西向架空连廊，连廊净宽不低于4.5m，须有遮蔽设施； 3. 建筑退线：在满足消防、日照、交通安全和建筑间距要求的基础上，允许新建、加建建筑物适当减少退线； 4. 消防组织：允许统筹周边市政道路及周边地块组织疏散救援通道	公共人行通道：允许设置地下公共人行通道连接周边地块，可结合公共空间预留周边地块地下空间疏散出入口	1. 规划编制责任：实施主体制订工业遗存修缮及整治实施方案报辖区政府审定； 2. 修缮整治责任：实施主体承担工业遗存的修缮、整治费用及责任； 3. 运营责任：实施主体承担一定年限运营责任，运营期满后由区政府指定具体部门接收

来源：深圳市城市规划设计研究院股份有限公司.罗湖区东晓街道金威啤酒厂城市更新单元规划[R].2015

另一方面，城市更新项目的经济测算是否能够实现平衡直接决定了项目能否落地，对于包含历史工业遗存保护的项目而言，它还决定了保护的力度和效果。为了确保规划工业建筑保护利用方案的落实，调动企业积极参与到工业建筑保护工作中，更新单元规划进一步研究了对于保留历史建筑的奖励机制。经过多轮博弈与方案推敲，采用了按保留历史建筑的建筑面积及保留构筑物的投影面积之和奖励1.5倍建筑面积的办法。对文物保护奖励性的机制最终纳入《深圳市城市更新单元规划容积率审查技术指引（试行）》的关于保留历史建筑物的奖励政策中[①]。

(四) 实施逻辑导向的规划内容

在金威啤酒厂城市更新单元规划中，实施逻辑导向的规划内容主要体现在分期实施计划的制定和公共服务设施的配置。更新单元规划总体计划分两期实施。

1. 首期实施计划保障公共利益设施的优先落实

单元规划除了落实法定图则要求的道路、公园绿地、社会公共停车场以外，增加了规划支路改善片区交通微循环，增配了社区管理用房、小型垃圾转运站、公交首末站、燃气调压站等公共配套设施。市政交通设施、工业遗存用地移交及公共服务设施的建设，均作为首期实施计划的内容，确保公共利益得到优先落实。

2. 二期实施计划捆绑工业遗存保护与活化责任

规划提出在市场化运作机制下，将工业遗存保护和活化的责任与更新单元项目相捆

---

① 深圳市城市更新单元规划容积率审查技术指引(试行)第六条(五)：城市更新单元拆除用地范围内，因保留符合《深标》10.2.4.7条要求且无偿移交政府的历史建筑，按保留建筑的建筑面积及保留构筑物的投影面积之和奖励1.5倍建筑面积；有其他重大保护价值的，可适当增加奖励。同时，实施主体应承担上述保留建、构筑物的活化和综合整治责任及费用。

绑。要求实施主体临近工业遗存的开发建设用地作为二期实施内容,由实施主体编制工业遗存地块的保护规划并进行具体的工业遗存综合整治及后续运营工作,保证二期开发地块与工业遗存地块同步设计、同步建设、同步运营。目前,金威啤酒厂城市更新单元已按照规划要求对拆除重建范围的建筑物进行了拆除;对划定的工业遗存区域予以保留并陆续开展综合整治工作。

三、水围村城市更新单元规划

(一) 项目概述与技术框架

水围村位于深圳市福田区福田街道,整村社区规模为 23.3hm²。规划首先基于整村统筹角度对水围社区的价值要素进行大量挖掘和研判,重新识别水围村的价值是多元活力空间载体和独具特色的历史人文场所,提出水围村不应走当时城中村主流的拆旧建新的更新模式,而应探索出一条实现城中村社区发展和多元文化活力保留共赢的有机更新路径,确定了"整体综合整治+局部拆除重建"的更新模式。在长达 6 年的更新规划过程中,规划项目组以社区规划师的身份介入原农村集体经济组织继受单位与政府、国企之间的利益协调,通过参与式沟通、促进社区共荣、反哺公共利益等路径,培育水围原住民社会自治能力,以城中村的"空间共生、文化共生和社会共生"为规划目标,提出在保留和传承城中村的特色与多样性条件下合理确定小规模拆除区域。其他城中村农民房则作为综合整治片区,在政府和股份公司的合作下已完成市政、景观、建筑、消防、监控、街道等整体改造升级和综合整治。其中西侧肌理较好、连成片的 35 栋统建楼通过提升消防、市政配套设施及电梯,被设计整改为户型多样的 504 套柠盟公寓,通过政企村等多方合力探索出的"整租统筹+运营管理+综合整治"更新改造新路径,成为深圳市首个利用城中村"握手楼"改造为政府统租的人才保障房社区的试点。

2018 年,深圳针对全市城中村启动有价值保留的综合整治范围线划定工作,并出台了《深圳市城中村(旧村)综合整治总体规划(2019—2025 年)》。水围村综合整治片区有 7.5hm² 被划入深圳城中村综合整治分区,明确划入分区的城中村不得进行大拆大建,实施以综合整治为主的有机更新。而规划确定的拆除重建地块(3.1hm²)也完成了更新单元规划的立项、审批、实施,目前正在建设中(图 9-9)。

(二) 技术逻辑导向的规划内容

不同于常规的旧村庄拆除重建类城市更新单元,水围村城市更新单元规划中基于整村统筹角度开展了全社区范围的更新统筹研究,确定了保留、整治和拆除片区,再重点基于拆除片区开展了更新单元规划。技术逻辑导向层面的规划内容包括整村统筹视角下的更新模式研判、"留改拆"范围的分区划定、更新单元用地规划方案和城市设计空间方案的确定等。

1. 多元视角切入挖掘水围村特色价值

基于整村统筹考虑:对水围村整村的价值要素进行深入的现状调研和资料收集,从社

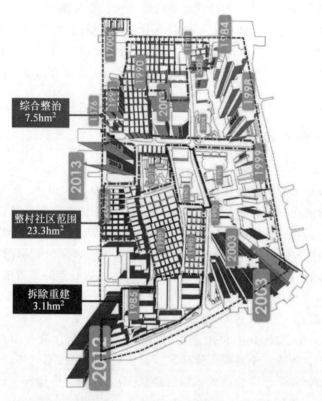

彩图 9-9

图 9-9　水围村综合整治片区和拆除重建地块关系示意
来源：根据 2015 深港城市\建筑双城双年展（深圳）外围展——"城市沉淀・水围"相关资料改绘

会人群、功能业态、空间场所等多角度分析其特征，尊重历史层积和人文特色；对水围村的现状业态、历史街巷、重要公共空间节点等核心空间要素进行了详细梳理，识别出水围村的空间肌理和格局，构建水围村独具特色的社会、文化和生态多元价值体系。

水围村因其得天独厚的区位，覆盖和服务了相邻的福田口岸、中心区、保税区、深港交界，使得其与城市系统紧密相接，与城市的交互频率更高，具有充足的住房供应规模及多样的价格区间，能满足多层次社会人群的居住。小而精的村落街巷肌理和混合的建筑功能，提供了多元的功能业态。与其他城中村相比，其社区肌理和建筑形态具有网格单元化分布的内部组织秩序，空间形态相对规整，而且其内部的生产、生活方式更加接近城市社区。结合水围村空间的历史演变，规划梳理并建立了水围"社区公共核心＋十字主轴＋四横四纵街巷体系"的城村空间骨架（图 9-10）。

2. 确定"整体保留整治＋局部拆除重建"的更新模式

规划反思 2006 版水围村旧改专项规划提出的全部拆除重建的更新模式，摒弃传统更新项目以经济效益为主导的规划路径，关注空间营造，从社会、文化、生态、空间等多维度视角综合考虑旧村庄的"拆保"关系，确立"拆改留"结合的有机更新模式。

项目组以社区规划师的角色通过参与式规划和多元主体合作机制，探索"综合整治＋

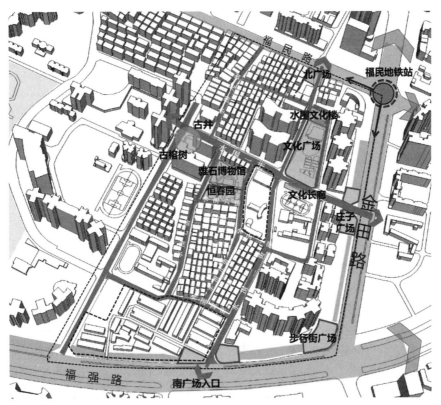

彩图 9-10

图 9-10　水围"社区公共核心＋十字主轴＋四横四纵街巷体系"的城村空间骨架

来源：福田区福田街道水围村城市更新单元规划.深圳市城市规划设计研究院股份有限公司［R］.2018

租赁"的城中村有机更新模式,促进村民对综合整治的认可,转变其对于城中村拆旧建新的传统认知。以城中村的"空间共生、文化共生和社会共生"为规划目标,在保留和传承城中村的特色与多样性的条件下合理确定小规模拆除区域,以"整体保留整治＋局部拆除重建"的有机更新模式实现新旧村落的融合。

3. 划定"留改拆"分区和小规模拆除重建单元范围

通过评估现存城中村集体用地上的建筑年代、风貌质量、配套短板、更新意愿等指标,将建筑肌理相对完好、但市政设施落后、自然采光通风条件较差的城中村统建楼(约 7.5hm^2)片区划定为综合整治片区。对村容环境、公共安全、基础设施等方面进行渐进式综合治理。通过全体在籍村民和村股份公司的意愿征集后,将两块位于社区核心区位却建筑风貌破败、使用效率较低的村集体物业用地(共计 3.1hm^2)划定为拆除重建片区,上报市更新相关部门,于 2014 年 6 月 18 日列入《2014 年深圳市城市更新单元计划第四批计划》。拆除重建片区的更新重点是社区功能业态的升级、多元产品的供给、配套设施的提升和交通条件的优化。其他已被出让建设为商住楼的片区(12.7hm^2)作为保留区域。

4. 明确拆除重建单元规划的刚性管控要素

更新单元规划的强制性内容包括用地功能、地块划分、规划容积确定,以及移交政府的公共利益等。

(1)用地功能布局。规划在不改变原有社区土地产权结构的前提下,结合 3.1hm² 拆除重建用地,拆除现状 2.78 万 m² 建筑质量较差的村集体物业,依据上位法定图则用地布局,结合计划立项阶段确定的要求,以优化交通布局、补齐功能业态为导向,确定更新单元规划功能用地方案。

(2)地块划分。规划通过标绘更新单元内全部地块(包括拆除重建、综合整治、功能改变和现状保留)的地块边界,明确更新方式空间范围。基于路网划分划定 3 块开发建设用地范围线,明确地块开发边界。同时划定独立占地的公共服务设施用地及其他移交给政府的独立用地范围线,保证公共利益用地移交。规划容积率:结合《深圳市城市规划标准与准则》确定的密度分区和《深圳市城市更新单元规划容积率审查技术指引(试行)》为计算原则,按照"基础容积+转移容积+奖励容积"测算项目开发强度;进一步结合拆建比。片区环境承载能力,并与公共利益移交挂钩,平衡拆迁责任和规划权益。

(3)移交政府公共利益。移交公共利益分为独立占地公共利益用地和非独立占地公共利益建筑。独立占地的公共利益用地需满足更新移交用地 15% 以上的要求,本项目用地移交率为 23%,主要是市政道路和公园防护绿地。非独立占地公共利益建筑主要包括公共服务设施和保障房、人才公寓。落实法定图则和相关政策要求,按照项目规划人口和不拆除重建区域的城中村人口总需求现状,高标准配置满足全社区的公共服务设施 11 处。公共服务设施及保障房建成后,产权按政府相关规定移交和管理。

5. 明确拆除重建单元的空间方案引导要素

空间方案采取整体性控制、差异化分区、近远期结合的方式,提出"水围漫游"的更新改造计划;围绕"活化街巷、营造场所、复兴里坊",营造水围共生城市生活,打造多元公共产品。将拆除重建片区改造为办公、公寓、住宅、商业、酒店、配套设施等功能复合的空间业态。对水围一街、二街、四街、五街采取保留、置换等方式,导入不同功能业态,并对水围村整体公共空间、公共服务设施、商业街区提出规划控制要求。空间方案的管控要求通过弹性引导空间控制要素(地区空间组织、建筑形体控制、公共开放空间、公共通道、地块出入口等)得以落实。

(三) 实施逻辑导向的规划内容

实施逻辑导向的规划内容主要体现在构建了多方参与互促的城中村更新利益共享机制。规划对拆除重建更新单元规划捆绑公共利益建设责任,加强了综合整治片区和拆除重建片区对公共产品的有效输出。水围村更新单元规划编制前后经历了 6 年,规划师通过渐进式、参与式更新的方法,促成了政府、村股份公司、国企、私企开发商、第三方机构等多方合作的更新运作模式(表 9-4)。

针对不同的公共产品供给,分别构建多元主体利益共享机制。综合整治片区以"政府主导+村股份公司"为实施主体,在不拆除民房的前提下,通过"政府搭建平台引入国企→村股份公司统租→国企承建实施运营管理→返租政府"的运作模式,将 504 套自建房改造为人才保障房(柠盟公寓项目)。拆除重建片区通过"政府引导+市场运作"的模式为水围村提供了市政道路、公共绿地、公共设施、公共空间等公共产品。

表 9-4　水围村城市更新单元规划中的多元主体参与历程

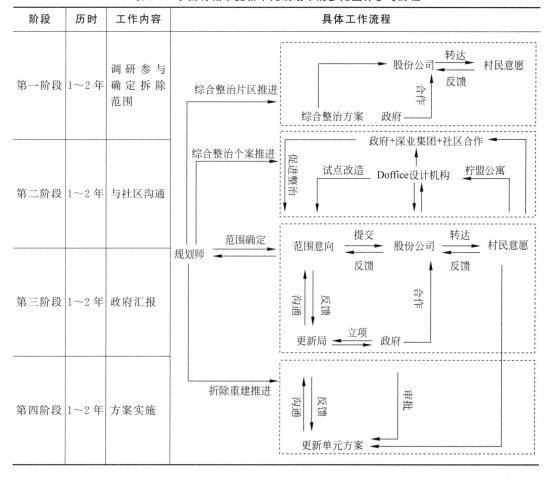

阶段	历时	工作内容	具体工作流程
第一阶段	1～2 年	调研参与确定拆除范围	
第二阶段	1～2 年	与社区沟通	
第三阶段	1～2 年	政府汇报	
第四阶段	1～2 年	方案实施	

第三节　单元层面城市更新规划的内容框架

一、单元层面城市更新规划的内容框架

城市更新单元是落实更新政策和协调权益主体利益的平台。单元规划的编制承接城市更新专项规划对更新单元的功能、开发容量、管控指标的要求,落实国土空间详细规划(控制性详细规划或法定图则)的管控指标要求。单元规划编制首先需遵从实施城市更新的计划管理的政策逻辑,明晰城市更新单元计划的制定和申报规则。城市更新单元规划编制的技术逻辑主要体现在对更新单元的功能和更新方式的论证,更新单元土地利用规划方案的制定,以及更新单元的系统性支撑配套体系。技术逻辑运作需运用容积率调控、开发商贡献等政策工具,制定利益调控方案,落实单元内更新项目的社会责任分解和公共利益兑现。实施逻辑侧重更新单元内的土地整备、更新项目任务分解和公共利益兑现(图 9-11)。

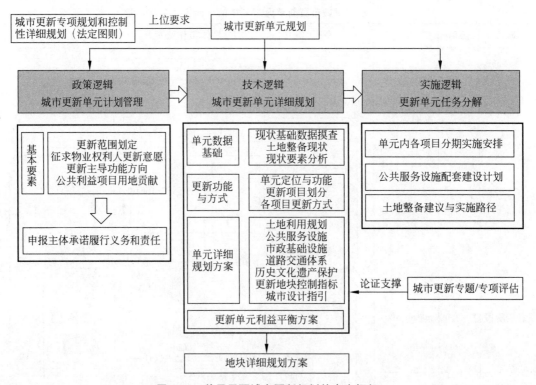

图 9-11　单元层面城市更新规划的内容框架

(一) 政策逻辑导向的规划内容

1. 更新单元的申报与计划管理

广州城市更新单元的划定采取自上而下的方式,根据城市更新项目的需要,由区政府统筹在区城市更新专项规划层面初步划定,最终在单元规划方案编制时确定。深圳城市更新单元的申报采取自下而上和自上而下相结合的机制,更新单元计划由符合条件的申报主体向区城市更新机构申报,重点更新单元计划由区城市更新机构作为申报主体报送市更新管理部门统筹。

2. 更新单元规划编制的前期研究

为强化城市更新单元实施的计划管理,广州和深圳都在更新单元规划编制前设置了前期研究环节。广州目前已实现"控规全覆盖",更新单元规划是对原控制性详细规划的修改。因此,需要开展城市更新单元规划的必要性论证(通过篇章形式在控制性详细规划调整方案中一并进行论证说明,可纳入详细规划方案一并公示和报批),内容包含城市更新单元划定情况说明,更新单元规划编制目的和编制必要性、申请修改的规划内容、征求利害关系人意见的情况说明等。深圳城市更新单元规划编制的前期研究即更新单元计划,主要内容是划定拆除范围,明确申报主体、更新意愿达成情况、更新方向及开发强度等具体请求,并承诺按照城市规划及城市更新相关政策的要求应履行的义务和承担的责任。

(二) 技术逻辑导向的规划内容

1. 单元数据摸查与现状分析

更新单元规划编制前需摸清更新单元的现状,包括拆除范围、建设现状、社会经济发展情况、用地及建筑物产权情况等基础数据。与增量规划相比,更新单元的现状分析更加关注现状土地权属、建筑物的产权证件类型,分析现状权益分布对更新单元的空间布局、交通组织、地块划分、合宗开发、权利与责任分配等产生的影响。

2. 更新功能与更新方式

基于城市更新片区规划和控制性详细规划等上位规划要求,结合城市更新单元与周边地区的功能关系,确定更新单元的整体功能定位和更新目标,说明城市更新单元内各更新项目采取的更新方式。

3. 更新单元规划方案

更新地块的开发控制是更新单元规划的核心内容。重点对更新单元内更新项目的土地利用功能、开发强度、公共服务设施和基础设施配置提出管控要求。统筹平衡多方利益,确定城市更新单元的管控指标体系。如广州城市更新单元规划实行刚弹结合、分级审批管控体系,刚性指标主要在单元导则中规定,弹性指标主要在地块图则中体现。规划中也需引入城市设计管控,重点针对城市空间组织、公共空间控制、慢行系统组织、建筑形态控制等内容进行深入研究。

4. 更新单元利益平衡方案

强调更新单元规划作为多元主体利益协调的平台作用。以广州为例,单个更新项目因用地和规划条件的限制无法实现资金平衡的,应在城市更新单元内,或本区内统筹,或采用货币补偿。旧村改造以区内统筹平衡、成片连片推进改造为目标,划定城市更新单元,可包含多个改造项目子单元。

5. 专项评估或专题研究

专项评估和专题研究是支撑城市更新单元规划方案的技术依据。广州和深圳对更新专项/专题研究的侧重点差异显著,广州更侧重更新单元的底线管控和经济可行性的论证,从地质环境、社会风险、环境影响等方面提出七大专项评估。深圳更侧重对更新单元本身的论证,从产业发展、功能定位、城市设计、海绵城市建设、生态修复等角度提出更新单元的品质保障要求。

(三) 实施逻辑导向的规划内容

1. 各项目分期实施方案

强调分期实施方案作为各阶段利益平衡的重要手段,阐明城市更新单元内各更新项目的实施时序与分期建设计划,保障各分期的独立实施性。分期实施方案须提出公共服务设施优先建设和移交的计划。

2. 土地和公共服务设施移交计划

明确土地移交责任,规定无偿移交给政府的公共利益项目用地;同时规定须在更新单元内一并附属建设的城市基础设施、公共服务设施、人才住房和保障性住房、人才公寓、创新型产业用房等公共利益项目。

3. 土地整备和用地处置方案

土地整备的作用是实现土地资源空间重组、产权重构和利益共享。以广州城市更新单元为例,需说明更新单元内土地整备的情况(整备方式、实施主体及实施路径、供地方式等)。同时,说明用地处置情况,包括安置用地、融资用地、独立占地的公共服务设施、市政交通设施及其他公益类设施用地、政府收储用地。深圳土地整备利益统筹项目与城市更新单元项目分立设置,更新单元规划不涉及土地整备的内容。

二、广州和深圳城市更新单元规划的比较

根据广州和深圳城市更新单元规划编制指引和技术规定,城市更新单元的强制性内容主要包括定位与功能、底线控制要素、开发指标、道路系统、保护与建设控制地带和城市设计等六个方面。比较发现,广州城市更新单元规划的强制性内容比深圳的管控覆盖面更广(表9-5)。编制内容框架差异性体现了两地对城市更新单元这类空间治理单位的角色定位差异。

表 9-5　广州和深圳城市更新单元规划强制性内容比较

大　类	编 制 内 容	广　州	深　圳
定位与功能	单元发展定位	●	●
	单元主导功能	●	●
底线控制要素	城乡建设用地规模边界	●	
	城镇开发边界	●	
	永久基本农田、生态保护红线	●	
	市级和区级绿线、蓝线、黄线管控	●	
	工业产业区块	●	
	自然资源指标	●	
开发指标	单元总建筑面积	●	●
	住宅及商务公寓建筑面积	●	●
	产业建设量占比	●	
	公共绿地用地规模、布局	●	●
	公共配套设施规模	●	●
道路与市政基础设施	道路系统和红线控制	●	●
	市政、交通设施规模下限、类型	●	

续表

大　　类	编 制 内 容	广　　州	深　　圳
保护范围	文物保护和历史风貌保护范围	●	●
	建设控制地带	●	●
	绿地系统（树木保护）	●	●
城市设计	重点地区的城市设计要求	●	●

来源：《广州市城市更新单元详细规划编制指引（2022 年修订稿）》；《深圳市拆除重建类城市更新单元规划编制技术规定（2018）》

广州城市更新单元规划是国土空间详细规划的组成部分，更新单元规划的成果纳入全市国土空间详细规划"一张图"平台。广州由政府主导土地再开发增值收益，城市更新单元规划主要通过功能和指标管控落实专项规划，具有管控要素广泛的特征。除需按照国土空间详细规划的技术规范要求编制外，还须对城市更新单元的目标定位、改造模式、规划指标、公共配套、土地整备、经济测算、区域统筹及分期实施等方面做出细化安排。其强制性内容突出强调了对城乡建设用地规模边界、底线控制要素和自然资源指标的刚性指标控制。更新单元规划的指标管控还包括单元内的地块位置、地块界线、用地性质、地块规划指标、支路线位和宽度、配套设施布局等弹性指标。

深圳城市更新的目标则聚焦于借助市场化途径推动一二级土地市场的联动，加强政府对土地的掌控，为城市腾挪建设用地的指标和空间，缓解长期存在的基础教育、医院、养老院等公益设施用地结构性短缺问题。在深圳，城市更新中政府扮演着"守夜人"的角色，强调政府与市场之间的"协商机制"（唐婧娴，2016）。通过市场化主导运作模式，强调效率优先，赋予市场主体和权利人在更新单元内协商分配土地增值收益的空间。不同于广州的综合性规划管控，深圳城市更新单元规划作为土地权属人和市场主体利益协商的平台，强调对市场主体行为进行规制，聚焦落实公配和"两房"等政策意图，管控重点在于对更新项目本身的空间权益调控，并在实现利益平衡下开展城市设计，提升地区空间品质。其强制性内容明显少于广州，侧重点在于单元主导功能、开发强度和公共配套设施等管控要求。单元发展的底线管控要求、交通设施、市政设施的类型和规模要求则纳入了市、区更新专项规划和法定图则的编制内容之中。与城市更新单元配套的地方规章和技术标准①建设也推动了更新单元规划编制的制度化建设，简化了更新单元规划编制的技术框架，降低了规划协商成本。

总之，城市更新单元规划的编制内容框架和重点与城市更新的目标导向和存量土地发展权配置模式密切相关。城市更新单元规划编制需放在国土空间详细规划层面统筹考虑，根据城市行政审批体制特点和城市更新管理事权分工，因地制宜制定相应的内容框架指引。

---

① 有关城市更新单元的指引和技术准则主要有：深圳市拆除重建类城市更新单元规划编制技术规定（2018），深圳市拆除重建类城市更新单元计划管理规定（2019），深圳市拆除重建类城市更新单元规划容积率审查规定（深规划资源规〔2019〕1 号），深圳市拆除重建类城市更新单元规划审批规定（2020）。

小结

    城市更新单元作为一种打破宗地为单位的空间制度和管理制度,其类型已从拆除重建类更新单元拓展到多类型更新单元,如保护控制类更新空间单元、综合整治类更新空间单元和功能提升类更新空间单元。城市更新单元划定需承接国土空间总体规划对城市更新重点区域的划定,更新单元划定过程中需考虑自然环境、城市道路、产权边界等因素,具有明确的空间边界。城市更新单元规划定位为国土空间详细规划的一类,更新单元规划在国土空间详细规划一般性内容框架基础上,需关注其空间区位、主导功能和权属特征,尊重权利主体的更新意愿和诉求,进而确定各地块的更新方式和差异化管控要求。

思考题

    1. 广州、深圳城市更新单元规划与实施的主要异同点有哪些?
    2. 深圳的城市更新单元和国土空间规划标准单元在空间规模、编制内容和指标传导方面有何不同?

参考文献

邓堪强,2022. 以国土空间规划统筹引领高质量城市更新[J]. 城市规划,46(3):22-28.

广州:广州市规划和自然资源局,2022. 广州市城市更新单元详细规划编制指引(2022 年修订稿)[R/OL]. (2022-09-13). http://ghzyj. gz. gov. cn/gkmlpt/content/8/8562/post_8562460. html.

广州市规划和自然资源局,2020. 关于印发《广州市城市更新实现产城融合职住平衡的操作指引》等 5 个指引的通知[EB/OL]. (2022-09-13)[2022-01-14.]. http://ghzyj. gz. gov. cn/gkmlpt/content/8/8562/post_8562460. html♯937.

深圳市规划和国土资源委员会,2014. 深圳市法定图则编制技术指引(试行稿)[R].

深圳市规划和国土资源委员会,2018. 深圳市拆除重建类城市更新单元规划编制技术规定[EB/OL]. (2018-09-25)[2023-08-11]. http://www. sz. gov. cn/szzt2010/wgkzl/jcgk/jcygk/zdzcjc/content/post_1900083. html.

深圳市规划和自然资源局,2019. 深圳市拆除重建类城市更新单元计划管理规定[R/OL]. (2019-04-10)[2023-08-11]. http://www. sz. gov. cn/szcsgxtdz/gkmlpt/content/7/7019/post_7019447. html♯19169.

唐婧娴,2016. 城市更新治理模式政策利弊及原因分析:基于广州、深圳、佛山三地城市更新制度的比较[J]. 规划师,32(5):47-53.

第十章　项目层面的城市更新规划

项目层面的城市更新实施方案是在城市更新单元规划审批之后,面向更新项目实施的综合性方案,是对城市更新规划纲要的具体落实。改造项目实施方案综合了权属信息核查与更新意愿调查、土地利用调整、空间利益统筹、产业导入策划、开发指标管控等内容,构建责任和收益对等的实施机制;强调财务可行、开发可控、空间可塑、业主可用。项目层面的实施方案服务不止于规划编制、审批和项目报建,还包括后期的运营管理,需要技术力量的长期跟踪。广州的项目实施方案编制事权归属住房和城乡建设局,编制依据为国土空间详细规划和片区策划方案。2018年广州市政府机构改革后,积极探索更新项目实施方案编制,形成了微改造和全面改造两类更新实施方案。本章以广州永庆坊旧城镇、五眼桥城中村、建设二马路老旧小区改造为例,阐述微改造类和全面改造类城市更新项目实施方案的编制内容与框架。

第一节　旧城镇微改造实施案例

旧城镇微改造适用于无需成片重建的区域,主要包括整治修缮和历史文化保护性整治,一般不涉及大规模建筑拆建。截至2018年底,广州纳入省"三旧"改造标图建库的旧城镇共74km²。根据《广州市旧城镇更新实施办法》,旧城镇微改造项目实施方案以城市更新片区策划方案和现状调查成果为编制依据,编制内容主要包括现状调查成果、改造范围、改造成本、改造模式、规划方案、改造成效、历史文化保护专项规划、建设时序等内容。微改造项目应当征询改造区域内居民的意愿。本节以恩宁路永庆坊为例,具体分析旧城镇微改造项目实施方案的内容框架。

一、项目概述

永庆坊位于恩宁路历史文化街区北侧,临近粤剧博物馆及西关培正小学,占地面积约7800m²,区内有骑楼、竹筒屋及李小龙故居等历史建筑,具有浓郁的岭南风情和西关文化特色。2016年,广州市启动了恩宁路永庆坊修缮活化利用项目,作为探索转变旧城更新思路、创新实施路径的老城复兴示范项目。永庆坊项目位于广州历史城区恩宁路历史文化街区内,总用地面积11hm²。核心保护范围面积5.38hm²,建设控制地带面积10.65hm²(图10-1)。

永庆坊更新规划项目是对广州市历史街区保护活化及利用的创新实践,2017年被住房和城乡建设部列为全国第一批历史建筑保护利用试点项目。项目以"保育历史,活化更新"

彩图 10-1

图 10-1　永庆坊在恩宁路历史文化街区中的区位

为设计理念,建立了从保护利用规划(详细规划深度)、实施方案到建筑设计的全流程管理方法,采用原样修复、留旧置新、新旧结合、改造提升、景观绿化等多种手段推进街区微改造。实施方案落实保护规划要求,创新了面向实施的规划设计方法和工作流程。

二、技术逻辑导向的规划内容

(一) 建筑分类保护与利用

为落实保护规划要求,历史文化街区核心保护范围限高 12m,建设控制地带限高 18m。按照"修旧如旧,建新如故"的方法,基本保持原有建筑的外轮廓不变,对其建筑立面进行更新、保护与整饰,强化整体的岭南建筑特色风貌特征,保留岭南传统民居的空间肌理特点。严格保护传统立面和历史文化要素,通过复建、修缮、整治三种方式,对外立面、内部空间、第五立面(屋顶)进行保护性改造与再利用,并根据业态定位对保留建筑引入新功能(图 10-2)。

永庆坊更新采取历史建筑材料病理诊断、修复与监测等技术,在现场病害勘察与诊断的基础上开展方案设计,基于实验评估提出修复与实施对策,开展修复后的持续监测、评估与维护。

(二) 建立通达的步行系统

打通片区西侧的步行通道,形成井字形步行网络,改变现状单一出入口带来的交通不

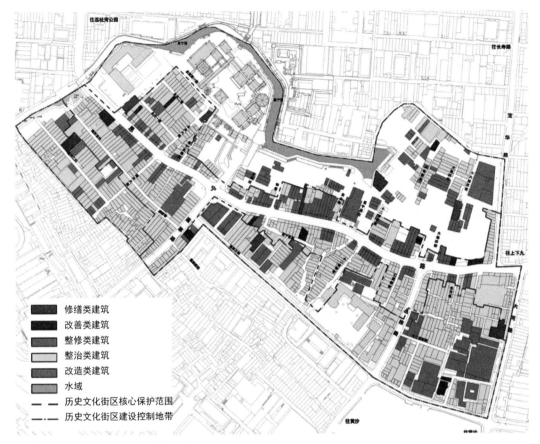

图 10-2　恩宁路建、构筑物分类保护整治措施图

来源：华南理工大学建筑设计研究院.恩宁路历史文化街区保护利用规划［R］.2018

便。在保存原有空间肌理的前提下,对部分建筑适当拆除和原址重建恢复,获得入口空间和通畅的步行通道,营造连续而有趣的慢行宜居环境。

(三) 街区环境整治与营造

实施方案从环境整治、设施配套、文化导入等方面落实公共服务设施配套,并新增多处传统文化、当代艺术、社区服务和旅游服务设施;增加消防设施,整理电力和通信线路,兼顾安全、美观;整理巷道剖面,保留原有青石板路,结合路面优化排水方式;以新旧融合的理念整治公共空间和绿化景观,塑造新街巷空间。

(四) 功能分区与业态引导

对街区按照不同的主导功能进行分区规划,划分创客空间、社区教育营地、青年公寓等产业空间分区,并依据主导功能完善相应的配套设施,营造面向社区居民和外来游客的文化生活街区(图 10-3)。

以建设集传统文化、人文居住、滨水休闲、城市服务、文化旅游等多元功能复合的文化

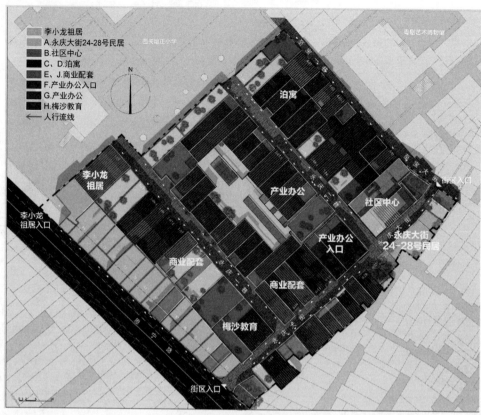

彩图 10-3

图 10-3   永庆坊一期功能分区图

来源：广州市规划和自然资源局.广州恩宁路历史文化街区永庆坊微改造［R］.2019

生活街区为目标，引入老字号品牌和文化体验感强的功能。重点包括三个方面：一是保留传统居住，增加骑楼底商和引入文化产业，新增人才公寓，完善社区服务；二是发展特色文化、商业、旅游相关的产业功能；三是创建联合办公、新媒体社区。规划同时对永庆坊的功能业态制定了导则，提出了正、负面清单（表 10-1）。

表 10-1   恩宁路永庆坊功能业态正负面清单

鼓励发展业态（正面清单）	不鼓励发展业态（负面清单）
◆鼓励与传统文化传承相关行业：文化展厅、戏剧体验馆、传统工艺作坊、非遗学堂、文创工作室等； ◆鼓励特色体验及服务型商业：特色商品店铺、超市、便利店、书店、精品酒店、特色民宿、新型办公、特色餐厅、茶馆、咖啡店、旅游服务等； ◆鼓励社区服务设施：邻里中心、社区活动中心、社区医院、福利院、老人看护等	◆与街区功能定位相悖的行业，如危险品经营、汽修、建材、仓储、殡葬用品、各类批发等； ◆与传统风貌不协调的行业，如与文旅主题无关的大型百货、低端零售等； ◆存在较大环境和噪声污染的业态，如工业加工、歌舞厅、游戏厅、网吧等； ◆缺乏特色的低端商业业态，如低俗纪念品售卖、普通经济型旅馆等

三、实施逻辑导向的规划内容

(一) 确定投资与运营模式

永庆坊项目采用微改造的方式实现了历史文化街区的活化利用。由于历史文化街区的保护和活化所需投入成本较高,政府公共财政有限,单单依靠政府投入难以实现可持续运作。该项目在确保历史文化保护底线不被突破的前提下,探索采用"建设-经营-转让"模式(build-operate-transfer,BOT)拓宽资金筹措渠道。由中标企业推进改造实施,在项目建成后的运营期内,中标企业获得项目投资经营所得收益。运营期结束后,若双方不续期,则中标企业将本项目移交给政府。

(二) 共同缔造与组织协调

改造实施过程中,探索形成"政府服务、多方参与、共同缔造"的微改造模式。倡导共建共治共享,市—区—社区三级联动,从规划、设计、建设、运营、维护、管理多个维度引导公众参与。通过街道办搭建的公共参与平台,引导荔湾区人大代表、区政协委员、社区规划师、居民代表、商户代表、媒体代表、专家顾问等成员积极参与。创新参与方式,促进共建共治共享,包括搭建居民建设管理委员会、居民议事平台、工作坊,开展专家咨询会,举办规划方案竞赛等方式。

微改造过程中,市、区各职能部门分工协作。市规划、更新相关职能等部门负责技术协调和组织统筹;区政府负责实施统筹,负责建设协调和后期运营管理。荔湾区委区政府制定了《荔湾区恩宁路历史建筑保护利用试点工作方案》,推进建立由规划设计小组、建设监管小组、公众参与小组构成的历史建筑试点专家委员会制度。

永庆坊通过修补街区肌理,建立骑楼街、水岸空间和连续慢行空间,营造空间丰富、环境美好、人文气息浓厚的西关街区,实现了历史风貌保护、空间环境品质完善和城市功能提升的有机结合。2016 年 9 月开放以来,在社会、文化、经济三维度形成了一定的示范效应。社会维度,通过完善社区公共空间和配套设施,改善了社区居民的生活品质。具体包括改造市政管线 280m,改造建筑 7200m²,整饰建筑外立面 1200m²,并且为社区提供了 900m²的公共空间。文化维度,持续平均每月举办各种主题文化活动 8 场,吸引客流量 7500 人/日,提升了恩宁路历史文化街区的影响力和知名度。经济维度,永庆坊改造过程中通过传统文化资源聚合了创新产业,带动地区价值提升,带动了片区内物业租金上涨 2～5 倍,物业出租率接近 100%,引进了 56 户不同类型业态的商户,创造了 150 个就业岗位,并间接带动经济产值增长 50 亿～80 亿元。

第二节　城中村全面改造实施案例

《广州市旧村庄更新实施办法》规定旧村庄全面改造项目实施方案编制的依据为城市更新片区策划方案和经批准的控制性详细规划编制。项目实施方案应当明确现状调查成果、改造范围、用地界址、地块界线、复建和融资建筑量、改造成本、资金平衡、产业项目、用地整合、拆迁补偿安置、农转用报批、建设时序、社会稳定风险评估等内容。本节以广州五眼桥村为例,分析全面改造类旧村庄实施方案的编制框架。

一、项目概述

五眼桥村地处荔湾区南片、广州与佛山交界地带。村域内城乡混杂,工业仓储用地比例较高,村域范围散布着各种家庭作坊式小工业,多为机械、纸质、五金、制衣、制鞋等类型,给村民的生活造成了一定影响,同时排放的污水对河涌造成了一定程度的污染。现状公共管理与公共服务设施存在分布不合理、缺乏体育设施等问题。除芳村大道与芳兴路两条主干道外,其他道路以支路为主,不成系统,干路网(包含主干道、次干道)密度整体偏低($1.7km/km^2$),导致规划范围内部通达性较差。在"广佛同城化"政策指引下,五眼桥村面临新的发展机遇。

五眼桥村改造较早探索了城中村改造项目实施方案编制的技术方法和组织模式,在规模统筹、空间统筹、设施统筹等方面提出指引。结合区位环境、地区发展规划和村集体经济组织表决情况,实施方案提出五眼桥村更新采取全面改造方式、自主改造模式共同推进。由荔湾区石围塘街五眼桥股份合作经济联合社依据批复的项目实施方案自行拆迁补偿安置,由村集体经济组织或其全资子公司申请以协议出让方式获得融资地块开发融资,改造成本在改造范围内自我平衡。

根据土地勘测定界技术报告书和区国土部门出具的土地利用和建筑物现状数据的确认复函,改造范围现状用地包括五眼桥村集体用地 70.73hm²,周边国有用地 6.52hm²(含 3 宗国有旧城、10 宗旧厂用地),以及山村飞地 1.36hm²(共 3 宗,全部为集体土地)(图 10-4)。

二、技术逻辑导向的规划内容

(一) 土地整理与土地利用

由于五眼桥村与山村飞地、国有旧城镇用地、国有旧厂房用地等相互插花,产权关系复杂,难以分别独自开发建设。项目实施方案按照"统一规划、整体改造"的原则,结合解决五眼桥片区公共服务配套、政府统筹用地、河涌综合整治工程等问题,将村内剩余 11.41hm² 农用地全部纳入改造范围。

实施方案落实控制性详细规划和更新片区策划方案,形成土地利用规划方案,明确划分复建安置区和融资区,复建安置规模和融资规模满足改造测算需求。复建区内结合复建 16 万 m² 村集体物业,整合现状花卉市场,打造具有区域性影响力的集花卉批发、展览、电子商务及配套设施于一体的花卉交易中心。

(二) 利益统筹

1. 拆迁补偿安置方案

根据广州市对旧村庄改造补偿的相关规定,确定了五眼桥村改造的村民住宅复建原则

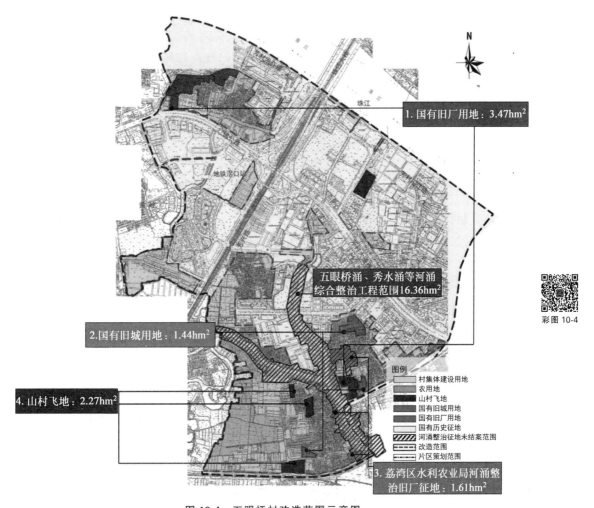

图 10-4　五眼桥村改造范围示意图

来源：广州市城市规划勘测设计研究院. 荔湾区五眼桥村更新改造实施方案［R］. 2020

和集体经济物业复建原则，并明确保留不可移动文物、传统风貌建筑、因历史文化保护要求
保留的建设量，以及需要整合周边用地的复建总量。

2. 改造成本测算方案

按照政策确定村内建筑的复建原则、建筑量和复建成本测算标准，结合安置区住宅、公
共服务配套设施、集体物业、文物及历史建筑的建设量测算改造成本。根据居住、商业融资
楼面地价评估价，测算融资平衡方案，确定融资区计容建筑面积，并明确住宅、商业办公、公
共建筑配套设施、文物及历史建筑的具体建筑总量。

3. 公共设施配套规划

按照村居住人口和城市居住人口两部分测算改造后片区人口规模。村居住人口按照
现状户籍人口测算；城市居住人口则根据村改造成本融资的建筑量、政府统筹建筑量、国有

保留及规划新增建筑量中的住宅面积,按照广州人口测算标准(每户100m²,户均3.2人)推算得出片区居住人口规模。

结合人口规模,以每100m²住宅建筑面积不少于11m²的标准配置公共服务和市政公用设施,得出设施占地规模的要求。设施按级别划分为区域统筹级、街道级和居委级三级。结合居住用地分布,高标准配置教育、医疗、文化、城管、体育、养老、配送等公共服务设施,明确各级各类公共服务及市政基础设施的种类、数量、分布和规模,并配建公共租赁住房、市场化租赁住房、共有产权房和人才公寓。

(三) 开发管控

1. 土地开发控制指标

按照控制性详细规划和更新片区策划方案落实土地开发控制指标。涉及与控制性详细规划不一致的情况,在保持控制性详细规划建筑总量、路网和空间结构不变的前提下,结合实施需求并考虑预留政府统筹用地,对改造范围已批控制性详细规划进行局部修改;修改后的居住、商业、公建配套和因历史文化保护要求保留的建筑面积与现行控制性详细规划保持一致。

2. 城市设计与风貌管控

提出改造范围的总体城市设计方案,结合区域业态特征、历史文化特色和城市景观,塑造城市节点和特色景观风貌;构建连续、步行化的开放空间,缝合被道路分割的城市组团,塑造多层次的绿地系统和休憩环境;划定历史风貌保护区,以功能策划保育文化遗产,强调复合的绿地功能,以生态湿地治理多条水道的上游排污。针对天际线及高度控制、公共空间构建、慢行网络联通等要素提出设计指引(图10-5)。

彩图10-5

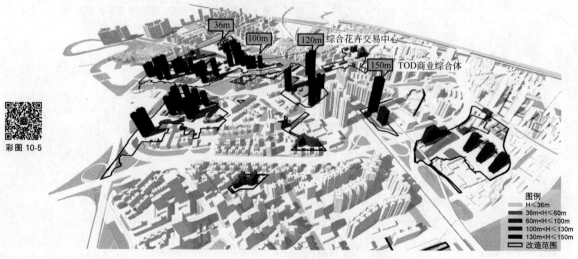

图10-5　五眼桥村更新整体高度控制

来源:广州市城市规划勘测设计研究院.荔湾区五眼桥村更新改造实施方案[R].2020

三、实施逻辑导向的规划内容

(一) 各类用地处置实施方案

五眼桥村连片更新改造项目以公开方式引入市场主体实施拆迁补偿安置工作,承诺在限定时限内完成拆迁。被选定的投资实施主体按协议约定投资参与完成土地整理。实施方案梳理了片区范围土地权属情况、土地利用现状、国土空间总体规划建设用地规模及调整的相关说明、补纳标图建库情况、"三地"及超标"三地"分析、拆旧复垦说明、农转用说明、完善历史用地手续情况等。涉及整合国有用地、土地置换或异地平衡的,需明确整备主体、实施路径及权属情况。

改造范围村复建安置用地可按规定转为国有建设用地,复建住宅用地可按照国有用地办理不动产登记证,涉及须移交政府的公共服务设施、市政基础设施用地须办理集体转国有手续。融资地块通过协议出让方式,由村集体经济组织或村全资子公司进行开发建设,在组织完成房屋拆迁补偿安置后,按规定申请转为国有土地。政府统筹用地须转为国有建设用地。城市基础设施、公共服务和市政公用设施及交通、水利等基础设施用地申请转为国有土地,建成后无偿移交给政府或相关职能部门。

(二) 拆迁计划与建设时序

由村集体经济组织或其全资子公司作为实施主体负责更新改造范围旧村拆迁工作。五眼桥村采用滚动开发模式,按照"分期实施、分步搬迁、先安置后拆迁"的原则进行改造,实现部分安置、部分出售、分期开发、整体平衡,将一期建设融资地块出让,产生的利润滚动进入下一期开发成本(图 10-6)。

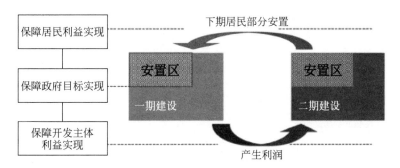

图 10-6　五眼桥村改造资金安排方案示意图

来源:广州市城市规划勘测设计研究院.荔湾区五眼桥村更新改造实施方案[R].2020

(三) 公共配套设施建设运营

改造范围的学校、邻里中心等公益性用地由建设单位统一代建后无偿移交市、区住房与城乡建设行政管理部门。变电站、邮政所等市政公用设施由电力、邮政企业投资主体建设或委托代建。居民健身场所、超市等经营性设施由建设单位建设后使用并组织经营。

第三节　老旧小区微改造实施案例

广州市内存在大量建成年代较早,失养失修失管、市政配套设施不完善、社区服务设施不健全、居民改造意愿强烈的住宅小区(含单栋住宅楼)。2016 年以来,广州在摸清核实市内老旧小区现状底数、空间分布等概况的基础上,陆续编制完成《广州市老旧小区改造三年(2018—2020 年)行动计划》《广州市老旧小区微改造设计导则》(2018)、《广州市老旧小区改造工作实施方案》(2021)等行动计划和实施导则。按照"成片连片,分步实施"的原则,结合老旧小区数据库存量,建立储备项目库,每年滚动修编老旧小区改造计划,逐年推进老旧小区改造。老旧小区微改造的内容主要分为基础类、完善类、提升类、统筹类(表 10-2)。

表 10-2　广州老旧小区微改造的内容

微改造大类	微改造内容
基础类	为满足居民安全需要和基本生活需求的内容,主要包括小区内道路、供排水、供电、供气、通信、绿化、照明、安防系统、消防设施、无障碍设施及与小区联系的基础设施的改造提升
完善类	为满足居民生活便利需要和改善型生活需求,主要包括环境及配套设施改造建设等内容。如外立面整饰、楼体绿化、加装电梯、建筑节能改造、机动车泊位等
提升类	为丰富社区服务供给、提升居民生活品质,立足小区及周边实际条件积极推进的内容,主要是公共服务设施配套建设及其智慧化改造,包括改造或建设小区及周边的社区综合服务设施,养老、托育、助餐、家政保洁、便民市场、便利店、邮政快递末端综合服务站等社区专项服务设施,以及危房治理、智慧社区、海绵城市、规范化物业管理等
统筹类	统筹各条块项目实施,市、区各职能部门统筹各专业改造力度,协同推进老旧小区"三线"下地、电梯加装、道路整治、雨污分流、二次供水、健身设施、拆除违建、垃圾分类、燃气入户、绿化美化等改造;统筹完善社区基本公共服务设施,以社区为基本单元,以建设完整社区为导向,逐步构建以幼有所育、学有所教、老有所养、住有所居等为目标,涵盖公共教育、医疗卫生、公共文化体育、残疾人服务等领域的社区基本公共服务体系,各内容对应职能部门共同谋划,同步推进实施

来源:广州市住房和城乡建设局,2021

一、项目概述

建设二马路社区位于广州市越秀区中部,辖区范围 18hm²,临近环市东商圈,社区内的建设新村是广州市在新中国成立后第一个由政府拨款兴建的工人住宅区。因长时间缺乏有效的物业管理,社区内的房屋和设施年久失修,排污渠堵塞导致污水横流,环境受到严重影响。老旧小区微改造项目通过对社区内基础设施、安防监控、环境卫生、市容管理、绿化美化等方面实施提升措施,以期改善区内人居环境,提升街区形象,打造示范社区。本节以建设二马路社区微改造为例,介绍老旧小区微改造实施方案的编制方法。

二、技术逻辑导向的规划内容

(一) 调查现状,分析居民诉求

老旧小区微改造项目的现状调查工作采用问卷调查、随机访谈或者工作坊等形式开展,多措并举推进改造共识的形成,将有限的资金投入到居民最关心的问题中。根据实地调研及居民访谈摸查社区现状问题及诉求,主要问题集中在建设二马路、三马路沿线呈点状分布。老旧小区的现状问题可以归结为破损路面修复、建筑外立面修复、沿街铺面改造、下水排水设施提升、垃圾桶点美化、停车点整治等类型。

(二) 明确改造目标

结合问题总结及居民需求分析,明确微改造的目标是要完善基础设施、补强短板,改善社区环境,提升社会治安水平。以重要节点、重要路段、重点片区为抓手,围绕建筑立面、市政设施、标识牌匾等要素,加强城市公共空间基础设施建设管理。

(三) 确定改造项目及线路

根据调研情况梳理总结小区内所需解决的关键问题,并考虑经费情况及问题的急迫程度,拟定改造具体项目类别,绘制拟改造项目总览图(图 10-7)。项目收集到的问题主要涉及建设二马路两侧的数十家商铺、食肆,以及建设新村市场、榕树头广场等公共服务设施。

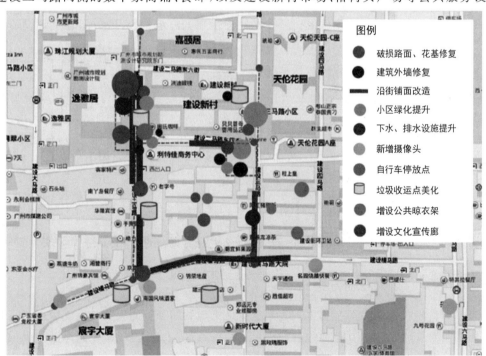

彩图 10-7

图 10-7 建设二马路社区拟改造项目总览图

来源:广州市城市规划勘测设计研究院.建设二马路社区微改造项目[R].2016

确定以建设二马路为主要线路,提出完善类、基础类、提升类改造项目。具体包括:修复破损路面、花基,整治铺面,修复建筑外墙;提升绿化景观、下水、排水设施,整治自行车停放点,美化垃圾桶点,提升安防监控,增设公共晾衣架等。

三、实施逻辑导向的规划内容

(一) 明确改造时序与成本

考虑总体经费安排及细项协调难度,对各类项目进行时序安排,分区域、分项目、分阶段落实,并测算造价成本。据测算,项目建安工程费约 319.14 万元,工程建设其他费用 64.11 万元,基本预备费按照上述费用得到的 5% 测算,总计改造费用 402.56 万元。建设二马路社区微改造项目计划分两阶段进行改造。

第一阶段:2016—2017 年度,改造内容为设置公共晾衣架、提升安防监控、建筑外墙修复及榕树头广场周边综合整治(包括周边铺面整治、路面花基修复、绿化景观提升、排水设施提升)。

第二阶段:2017—2018 年度,建设新村市场周边综合整治(包括周边自行车停放点整治、垃圾桶点美化铺面整治,路面花基修复,绿化景观提升,下水、排水设施提升),增加街道家具小品。

(二) 提出实施路径方案

建设二马路社区微改造项目由街道办事处进行施工总承包公开招标,选定建设单位实施社区微改造工程。实施方案提出了政府投资、社会代建的实施方案。

(三) 提出运营管养措施

推进老旧小区微改造工作,还应重视项目后续管养运营的问题。考虑到政府财政压力,实施方案提出引入市场运作机制,提升微改造的"造血能力"。例如,结合街区内的文、商、旅、创资源,探索实施"留、改、拆、建"混合改造的方式,支持功能置换、公房分类活化、闲置低效空间再利用等改造方式,引入优质产业和企业,平衡微改造工作中综合整治的成本,并"反哺"后续的管养运营等。

第四节　项目层面城市更新实施方案编制的内容框架

一、城市更新项目实施方案的内容框架

技术逻辑导向下,项目实施方案的编制重点是土地利用和空间整治。基础数据详查是实施方案编制的基础,需摸清更新对象的现状土地产权特征,土地开发经济指标,基于土地权属的社会经济特征,土地交易行为的记录和历史遗留问题,为改造实施开发权益重构提供依据。

全面改造类城市更新项目实施方案,以拆除重建方式对城市更新地区进行再开发的综合性部署。通过转变更新对象的土地用途和容积率,提高土地使用效率;这类实施方案以

土地整理和土地利用分区方案为基础,对更新地块提出利益统筹方案和开发管控指引。微改造类城市更新项目实施方案,指采取建筑修缮、环境整治、配套设施完善、建筑功能改变和活化利用等方式进行的改造行动部署。强调通过加建、改建、扩建、局部拆建或改变功能等手段,促进地块功能完善、环境品质提升和历史文化遗产保护活化。这类更新实施方案总体包括整治分区与指引、业态功能和空间设计两部分(图 10-8)。

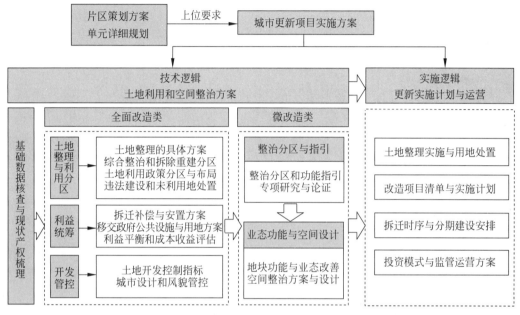

图 10-8　项目层面城市更新实施方案的内容框架

　　实施逻辑导向下,改造项目实施方案包含以下四部分内容。一是需明确土地整理和用地处置方案。制定各类存量用地的土地整理实施方案,预估土地整理的成本;明确改造范围各类用途土地的后续供应方式,完善历史用地手续的规模和用地处置方式。二是制定改造项目清单与实施计划。大部分改造项目按照项目制的形式实施推动,实施方案需划定具体的项目清单和实施分期计划,对各更新项目设定优先序列,并分区域、分阶段落实。三是制定拆迁时序与分期建设安排。按照安置地块优先于融资地块的顺序安排,明确拆迁时序;也可将安置地块与融资地块结合安排,划分更新项目分期拆除与建设的范围和工作安排。四是提出改造项目可持续的投融资方案。对于微改造类实施项目,特别是没有土地融资收益的民生类更新工程,需在政府财政投资之外,探索可推广的融资模式。以老旧小区微改造为例,需探索多元化的社会资金筹措渠道,挖掘老旧小区微改造内容增值潜力清单(李志 等,2019)。

　　项目层面的更新规划编制内容框架需注重建立"编制—审批—实施"一体化的管控逻辑。以广州旧厂房"工改工"类微改造项目为例,实施方案编制内容包括项目背景、地块标图建库、历史使用情况、改造范围、产业现状、相关规划情况、改造目标、保留内容、改造内容、产业导入、供地方式、投入资金、效益分析(预计年产值、年税收)等。项目实施方案审批阶段,区城市更新部门须征询市、区土地储备机构意见,并会同区发展改革、交通运输、住房和城乡建设、规划和自然资源、工业和信息化、商务、科技、生态环境等部门进行审核,审核内容涉及是否纳入政府储备用地,是否涉及重点项目,是否涉及市政道路项目,是否符合国土空间详细规划,是否符合产业政策和产业用地产出要求,是否符合环保要求,是否符合消防和房屋安全等。项目实施方案批复后,区政府或者其指定的部门与改造主体签订改造监管协议,明确实施项目的开工、竣工和达产时间、产业准入条件、投资强度、产出效率和节能环保、股权变更约束等内容[①]。

二、全面改造类项目实施方案的编制要点

(一) 基础数据核查

全面改造类更新项目基础数据核查工作主要包括划定更新用地范围(含拆旧范围和建新范围),开展土地信息核查,核查土地与建筑的权属合法性、手续完整性,为制定合理的补偿标准和建筑权益提供基础。对于旧村庄等集体土地更新项目,尤其需要关注村集体(股份合作经济社)内部的股权结构、集体经济状况,各类村属经营性建设用地、宅基地和村民住宅情况,政府对村庄的征地情况和留用地安排。

(二) 土地整理与分区

土地整理、土地开发与城市运营是土地全生命周期开发治理的长效利益分配机制的三个重要环节(吴军 等,2021)。全面改造类项目需对连片改造地块开展土地整理工作,制定土地整理方案,提出土地利用布局方案及用地指标控制要求,明确交通、公共服务、市政、绿地水系、历史文化保护等要素的规划布局。以村庄改造为例,土地整理对象包括农村宅基地、集体经营性建设用地、村集体历史用地和耕地。进一步基于政府制定的改造赔付标准与权益分配规则,制定土地利用分区方案。城中村、旧城镇等成片改造后,土地用途一般分为回迁安置用地、融资用地、产业用地、公共配套服务用地、绿地和市政道路用地等分区(田莉 等,2020)。

(三) 利益统筹分析

利益统筹分析主要包括三个部分。一是通过复建和融资建筑量测算(拆建比),多方案比较资金平衡方案和拆迁补偿安置方案,明确复建/融资/拆迁安置实施方案。二是落实更新单元规划和控制性详细规划等法定规划确定的无偿移交政府的独立用地、保障性住房、人才住房、创新型产业用房和公共配套设施等。结合现状设施的布局和需求,明确公共产品贡献的布局方案;通过落实公共利益捆绑责任、项目分期验收等实施监管机制,确保公共利益优先落地。三是对更新项目开展成本收益评估,通过成本核算和融资测算,测算政府的土地出让收益和净收益,控制开发商的开发利润区间,保障原产权人的合理补偿要求。

(四) 开发管控要求

实施方案需明确更新项目的开发管控指标,包括容积率、建筑高度、建筑容量等刚性的

---

① 广州市住房和城乡建设局关于印发广州市旧厂房"工改工"类微改造项目实施指引的通知(穗建规字〔2021〕10号)。

开发容量指标,以及用地性质兼容性、配套设施布局等弹性指标。充分尊重地方历史文化和风貌特色,对更新地块提出城市设计策略和控制要求。具体包括:通过公共空间精细化设计提升更新项目的品质;注重公共交通可达性和慢行系统建设,完善街区人性化尺度和步行体验;强调地域性气候特征与城市设计的关系,对重点地区进行风环境、热环境模拟;强化地下空间的综合利用,促进空间资源的拓展等。

三、微改造类项目实施方案的编制要点

(一) 明确现状问题与调查改造意愿

微改造类更新调研内容包括自然环境、社会经济状况、用地和开发建设状况,提出更新实施面临的资金约束问题、社会共识问题、空间环境问题等。微改造项目需充分征询利益相关者的实际需求和改造意愿,例如,老旧小区改造,需摸清居民、租户等利益相关者的整治意愿、出资能力、更新具体需求等。对于历史地段,调研重点是摸清产权人、现有商户、意向投资方,以及属地政府对更新功能定位、更新方式、补偿方案等方面的意向,为改造策略和具体方案的制定提供依据。

(二) 划定整治分区与功能指引

根据上位规划要求、相关主体意愿、规划区建筑物状况和建设环境质量具体条件,明确局部拆除改造区及保留整治区,对综合整治对象提出分类改造指引。对于城中村来说,可采用"菜单式"方式完善城中村基础设施,分门别类地开展城中村综合整治工作,例如,深圳将综合整治工作分为内容全面的一类和仅涉及地上部分的二类。对老旧小区而言,可根据改造对象分为建筑物屋面、外墙、楼梯等小区公共部分,以及楼梯消防、楼道墙壁、房屋外立面等房屋建筑本体共用部位。对于旧城镇、历史地段的更新改造,需划定更新功能分区,为更新后的产业导入和业态布局提供空间指引。

(三) 制定功能改善和空间整治方案

一是提出更新地块功能与业态的改善策略。例如,广州微改造项目对用地和建筑使用功能进行兼容性管理,提出了功能业态的正面和负面清单。从公共配套设施、道路交通、市政工程、消防安全等角度,提出地块功能和配套的优化策略。二是编制空间整治方案,以老旧小区改造为例,包括小区共有部分的整治方案和房屋建筑本体部分。对于旧城镇改造来说,空间整治内容涵盖面较广,既包括社区专项服务设施、市政基础设施的改造提升,公共配套设施的完善等物质性内容,也包括历史文化传承、街区业态调整等非物质治理内容。

(四) 因地制宜提出改造提升策略

综合整治方式主要包括功能改变、加建扩建和局部拆建三大类,根据整治方式不同提出相应的改造提升策略。对于旧城镇来说,可采取整饰修缮的措施,结合街区综合整治,采取原状维修、原址重建、强化安全防护措施等多种方式予以改造,消除居住安全隐患,完善各种生活设施。对于历史地段,综合整治规划也需与历史保护规划统筹编制,以历史文化保护为主要目的,并对周边环境进行整治提升。例如,广州恩宁路永庆坊更新项目整合了

"历史文化街区保护利用规划＋实施方案＋建筑设计＋产业策划"四类规划。

(五) 构建更新项目长效治理机制

对于微改造类更新项目,物质空间的改造仅仅是改造的切入口,还需关注社区治理的过程,促进公众参与机制、长效运营机制和后续维护机制的构建。以广州西村街老旧小区微改造为例,通过搭建社区民主议事平台——社区建设管理委员会,组织社区居民讨论改造方案、建立物业维修基金、签订改造后共同维护管养协议等,实现了从改造前的诉求提出到改造后的维护管养的全过程公众参与(图 10-9),确保改造的方向与使用者自身需求相一致(黄文灏 等,2022)。老旧小区微改造实施在"规划—设计—施工—运营"四阶段需要规划技术力量的长期跟踪,鼓励规划师驻场边设计边施工,不断协调居民之间的意见和冲突。落实社区规划师制度,通过社区共建与营造,以参与式规划的方式增进社区凝聚力,激发产权人和实际使用者参与更新的能动性,促进社区培力。

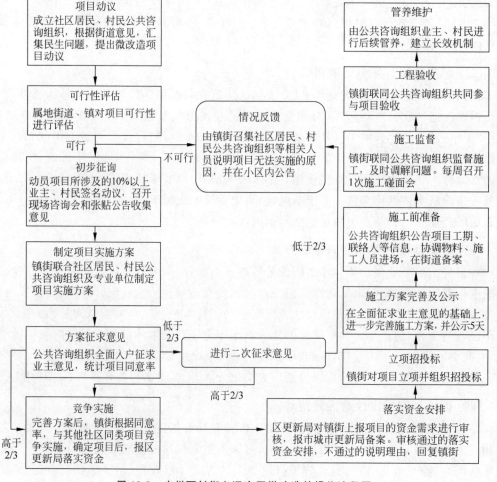

图 10-9　广州西村街老旧小区微改造的操作流程图

来源:黄文灏 等,2022

小结

　　项目层面的更新实施方案注重更新的技术逻辑和实施逻辑,以经济可行性、社会共识性、实施阶段性为基础。更新实施方案对应产权宗地,与土地整理、拆迁安置、历史用地处置,分期建设和投融资安排等紧密联系。其中,拆除重建类项目实施方案以土地整理和土地利用政策分区制定为核心,对更新地块提出基于利益统筹的空间规划方案。综合整治类更新实施方案总体包括整治分区与指引、业态功能布局与空间设计等部分。更新实施方案的落地需要更多的关注投资、财务、运营等配套性的政策设计和操作流程研究。

思考题

　　1. 广州微改造项目与全面改造项目的成本——收益平衡机制有哪些区别?

　　2. 城中村整村全面改造中融资地块、复建地块的用地规模和开发建筑量确定的依据有哪些?

参考文献

黄文灏,吴军,闫永涛,2022.从环境整治、内涵提升到社区治理:广州微改造的实践探索[J].城乡规划(1):28-37.

李志,张若竹,2019.老旧小区微改造市场介入方式探索[J].城市发展研究,26(10):36-41.

田莉,陶然,梁印龙,2020.城市更新困局下的实施模式转型:基于空间治理的视角[J].城市规划学刊,257(3):41-47.

吴军,孟谦,2021.珠三角半城市化地区国土空间治理的困境与转型:基于土地综合整备的破解之道[J].城市规划学刊,263(3):66-73.

第十一章　城市更新规划的实施与管理

　　城市更新规划的实施涵盖城市更新政策、管理体系和具体的组织管理方式,与地方城市治理模式紧密联系。本章首先总结了城市更新规划实施的多种组织实施方式、多部门协同参与的模式;接着探讨了公众参与的正式流程和非正式流程,提出实质性公众参与的有效途径;进而分析了上海、广州和深圳三地城市更新规划实施的政策体系和行政管理体系;最后以深圳城市更新为例,从财税工具和金融工具两个方面,探讨城市更新规划实施的融资工具。

第一节　城市更新规划实施的组织方式

　　政府、社会、市场三大利益主体基于各自的多维诉求产生了复杂的利益博弈,形成了差异化的组织实施模式。城市更新实施需要多部门协同合作,以协调多元主体的利益和城市发展的目标。本节从城市更新实施的三种组织实施模式与多部门协同参与的两个角度,介绍城市更新规划实施的组织方式。

一、城市更新三种组织实施模式

(一) 政府主导的城市更新模式

　　在中国城市更新早期阶段,政府深度主导是最主要的城市更新组织模式,例如,地方政府主持的小规模危房改造、市政建设等。这些更新模式多以公众利益为先导,旨在消除破败城市空间、提升城市环境质量,对改革开放初期中国城市建成环境的改善起到了重要的作用。政府主导下的城市更新,虽然便于利益统筹、控制项目进展,但往往难以形成良性持续,或面临着资金短缺的制约。各地开始尝试"政府主导、政企合作"的更新方式,引入市场资本弥补政府资金的不足。

　　这一模式中,政府或公有制企业首先进行项目研究和立项工作,更新规划的战略、目标由政府确定。例如,在广州 2009 年开始的早期"三旧"改造实践中,城中村自主改造或协议出让项目均须经政府审批,重点地段倾向于采用土地收储方式,由地方政府实施城市更新,并通过编制规划、政策扶持、直接投资基础设施的方式吸引企业参与。同时,政府通过将适当的土地再开发权让渡给企业和社会主体,以实现兼顾经济效益、社会效益和环境效益的平衡发展。然而,政府主导下的城市更新无论如何转换和调整,政府对更新项目仍然拥有极强的项目管控和引导能力,通过土地用途管制控制土地再开发的利益分配。现阶段政府主导的更新模式通常被应用于公共空间建设、基础设施完善等大型公共类更新项目中,例如专栏 11-1 中的上海黄浦江公共空间贯通工程。

专栏 11-1：政府主导的开发模式——上海黄浦江公共空间贯通工程

　　上海从 2016 年起致力于共享城市建设，着力打开黄浦江、苏州河原先封闭的滨水公共空间，因地制宜实施滨水公共空间贯通，打造世界级滨水公共开放空间的核心区。浦江贯通工程河流长约 61km，进深约 2～5km，涉及 8 个行政区，沿岸地区用地约 200km² （图 11-1）。

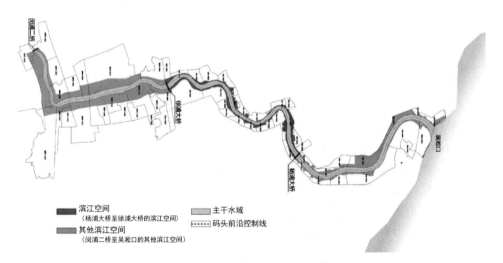

图 11-1　黄浦江公共空间贯通工程范围图

　　政府主导运作的过程：滨江贯通工程是一个综合性多专业工程项目，涉及土地收储、企业资产补偿、债务和人员分流安置、土地开发等事务，涉及的工程专业有规划、建筑、景观、水运、桥梁、市政道路等，需整合各方专业力量，在市级层面统筹各区实施规划。市黄浦江两岸开发工作领导小组负责统筹、协调、决策、指导黄浦江两岸开发的项目建设、环境建设和规划编制。通过"市区联手，以区为主"的开发机制，形成合力，共同推进；根据不同区域的开发时序及建设重点，将沿江 8 个区的滨江地区大致分为基础开发为主、兼顾功能提升，功能提升为主，规划研究为主、兼顾基础开发三类区域，明确分阶段工作任务、建设时序及工作重点。同时建立了黄浦江两岸开发专家咨询委员会，做好重大规划、项目的决策咨询及技术保障；建立了重点项目计划管理和考核机制、重要审批事项催办督办机制，以促进贯通工程的按时落地。

　　贯通工程鼓励区域内各开发主体及金融机构、民营企业等社会力量积极参与，创新融资方式，探索政府与社会资本合作模式。探索建立土地出让收入与公益项目建设的平衡机制，沿江各区平衡经营性项目与公益性项目的资金使用，确保土地出让收入的部分资金专项用于浦江沿岸的公共设施建设。吸引市场主体通过土地、资金、人才等多种合作方式，共同参与滨江开发（黄浦江两岸地区发展"十三五"规划，2016）。

政府主导运作的特点：对于跨行政区、涉及公共资源开发和公共产品供给的区域性更新项目，政府在其中扮演着绝对主导的角色。各级政府在低效企业腾退、财政资金划拨、土地征储、规划功能管控、人力资源支撑等方面通力合作。国有企业在项目实施过程中也承担了一定的社会责任。政府主导运作可以通过行政手段和资源发起广泛的动员，但是也付出了大量的财政投入和行政成本。

（二）市场推动的多元协作城市更新

为破除政府主导型城市更新带来的各主体积极性不足的局限，各地尝试以市场主导、多元协作的方式实施城市更新，以深圳为代表。从参与主体来看，深圳明确政府、村集体（包含村民）和开发商均享有申报更新计划的权利，包括对城市更新单元的划定、更新项目的启动等议题的协商等，同时将城市公共利益、原住民的个体利益、产业结构升级、环境设施改善、保障住房建设等诉求纳入城市更新实施监管协议中。《深圳市城市更新办法实施细则》明确了搬迁补偿安置要求、容积率奖励标准等，为市场和原权利人的合作更新提供了指引。通过制定更新规则、明晰角色定位、寻求利益平衡、促进平等协商等方式，形成多元主体的制衡机制（林辰芳 等，2019）。多元协作的更新模式中，市场主体为更新提供了必要的基础，村集体等社会主体的参与推动了更新经济价值与社会价值的平衡。这种更新实施策略激发了市场的活力，增进了存量用地的有效供给、提升了公共服务质量（张磊，2015）。赛格日立旧工业区升级改造项目是深圳市国资委统筹协调，与民企协作推动的典型更新项目（专栏 11-2）。

专栏 11-2：多元协作、市场推动的开发模式——深圳赛格日立旧工业区升级改造

赛格日立旧工业区升级改造（现深业上城）地处深圳市福田区"环 CBD 高端产业带"范围内，紧邻福田中心区。基地改造前土地利用现状为原赛格日立的工业厂房及工业配套设施，土地利用率较低，大部分建筑建设于 20 世纪 80 年代，工业厂房质量较差、管理混乱，难以满足先进生产和研发的空间需求。原权利主体赛格日立有限公司出现重大经济危机，宣布全面停产，产业面临转型，城市更新需求急迫。2011 年，市政府明确赛格日立旧工业区由市属投资公司收购其资产，申请立项为城市更新产业升级项目，组织编制了专项规划，后由深业集团接收该项目，即如今的深业上城项目。2011 年，该项目列入深圳市第一批"工改工"试点项目之一，探索了新型产业项目地价计收、分割销售等先例做法，明确配建计容积率总建筑面积的 5% 作为创新型产业用房，由政府按成本价回购。深业上城项目为后续深圳市建立新型产业用地（M0）的规范化管控提供了宝贵经验。

更新开发运作的过程：深业集团接收该项目后，开展原专项规划的修编工作，组织编制了《赛格日历旧工业区升级改造专项规划（调整方案）》。该调整方案经论证，调整了用地功能，以更好地支撑新型研发产业及总部经济功能，优化了城市设计和规划控制要求,以更好地完善城市空间结构,提升项目品质。后续项目的资金筹集与管理、实施建设,建成后的招商与运营都由深业集团主导。

多元协同、企业主导的特点:深业集团在这个项目中较好地发挥了其作为市场主体在资源整合、产业导入、城市运营经验等方面的优势,以及作为项目主体的主观积极性。规划和建造实施部分,以"山谷漫游"概念将莲花山和笔架山两大山体公园通过生态景观廊桥联系在一起,实现城市生态界面的缝合连接,提供了超过 20 000m² 的公共开放空间;打造 Loft 式商业+文创产业的开放街区,形成较有特色的商业和产业空间。物业建成后,物业管理方面促成了第一太平戴维斯与深业置地(深圳)物业公司的合作管理。产业导入方面,除了利用深业集团在高科技制造、投资方面的资源,引入创新企业、联合办公、创新孵化器等,还引入了国际消费电子产品展示交易中心,与深圳华强北形成电子产业的联动。

(三) 原业主主导的城市更新模式

随着公众参与意识的逐步增强,土地和物业原权利人、社会公众的利益诉求表达越发显现,原业主希望通过深度参与更新实施影响利益分配格局。在这一模式下,政府的经济职能进一步弱化,转向更新实施的监管者、服务者,旨在通过"社企治理"的模式推动环境保护、社会稳定,促进公众利益的落实,保障更新项目的有序实施。

原业主主导的更新模式下,出资来源既有原业主独立出资,也有原业主和市场主体合作共同出资,还有依托土地再开发后的增值收益反哺更新。由于业主群体掌握土地的使用权,因此在开发过程中往往占有更加强势的地位。但原业主主导更新的模式也存在开发沟通成本较高、原业主短视局限等问题。作为全国最大的旧村改造项目—深圳大冲村改造采取了原业主主导的更新模式,该旧村 1998 年就已纳入政府改造计划,至 2018 年才实施完毕,整个项目持续了整整 20 年(专栏 11-3)。

专栏 11-3:原业主主导的开发模式—深圳大冲村改造

大冲村位于南山区深南大道与沙河西路的西北侧,改造前为深圳规模最大的城中村。大冲村内环境较差,存在大量抢建、违建建筑,安全隐患较多,粗放的土地利用难以符合当时南山区社会经济迅速发展的要求,村民的改造意愿强烈。

原业主主导过程:大冲实业股份公司代表大冲村村民,提出改造申请,于 1998 年纳入改造计划。2005 年,经大冲实业股份公司同意,选定华润集团作为大冲村旧改的合作开发商。2006 年,旧改办、粤海街道办、大冲实业股份有限公司、华润集团组成联合工作框架。2007 年,大冲实业股份有限公司与华润集团签订了大冲旧村改造合作意向书。后续大冲实业股份有限公司委托华润组织旧改项目整体概念规划的国际咨询及概念方案的深化工作。2008 年,大冲实业股份有限公司与华润签署《深圳市大冲旧村改造项目合作开发(框架)协议书》,确定了大冲旧改的主要拆迁安置补偿标准。2010 年,华润基本完成与大冲村民签订拆迁安置补偿协议的工作。经历了政府、华润地产集团和村集体间的利益

协调与改造方案的多轮调整，大冲村改造直到 2018 年才实施完毕，整个项目持续了整整 20 年(图 11-2、图 11-3)。

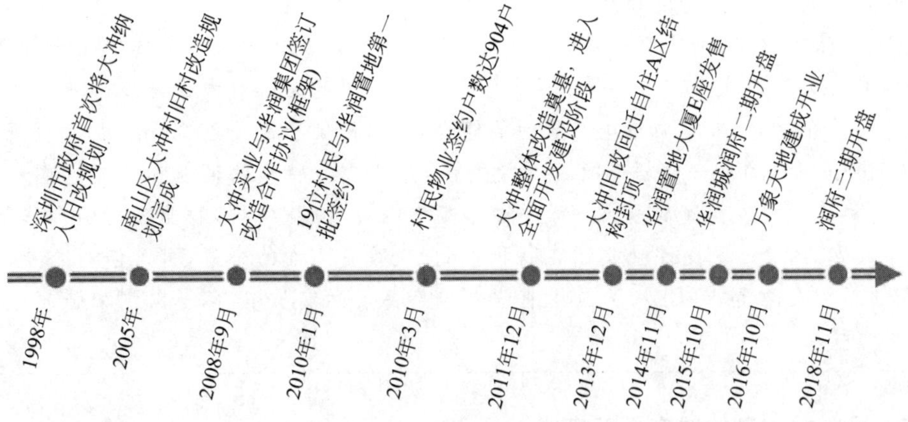

深圳市政府首次将大冲纳入旧改规划
1998年
南山区大冲村旧村改造规划完成
2005年
大冲实业与华润集团签订改造合作协议(框架)
2008年9月
19位村民与华润置地第一批签约
2010年1月
村民物业签约户数达904户
2010年3月
大冲整体改造奠基，进入全面开发建设阶段
2011年12月
大冲旧改回迁自住A区结构封顶
2013年12月
华润置地大厦E座发售
2014年11月
华润城润府二期开盘
2015年10月
万象天地建成开业
2016年10月
润府三期开盘
2018年11月

图 11-2 大冲村改造的历程

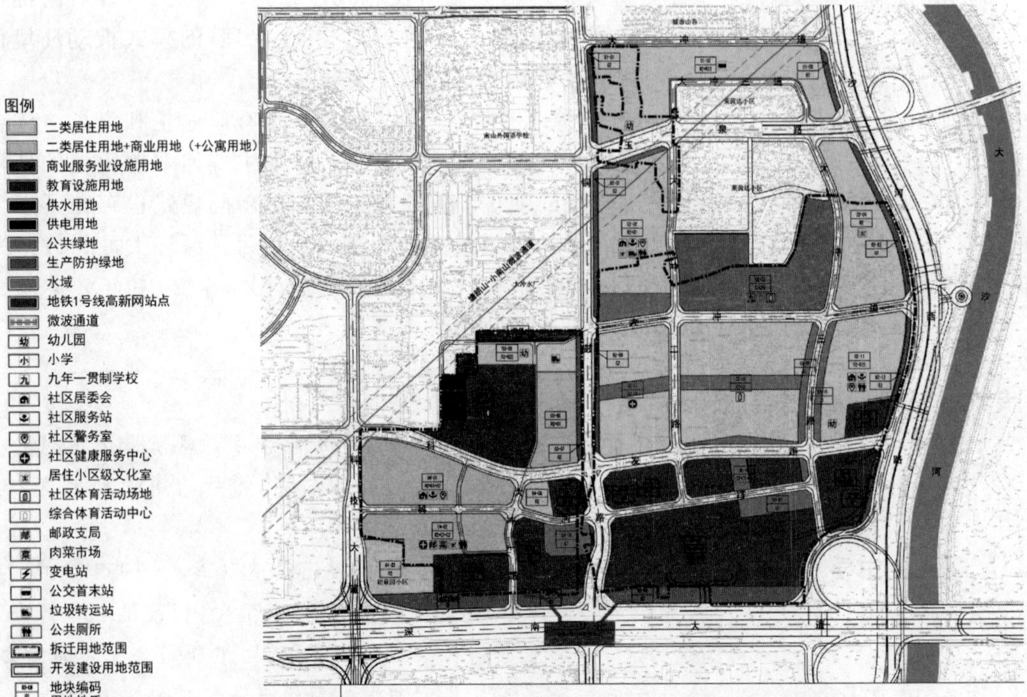

图例
二类居住用地
二类居住用地+商业用地（+公寓用地）
商业服务业设施用地
教育设施用地
供水用地
供电用地
公共绿地
生产防护绿地
水域
地铁1号线高新网站点
微波通道
幼儿园
小学
九年一贯制学校
社区居委会
社区服务站
社区警务室
社区健康服务中心
居住小区级文化室
社区体育活动场地
综合体育活动中心
邮政支局
肉菜市场
变电站
公交首末站
垃圾转运站
公共厕所
拆迁用地范围
开发建设用地范围
地块编码
用地性质
附图2
深圳市南山区大冲村改造专项规划

彩图 11-3

图 11-3 大冲村改造规划方案——地块划分与指标控制图(2011 年版)

来源：深圳市城市规划设计研究院股份有限公司. 深圳市南山区大冲村改造专项规划[R]. 2011

原业主主导的特点：在大冲村改造项目中，大冲实业股份有限公司作为大冲村村民的代表：主导了本项目旧改的基层意愿表达及计划申报工作；对引入市场合作开发商及开发商的选择有重要话语权；对旧改方案，尤其是涉及拆迁安置补偿标准、大冲村村民的回迁安置住房、物业的诉求表达非常充分，意见影响力很大。大冲村村民对保护村内传统较为重视，在其坚持下，旧改方案保留了宗祠、古庙、水塘、老榕树及主街机理。大冲实业股份公司与开发商华润就回迁补偿多次谈判，在谈判过程中，华润充分发挥了市场主体的灵活性，组织了多场村民参加讨论会，编制印发了 25 期《旧改动态》用于记录拆迁补偿方案的变化与项目进展。

二、城市更新的多部门协同参与

城市更新实施需要政府内部多部门的协同合作。通常以住建部和自资部门为核心，以更新片区的街道办事处（或具体的地方政府）牵头作为管理主体，相关部门共同协调推进规划的实施。

以上海为例，2015 年以来，上海城市更新建立了"区域评估、实施计划和全生命周期管理相结合"的管理制度（图 11-4）。在区域评估阶段，由区规划土地管理部门协调更新其他相关部门，组织规划编制机构开展更新评估；同时通过公开征询、座谈、意见征询会、访谈等形式，收集市区政府相关部门、街道政府、专家学者和居民的意见。在确定评估成果后，经过"区规土局→区人民政府→市级更新领导小组→市规土局详规处"的行政审批流程。在组织实施阶段中，更新主体需听取现有业主群体、政府相关部门、专家学者的意见，由专业机构将以上公共要素落实到方案中。在编制规划的过程中，经过多方案比较、权利人意见修改、公众参与三个环节，形成最终的更新实施方案。方案确定后，同样需要经由组织实施机构、区人民政府、市规自局和市编审中心审批后才可确定。

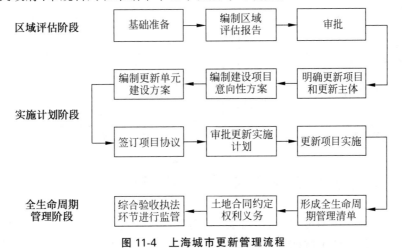

图 11-4　上海城市更新管理流程

来源：根据《上海市城市更新规划土地实施细则》绘制

以上海市曹杨新村规划为案例(图 11-5)。曹杨新村是 20 世纪 50 年代修建的第一个工人福利住房小区,经过多次改建、扩建,已成为普陀区规模最大的小区之一。如今,落后的功能布局、老旧的空间环境无法满足社区内居民的正常需求,需要进行功能更新和改造。普陀区在 2015 年将曹杨新村列为城市更新试点,并于次年对小区进行了公共活动场地修整、智慧社区建设、环浜环境改造(臭水沟治理)等综合治理工作。在具体组织实施中,由普陀区政府成立专门的城市更新领导小组,对城市更新的组织实施进行指引,并具体划分为协调实施、参与主体、技术指导、规划设计四个协调小组。曹杨社区城市更新工作以曹杨新村街道为牵头部门,由普陀区规土局协调,市规土局相关职能部门、大学专家提供技术指导,由市规划院成立规划设计团队。在具体的改建实施过程中,区城投、经信委、发改委、国资委、税务局等多个政府部门,曹杨社区物业、西部集团、社区组织等多个市场主体也积极加入更新治理之中(表 11-1)。

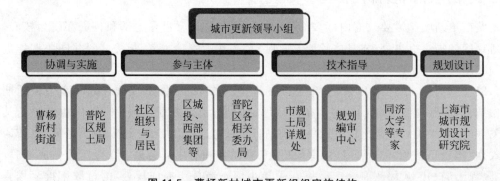

图 11-5   曹杨新村城市更新组织实施结构

来源:上海市城市规划设计研究院.上海市普陀区曹杨新村城市更新区域评估[R].2016

表 11-1   曹杨新村更新实施的项目与多部门(多主体)协同

更 新 项 目	实 施 主 体
武宁科技园改建	区城投等
曹杨一村功能置换	区经信委、区发改委等
铁路集贸市场改造	区建交委等
兰溪路改造提升	区国资委、区建交委、区发改委等
完善公共设施	区建交委、区教育局、区绿容局、区体育局等
住房改造及居住环境整治	区住房局、区建交委等
环浜更新	区绿容局、区建交委/水务局、区国资委、曹杨物业、西部集团

来源:上海市城市规划设计研究院.上海市普陀区曹杨新村城市更新区域评估[R].2016

第二节   城市更新规划中的公众参与途径

公众参与规划多以规划公示、听证会、问卷调查等形式进行,囿于其专业性、公众认知水平的差异性和信息的不对称性,公众参与流于形式的现象时有发生。城市更新由于事关土地使用者的切身利益,亟须增强公众参与的有效性。

一、城市更新中的公众参与途径

不同于常规的听证会、公示反馈等公众参与的法定程序,城市更新实施中往往还会涉及直接利益主体的表决、拆补合约签订等程序,而利益主体在这些程序中享有较大的主动权,投反对票、拒绝签约等直接影响城市更新规划的编制与更新项目的实施进程。城市更新规划项目中公众参与主体有明显的利益团体特征,各个利益主体都希望在土地、物业、设施等资源再分配过程中使自身利益最大化。在城市更新资源分配规则的制定过程中,具有相似利益诉求的主体会自发形成联盟,以寻求在利益博弈中获得更大的话语权。利益团体的形成在一定程度上强化了利益对立关系,导致协商流程中出现盲从、对抗等现象。

总体来说,城市更新中的公众参与流程可以分为正式公众参与和非正式公众参与两种类型。正式公众参与流程通常建立在法律、法规保护的基础上,是保障公众基本知情权、参与权、监督权的法定程序;正式公众参与对于形式、内容有相对明确的要求,但往往存在程序刻板复杂、流于"象征性参与"的问题,具体的方式包括听证、公示等形式。非正式公众参与流程不受法律保护,不是规划具有效力的必备条件,往往建立在地方更新导则的要求或更新工作策略的实际需求上,其参与形式更为灵活、各利益主体之间的交互更为紧密,是法定公众参与流程的有效补充(李斌 等,2012;刘鹏,2019),具体方式包括公众需求调研、改造意愿表决、更新方案表决、更新方案批复表决等。

(一) 正式公众参与流程

城市更新中的正式公众参与流程可以分为两类。一类是《中华人民共和国城乡规划法》(以下简称《城乡规划法》)所规定的公众参与政务公开的通用流程,主要以听证、公示的形式进行,包括规划决策编制阶段的材料公示、审批结果公示、城市居民或村代表听证会等。另一类是由地方性政策文件所规定的公众参与流程,主要以表决的形式进行。根据地方情况和更新项目类型对表决环节、表决主体范围、表决通过比例等做出差异化规定。

以广州市的旧村庄改造为例,《城市更新办法》《旧村庄更新实施办法》规定了三个表决流程:①改造意愿表决,须获得80%以上的村集体经济组织成员同意;②更新实施方案表决,须获得80%以上的村民代表同意;③补偿安置协议在项目实施方案批复后3年内,须获得80%以上村集体经济组织成员同意。值得注意的是,表决流程中公众参与的范围仅局限于既有的权利主体,间接利益相关主体不能参与表决流程。此外,参与城市更新表决流程的既有权利主体并不一定是更新区域未来的使用者,参与协商的目标往往是优先考虑自身利益最大化,表决结果难以保障公共利益的实现。

(二) 非正式公众参与流程

城市更新中的非正式公众参与流程目前主要包括规划编制前期的公众需求调研、规划编制阶段的互动活动、规划实施阶段的上诉等流程。目前,中国城市更新中的非正式公众参与流程大多数由政府、开发商或第三方专业主体发起,公众以被动参与为主。例如,更新规划编制前期对规划范围的人群画像、空间及设施使用频率、出行方式、空间记忆等展开调研(黄斌全,2018),可以在一定程度上反映公众对规划的需求,但公众往往对调研目的及对规划决策的影响缺少了解,配合积极性较低。近年来,伴随着第三方专业主体的参与及自发性公众参与组织的建立,非正式公众参与的形式越来越多样化,例如,基于社区居民委员会组织"手绘社区"活动,专业主体深入公众进行更新方案的讲解等。虽然非正式的公众参与流程不能对城市更新的规划决策和规划实施进程产生直接影响,但却能通过灵活的、互动性更强的形式增进公众对更新项目的了解及规划决策的理解,从而有效提升公众的配合度、参与度,是对正式公众参与流程的有效补充。

二、"实质性"公众参与的途径

在城市更新项目的实际推动中,公众主体和政府、开发商主体之间存在一定的信息不对称性,政府部门难以获得公众意愿与利益诉求,公众仅能通过表决来影响决策结果,表现为后置参与或被动接受(明钰童,2018;刘鹏,2019)。公众受到规划知识储备的局限,对于已获取的规划信息往往难以充分理解,依靠个体力量很难通过图纸及专业文件等解读规划方案所表达的发展定位、利益分配、规划实施流程等(胥明明,2016)。"象征性"参与意味着公众并未对城市更新规划项目产生实质性的影响,其利益诉求无法在规划决策中得到充分的考虑和体现,这往往会在规划实施后续阶段留下利益冲突、群体对抗等隐患。需引导公众参与从"象征性"参与到"实质性"参与的转变,提升城市更新规划信息传达与反馈的有效性。

(一) 确保规划信息的有效传达

一方面,需要优化规划信息发布的渠道、降低公众获取规划信息的成本,确保信息公开的及时性、广泛性,在政府政务公开平台以外拓展线上、线下多种渠道的信息传达,例如,依托已有的即时资讯平台进行信息公开、对更新项目设立临时的线下规划展厅等。另一方面,还需要对信息发布的内容与形式进行优化,确保信息传递的可读性,在原有的专业性图文文件的基础上结合三维可视化技术、线上线下互动展示等形式,以更加直观、易懂的方式建立公众对更新项目、规划方案的理解。

(二) 建立有效的公众反馈机制

公众反馈路径建立在更新规划方案已形成的基础上,因而公众往往只能基于政府或其他主体的决策结果做出"是"或"否"的选择,或受到思维定势的引导难以形成独立意见,导致公众意见的采集流于形式(刘鹏,2019)。确保更新规划编制中公众的"实质性"参与,一方面,应建立全程化、动态化的反馈路径,通过增加前期需求调研环节、规划论证环节的互动性,使规划决策过程面向公众开放,从而更有效地纳入对公众实际利益诉求的考虑。《深圳市建设全民友好型城市空间策略与行动规划》已开始探索全过程参与及成果署名的公众参与新形式。另一方面,应支持、引导自发性公众参与组织的发展,以提升公众在更新规划编制中的参与度与协商话语权。以日本"社区建设协议会"为例,自发性公众组织通过定期会议自主形成发展建设意愿,改变后置表决的被动参与,与政府共同制定规划方案(王郁,2006)。

第三节　城市更新规划实施的政策与管理体系

本节首先介绍了与城市更新规划相关的法律法规要点,接着从政策体系和管理体系两个方面,探讨广州、深圳、上海三地城市更新制度的顶层设计。

一、与城市更新规划密切相关的法律法规

城市更新涉及空间权益的分配与再分配及土地价值的再平衡,以及以公共利益为代表的公权与以个体利益为代表的私权的关系协调。2006 年以来与城市更新密切相关的法律包括《中华人民共和国物权法》《中华人民共和国城乡规划法》《中华人民共和国民法典》和《中华人民共和国土地管理法》及《土地管理法实施条例》。其中《物权法》属于民法的范畴,《民法典》正式施行后,《物权法》即废止,关于物权的规定则纳入了《民法典》(第二编"物权")。

(一)《城乡规划法》

2007 年 10 月 28 日,全国人大通过《中华人民共和国城乡规划法》,自 2008 年 1 月 1 日起施行。《城乡规划法》赋予地方政府通过编制城市规划确定每块土地的开发强度和用途的权利,其实质是空间资源的分配与土地开发权的配给,强调以公共利益为前提调整各方面权益,并对规划得益进行再分配(周剑云 等,2009)。城市规划往往被视为公共利益的代言人,政府依据城市规划对私有土地行使征收权、对私有土地的利用自由加以限制。城市规划通过对土地开发收益的调整和重新分配,保障公共利益(周剑云 等 2006;王郁,2008)。但是,规划作为一把双刃剑,以土地使用分区管理为核心的空间政策工具不可避免会触及利益相关人的财产利益,导致不同土地使用者或权益者意外受益或受损(周剑云 等,2006;田莉,2010;华生,2013)。如何在土地再开发过程中构建基于土地开发权的政策工具,促进土地增值收益的社会共享,实现更新利益还原的公平与效率,是城市更新实施的关键问题。

(二)《民法典》

2020 年 5 月 28 日,全国人大通过了《中华人民共和国民法典》,自 2021 年 1 月 1 日起施行。《民法典》第二百七十八条将"改建、重建建筑物及其附属设施,改变共有部分的用途或者利用共有部分从事经营活动"列入业主共同决定事项的范围。老旧小区内的建筑公共部位、市政配套设施、环境及配套设施、公共服务配套设施等属于小区的共有部分,依据《民法典》及《物权法》,一般由业主共有和共同管理(司马晓,2021)。《民法典》规定"经业主共同决定,可以使用建筑物及其附属设施维修资金用于电梯、屋顶、外墙、无障碍设施等共有部分的维修、更新和改造",为老旧小区共有部分的改造升级提供了长效管理维护资金的途径。

《民法典》赋予了社区业主更多自主权,业主表决人数的计算基准从"所有业主"下调到"参与表决业主","业主共同决定事项,应当由专有部分面积占比三分之二以上的业主且人数占比三分之二以上的业主参与表决",从而大大降低了业主协商的交易成本。

《民法典》在《物权法》的基础上对相邻关系进行了界定,《民法典》第七章指出,相邻关系是一项在用途管制中界定、保护与激励土地使用的重要制度,也是改善人居环境的基本制度。相邻关系以规划为依据的用途管制改变了相邻关系的界定方式与表现形态,其界定由民法范式转向了公法范式。城市更新多数发生在非一次性综合开发建设而成的居住建筑上,不动产开发的性质、开发强度、间距退让都会对相邻关系产生实质影响。《民法典》对更新规划编制与许可中相邻关系的处理产生深远影响。

《民法典》首次设立了"居住权",即以生活居住的需要为目的,对他人的住宅享有占有、使用的用益物权。居住权的设立意味着在不考虑抵押等情况下,一所住宅对应的权属可能分属于三个甚至多个主体(夏方舟,2020)。在涉及拆迁的城市更新活动中,不仅需要考虑土地权属人的居住权益,也需保障商品住房承租人群等社会弱势人群的长期稳定居住权利。

(三)《土地管理法》修正案及实施条例

2019年8月26日,全国人大通过了《土地管理法》修正案,自2020年1月1日起施行。《土地管理法》修正案允许集体经营性建设用地在符合规划、依法登记,并经本集体经济组织三分之二以上成员或者村民代表同意的条件下,通过出让、出租等方式交由集体经济组织以外的单位或者个人直接使用。同时,使用者取得集体经营性建设用地使用权后还可以转让、互换或者抵押。这一规定为大规模的存量低效集体建设用地盘活打开了市场化配置的通道。存量集体建设用地入市对城镇建设用地市场结构和房地产市场将产生深远影响,存量规划编制需统筹考量两种产权类型的土地资源配置和利益统筹。

《土地管理法》修正案首次对公共利益范围进行界定,缩小了土地征收范围,首次采用实体目录列举式对"为了公共利益的需要"范围进行了法律界定,限制了政府滥用征地权。加大了土地征收的经济成本,在一定程度上抑制了城镇增量扩张开发,倒逼地方政府盘活存量低效用地。

2021年9月1日起施行的《土地管理法实施条例》要求国土空间规划要合理安排集体经营性建设用地的布局和用途。这一规定大大拓展了国土空间规划编制的范畴与内容,在乡镇国土空间总体规划层面提出存量集体经营性建设用地的盘活利用方案;重点关注集体经营性建设用地入市的相关问题,例如,集体建设用地现状使用的合法性,规划对现状用地和上市用地的调控等(王明田,2020)。

综上,《城乡规划法》构成了法律对私人物权和公共利益的调节约束。《民法典》明确了用益物权人的基本权利和义务,以及建设用地使用权、宅基地使用权、地役权等用益物权,对城市更新土地二次开发的权益分配产生深远影响,更新规划编制与实施需要考虑更广泛的土地和物业相关权利人的权益。《土地管理法》及《土地管理法实施条例》最大的突破是允许集体经营性建设用地入市,拓展了存量用地更新规划的范畴。

二、城市更新规划实施的政策与管理体系

(一) 广州城市更新的政策与管理体系

1. 政策体系

2009 年起,广州市在广东省"三旧"改造政策框架下开展城市更新政策的编制与修订工作,先后共出台了多套主体政策。通过各阶段配套政策的不断补充,形成日趋完善的政策体系。

(1) 第一阶段(2009—2011 年):红利释放,项目改造

2009 年,广州成立市"三旧"改造办公室,开展各项现状摸查、政策制定、规划编制及项目实施工作,出台纲领性政策文件《关于加快推进"三旧"改造工作的意见》(穗府〔2009〕56号,以下简称"56 号文")。56 号文主要在完善用地手续、供地方式、收益分配、边角地、插花地、夹心地利用及集体建设用地改国有建设用地等方面进行了创新;与原土地权属人共享土地收益,并实行政府暂缓收取土地出让金、不进行统一收储,允许企业自主改造旧厂用地等政策,充分调动了改造主体的积极性,推进了大量改造项目的实施。

(2) 第二阶段(2012—2014 年):动态优化,片区统筹

总结"三旧"改造工作 3 年试点经验,在具体实施的进程中,各项目间的土地规划用途不同,权属人收益差异较大,使得公益性用地的储备难度大大增加,且改造主体分享了大量改造收益。广州市政府结合实践经验和工作思路的调整,提出"政府主导优先、成片改造优先、土地储备优先、节约集约优先"的原则,于 2012 年推出《关于加快推进三旧改造工作的补充意见》(穗府〔2012〕20 号,以下简称《补充意见》),对"56 号文"做出补充和修订,强调政府主导作用的发挥,以政府储备优先的原则推进"三旧"改造,推进了成片连片的改造实施。

(3) 第三阶段(2015—2016 年):常态推进,系统更新

"三旧"改造工作在促进城市产业转型升级、改善民生、提升土地利用效率等方面均取得一定的成效。但从最终的改造成效来看,其结果依然与规划预期的目标有一定差距,主要体现在:权属复杂的旧城、旧村改造项目推进较为缓慢;改造方式以拆除重建为主,目标更多专注在土地价值的提升;全市统筹力度相对较弱,主要采取以单个项目作为推进改造的单元,缺乏成片连片。

2015 年 2 月,广州市城市更新局正式成立,标志着广州正式从"三旧"改造转向常态化的城市更新新阶段。同年年底正式发布《广州市城市更新办法》(广州市人民政府令第 134号)、《广州市城市更新办法配套文件》(穗府办〔2015〕56 号),即城市更新"1+3"政策,明确重点推进微改造和成片连片更新,注重产业的转型升级、历史文化的保护和人居环境的改善,同时更加强调公共利益。城市更新"1+3"政策为后续推进城市更新工作搭建了基本的政策框架,后续政策主要在上述政策的框架之内进行修订和优化。

"1+3"政策呈现对城市更新管控收紧的特征:一是城市更新改造的主导权回归至政府;二是注重城市更新的计划性;三是提出了微改造的更新方式;四是在经济收益分成方面减少了改造主体收益分成的比例。

（4）第四阶段（2017—2020 年）：面向实施,强化激励

广州市政府结合城市更新"1+3"政策的实施情况,于 2017 年 6 月印发《关于提升城市更新水平促进节约集约用地的实施意见》(穗府规〔2017〕6 号,以下简称《实施意见》),提出新的政策安排：一是促进产业转型升级,推进产城融合；二是加强旧村全面改造,提升城市品质；三是加强土地整备,促进成片连片改造；四是简化审批流程,强化激励约束；五是完善公共服务设施,保障公共利益。再次强调调动土地权利人和市场主体积极性,规范和促进城市更新持续系统的开展。2019 年广州出台《广州市深入推进城市更新工作实施细则》(穗府办规〔2019〕5 号),从标图建库动态调整、旧村庄全面改造、加大国有土地上旧厂房改造收益支持、成片连片改造、城市更新微改造、加大城市更新项目支持力度、完善历史用地手续等七个方面对 2017 年的《实施意见》进行完善。

（5）第五阶段（2020 年以来）：战略引领,综合更新

2020 年以后,广州将城市更新作为国土空间治理新时代的重要抓手,印发了实施城市更新"1+1+N"政策文件。第一个"1"指《中共广州市委 广州市人民政府关于深化城市更新工作推进高质量发展的实施意见》(穗字〔2020〕10 号),第二个"1"指《广州市深化城市更新工作推动高质量发展的工作方案》(穗府办函〔2020〕66 号),"N"指相关配套政策文件。"1+1+N"政策提出了工作计划、产业发展、规划编制和审批、历史文化名城保护、产城融合职住平衡、设施配套、成片连片整合土地及异地平衡等方面的具体工作指引和技术标准。

至今,广州城市更新政策体系形成了"主体政策—细化政策—工作指引—技术标准"的"政策树"结构(表 11-2)。主体政策主要明确城市更新的相关主体职责、规划与计划编制内容、审批及相关实施管理等方向。细化政策对城市更新工作涉及的规划、用地、建设、产业等各项相关事务提供政策性支持,从制度上保障城市更新项目的可行性。工作指引、技术标准强调实操性,明晰具体工作方法和细致安排,为各项工作的规范开展提供完善的操作"说明书",构建规范、有序的城市更新长效机制。

表 11-2　广州市城市更新政策体系(截至 2021 年 12 月)

序号	名　称	政策类型
1	《广州市城市更新条例》(在编)	核心法规
2	《广州市城市更新办法》(广州市人民政府令第 134 号)及《广州市城市更新办法配套文件》(穗府办〔2015〕56 号)	地方规章
3	《关于提升城市更新水平促进节约集约用地的实施意见》(穗府规〔2017〕6 号)	主体政策
4	《广州市深入推进城市更新工作实施细则》(穗府办规〔2019〕5 号)	主体政策
5	《中共广州市委 广州市人民政府关于深化城市更新工作推进高质量发展的实施意见》(穗字〔2020〕10 号)	主体政策
6	《广州市深化城市更新工作推动高质量发展的工作方案》(穗府办〔2020〕66 号)	细化政策
7	《广州市城市更新实现产城融合职住平衡的操作指引》(穗规划资源字〔2020〕33 号)	细化政策
8	《广州市城市更新单元设施配建指引》(穗规划资源字〔2020〕33 号)	细化政策

续表

序号	名　　　称	政 策 类 型
9	《广州市关于深入推进城市更新促进历史文化名城保护利用的工作指引》(穗规划资源字〔2020〕33 号)	细化政策
10	《广州市旧村全面改造项目涉及成片连片整合土地及异地平衡工作指引》(穗规划资源规字〔2020〕4 号)	细化政策
11	《广州市城市更新单元详细规划报批指引》(2022 年修订稿)	工作指引
12	《广州市城市更新片区策划方案编制和报批指引》(穗建前期〔2020〕316 号)	工作指引
13	《关于建立城市更新过程中评估机制的指引》	工作指引
14	《关于城市更新工作中专家库使用有关事项》	工作指引
15	《广州市老旧小区小微改造实施指引》	工作指引
16	《广州市城中村改造合作企业引入及退出指引》(穗建规字〔2021〕1 号)	工作指引
17	《广州市城中村改造村集体经济组织决策事项表决指引》(穗建规字〔2021〕5 号)	工作指引
18	《广州市城中村全面改造大型市政配套设施及公共服务设施专项评估成本估算编制指引》(穗建计〔2020〕315 号)	技术标准
19	《广州市城市更新单元详细规划编制指引》(2022 年修订稿)	技术标准

2. 管理体系

2010 年 2 月 24 日，为推进"三旧"改造的规划及实施工作，广州市正式挂牌成立"三旧"改造工作办公室。2015 年 2 月 28 日，广州市正式成立城市更新局，将市"三旧"改造工作办公室的职责、市有关部门统筹城乡人居环境改善的职责整合划入市城市更新局，由临时机构成为常设机构。随着新一轮国家机构改革的展开，广州市城市更新局于 2019 年撤并，市住房和城乡建设局作为广州城市更新工作的行政主管部门。

广州目前形成了住房和城乡建设、规划和自然资源、发展改革、工业和信息化、交通运输、水务、商务、城市管理综合执法、农业农村、林业园林、财政等部门，以及各区委、区政府多部门联动的城市更新行政管理体系(图 11-6)。各区政府负责本辖区城市更新片区策划方案的组织编制、审核、申报、批复等工作。

(二) 深圳城市更新的政策与管理体系

1. 政策体系

深圳早在 20 世纪 90 年代就面临存量发展的诉求，率先开始了城市更新的实践探索与制度构建。从 20 世纪 90 年代开始个案摸索至今，持续地开展城市更新制度构建与改良，总体可分为四个阶段：

(1) 第一阶段(20 世纪 90 年代—2003 年)：自下而上的个案探索阶段

这一时期的城市更新，多源于原权利主体的自发改造行为，更新对象是零星的旧村、旧工业区，整体呈现项目式、小规模的改造特征；这一阶段政府对市场缺乏指导性的政策、机制的支撑，未形成统一的思路，政府对于改造项目一般采用一事一议的方式。这个时期的个案改造有两个较为典型的实施路径。第一种是政府直接干预统筹推进，部分小型城中村

```
┌─────────────────┐
│     市级政府      │
└─────────────────┘
```

- **市住房和城乡建设局**：作为城市更新工作的行政主管部门，统筹编制城市更新年度实施计划、基础数据普查、协助提供标图建库等相关数据资料、下达基础数据核查计划、组织片区策划方案审核、牵头和指导实施老旧小区改造以及常规监督检查等工作。
- **市规划与自然资源局**：负责城市更新土地整备和用地报批、城市更新规划和用地管理工作。
- **市发展改革委**：负责制定市重点项目计划、固定资产投资项目节能审查，统筹项目涉及的地铁建设，下达城市更新政府投资计划。
- **市生态环境局**：负责指导项目环境影响评价、环境污染防治的监督管理等工作。
- **市工业和信息化局**：统筹推进村级工业园整治提升以及"散乱污"场所治理工作，指导产业导入与产业发展。
- **市水务局**：统筹推进未达标河涌水环境治理和碧道建设、市政给排水管网的建设等工作。
- **市城市管理综合执法局**：负责统筹协调、督促指导各区依法依规开展违法建设整治等工作。
- **市交通运输局**：统筹推进物流园综合整治和交通基础设施建设。
- **市商务局**：统筹推进专业批发市场转型疏解工作，指导招商引资。
- **市教育局**：负责学校布点规划并指导项目涉及的学校配建（扩建）和教育资源导入工作。
- **市卫生健康委**：负责医疗卫生设施规划并指导项目涉及的医疗卫生设施配建（扩建）和医疗资源导入工作。
- **市公安局、民政局、财政局、文化广电旅游局，市政公用服务企业等单位**：负责在职责范围内开展城市更新工作涉及的相关工作。

```
┌─────────────────┐
│    区委、区政府    │
└─────────────────┘
```

图 11-6　广州城市更新管理体系（2021 年）

实现更新。但这个模式对大多数条件非常复杂、改造难度较大、规模较大的城中村难以适用。第二种是市场主体实施改造，例如，上步工业区改造中将电子生产厂房改造为国内首个仓储式大卖场，一方面在很大程度上降低了政府的资金投入，另一方面也及时响应了市场需求、获得了较大的商业成功。但是这一时期由市场自发开展改造一事一议模式的可复制性较差，没有统一规范的政策支撑，导致全面推进改造困难重重。

在当时政府财力有限的情况下，引入市场力量的效果逐步显现，这个阶段后期的"旧改"工作逐步转向政府调控和市场运作相结合的思路上来，综合考虑产权、社会、经济等因素的影响。

（2）第二阶段（2004—2008 年）：更新政策框架雏形

2004 年，深圳成立城中村（旧村）改造领导小组，全面启动城中村改造工作，并且组织开展了《深圳市城市更新与旧区改造策略研究》《深圳市旧城、旧工业区改造策略研究》等，并在其基础上制定了城中村改造和旧工业区改造的纲领性文件。城中村改造方面，出台《深圳市城中村（旧村）改造暂行规定》（深府〔2004〕177 号），编制《深圳市城中村（旧村）改造总体规划纲要（2005—2010 年）》；旧工业区改造方面，相继发布《深圳市人民政府关于工业区升级改造的若干意见》（深府〔2007〕75 号）、《关于推进我市工业区升级改造试点项目的意见》（深府办〔2008〕35 号），市政府组织编制了《深圳市工业区升级改造总体规划纲要（2007—2020 年）》。

这一时期,政府加大了对全市的城中村和旧工业区改造工作的统筹管理力度,政策框架以总体层面的引导居多,通过纲领性文件基本明确了城中村改造与旧工业区改造的目标、任务等总体安排,但可实施性支撑较少。

(3) 第三阶段(2009—2015 年):更新制度建构

虽然上一个阶段为城市更新的全面推进奠定了一定的基础,但由于土地历史遗留问题处理、土地出让制度的政策壁垒,以及政府、市场与原权利人的利益关系协调等困难依然存在,城市更新规划的编制及审批机制尚未明确,因此破解这一时期面临的政策约束成为必须突破的瓶颈。2009 年以来,深圳相继出台《深圳市城市更新办法》(深圳市人民政府令第 290 号)、《深圳市城市更新办法实施细则》(深府〔2012〕1 号),成为深圳城市更新政策的顶层设计。除上述顶层政策外,深圳市还通过制定《关于加强和改进城市更新实施工作的暂行措施》(深府办〔2012〕45 号,已废止)、《深圳市城市更新单元规划制定计划申报指引(试行)》(深规土告〔2010〕16 号,已废止)、《深圳市城市更新单元规划编制技术规定(试行)》(深规土〔2011〕828 号,已废止)、《深圳市城市更新历史用地处置暂行规定》(深规土〔2013〕294 号,已废止)等政府规章、技术标准和操作指引层面的多项政策,基本覆盖城市更新工作主要问题和难点、城市更新计划规划管理、城市更新单元规划编制、城市更新历史用地处置等全流程管理。

这一时期,深圳城市更新制度基本成型,规划体系进一步优化,建立城市更新五年专项规划和城市更新单元规划管理体系,工作管理机制进一步理顺。

(4) 第四阶段(2016 年至今):更新制度逐步完善阶段

随着城市更新工作的深入开展,各辖区城市更新诉求呈现差异化特征,深圳开始探索强区放权、简政提效的体制改革探索之路。这一阶段在市级与区级政府工作管理上,市级政府进一步强化了全市层面的统筹与管控,例如发布了《深圳市工业区块线管理办法》(深府规〔2018〕14 号)、《深圳市城中村(旧村)综合整治总体规划(2019—2025 年)》,并且专门针对新形势下城市更新实施工作中面临的问题出台了规范性指导意见,例如,制定《深圳市城市更新项目保障性住房配建规定》(深规土〔2016〕11 号)、《深圳市拆除重建类城市更新单元规划容积率审查规定》(深规划资源规〔2019〕1 号)等。2020 年,深圳率先开始城市更新地方立法的探索,颁布《深圳经济特区城市更新条例》(深圳市第六届人民代表大会常务委员会公告第二二八号),进一步优化城市更新体制机制,完善实施方式和程序。

至此,深圳城市更新工作模式上"政府引导、市场运作",管理上"市级统筹、区级决策"的工作架构基本稳定。城市更新政策体系总体分为"法律法规—地方规章—技术标准—操作指引"四个层次(图 11-7)。《深圳经济特区更新条例》率先开启了全国城市更新领域法制建设的先河,旨在突破深圳城市更新工作的瓶颈问题,例如,地方政府规章法律层级不够,拆迁补偿缺乏定量标准,个别物业权利人不签约导致更新项目推进滞缓,重拆除重建、轻综合整治等问题。城市更新地方规章是对城市更新活动的综合性管理规定,主要包括两大部分:一是《深圳市城市更新办法》(2009 年发布、2016 年修订)及 2012 年颁布的《深圳市城市更新办法实施细则》,构成了城市更新核心政策;二是城市更新的暂行措施及其相应修订,反映了政府及时根据社会经济发展需要对城市更新政策进行的调校。深圳分别于 2012 年、2014 年和 2016 年出台《关于加强和改进城市更新实施工作的暂行措施》。技术规范作为技术领域的规范性文件,操作指引作为管理领域的规范性文件,共同为指导具体的城市更新活动提供政策支持。技术规范与操作指引可以根据管理的内容细分为总体引导、计划、规划、用地处置、产业发展、住房管理等多领域。

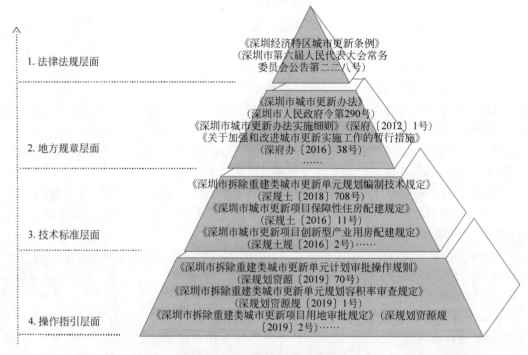

图 11-7   深圳城市更新政策体系

2.管理体系

(1)城市更新管理流程

城市更新管理工作主要包括"计划管理、土地管理、规划管理、实施管理"四大部分(图 11-8)。计划管理指城市更新单元计划的编制和审批,包括项目启动与初步评估、申报主体确认、城市更新单元计划申报审批、公告与备案;土地管理的主要内容是土地和建筑物信息核查,根据项目具体情况,涉及旧屋村认定、非农建设用地调入、历史用地处置及土地和建筑物信息核查等方面;规划管理主要包括城市更新单元规划的编制与审批,对法定图则强制性内容作出调整的更新单元规划应报市法定图则委员会审批,不涉及的由区政府审批;项目实施管理过程主要包括制定实施方案、确定实施主体、房地产权注销、用地手续办理及预售监管等。

(2)城市更新管理的事权划分

伴随持续的城市更新探索与实践,深圳城市更新的管理体系逐步建立与完善,从强调管控到完善服务,从被动应对拆迁改造到主动谋划、建立市场机制,逐步建立了一套"市统筹、区决策、街道配合"的更新管理体系(图 11-9)。2016 年"强区放权"后,区政府拥有城市更新的大部分行政许可和审批职能,并负责组织实施,城市更新的管理从要点式审批转向

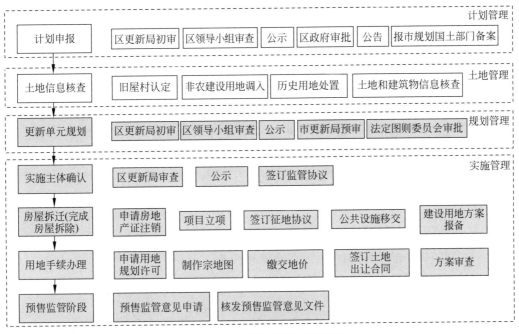

图 11-8　深圳城市更新管理流程

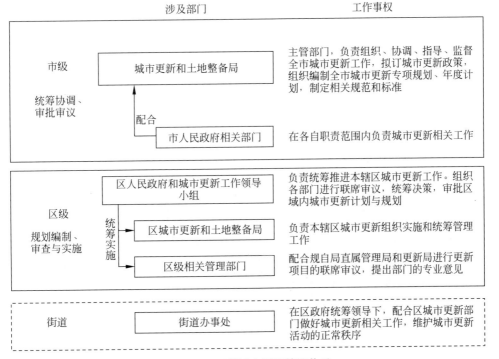

图 11-9　深圳城市更新管理体系

全面加强统筹协调和服务,形成政府协同多元主体共同推进城市更新实施的局面。

市级层面,市人民政府负责统筹全市城市更新工作,研究决定城市更新工作涉及的重大事项。深圳市城市更新和土地整备局是全市城市更新工作的主管部门,负责组织和指导全市城市更新工作,编制全市城市更新专项规划。市级相关部门在各自职责范围负责城市更新的相关工作。

区级层面,区人民政府负责统筹推进本辖区城市更新工作,区城市更新和土地整备局负责辖区内城市更新的组织实施和统筹管理工作,相关部门在各自职责范围内负责城市更新的相关工作。区城市更新和土地整备局的核心职能包括:负责城市更新单元计划和规划的初审与审查,组织各部门征求意见,城市更新项目实施主体的确认,用地审批及许可发放等工作。区建设主管部门的核心职能包括施工许可及竣工备案、节能建筑审查、建筑质量安全监督等工作。

街道办事处在区政府的统筹领导下承担一定的工作职责,街道办一方面协调处理有关城市更新工作的信访维稳,协调原农村集体股份合作公司相关事务等工作,另一方面负责旧住宅区城市更新以及其他政府组织实施的城市更新单元的现状调研、意愿征集、可行性分析、计划申报等工作。

从更新事务主管部门看,市级以城市更新和土地整备局为主管部门,作为市政府工作部门,组织并协调城市更新工作常态化的开展。在区级层面,为协调整合多部门力量、有力推进城市更新工作实施,成立了区级城市更新领导小组,以区长为组长,以相关职能部门为小组成员单位,搭建多部门联动的协同工作平台。明确辖区发改、财政、产业、住房建设、教育、交通等各个行政主管部门在城市更新审批环节中具体承担的职责内容,以及与其他部门的协作要求。

(三) 上海城市更新的政策与管理体系

1. 政策体系

2015年,上海市整合了2014年颁布的关于城中村改造、存量工业用地盘活和土地节约集约利用的专项规定与办法,颁布了《上海市城市更新实施办法》(以下简称"实施办法"),作为上海城市更新工作的地方法规,推动城市内涵增长、创新发展。近年来,围绕实施办法,上海综合土地管理、风貌保护、产业导入、规划管控等政策,逐渐形成系统性的城市更新政策体系。2017年出台了《上海市城市更新规划土地实施细则》(以下简称"实施细则")对城市更新公共要素的供给提出了认定标准,明确可获得建筑面积奖励的三类公共要素。2018年《关于本市推进产业用地高质量利用的实施细则》树立了产业用地是具有公共属性的要素资源的理念,建立了存量低效产业用地的治理和退出机制。2020年出台的《关于加强容积率管理全面推进土地资源高质量利用的实施细则》提出了容积率管控和转移的具体规定,鼓励物业权利人开展城市更新建设活动,细化了城市更新容积率调控的政策工具。2021年《上海市城市更新条例》出台,建立了区域更新统筹机制和更新统筹主体遴选机制,确立了城市更新项目全生命周期管理制度。

至今,上海城市更新形成以"城市更新条例"为核心法规,"实施办法"及"实施细则"为地方规章,"旧住房综合改造管理办法"和"盘活存量工业用地的实施办法"为主干政策的更新法规和政策体系(表11-3)。

表11-3　2014年以来上海市城市更新相关法规与政策一览表

时　　间	法规和政策
2014年	《关于本市开展"城中村"地块改造的实施意见》(沪府〔2014〕24号)
2014年	《关于本市盘活存量工业用地的实施办法(试行)》(沪府办〔2014〕25号)
2014年	《关于进一步提高本市土地节约集约利用水平若干意见的通知》(沪府发〔2014〕14号)
2015年	《上海市城市更新实施办法》(沪府发〔2015〕20号)
2015年	《上海市城市更新规划管理操作规程》
2015年	《上海市旧住房综合改造管理办法》(沪府发〔2015〕3号)
2016年	《关于本市盘活存量工业用地的实施办法》(沪府办〔2016〕22号)
2017年	《上海市城市更新规划土地实施细则》(沪规土资详〔2017〕693号)
2017年	《关于深化城市有机更新促进历史风貌保护工作的若干意见》(沪府发〔2017〕50号)
2017年	《关于坚持留改拆并举深化城市有机更新进一步改善市民群众居住条件的若干意见》(沪府发〔2017〕86号)
2018年	《关于本市促进资源高效率配置推动产业高质量发展的若干意见》(沪府发〔2018〕41号)
2018年	《关于本市推进产业用地高质量利用的实施细则》(沪规土资地〔2018〕687号)
2020年	《关于加强容积率管理全面推进土地资源高质量利用的实施细则》(2020版)
2021年	《上海市城市更新条例》

2. 管理体系

上海城市更新管理机构随着政府机构的调整,经历了从分散到集中的转变。2019年政府机构改革,将上海市旧区改造工作领导小组、上海市大型居住社区土地储备工作领导小组、上海市"城中村"改造领导小组、上海市城市更新领导小组合并,成立了上海市城市更新和旧区改造工作领导小组,负责领导全市城市更新工作,对全市城市更新工作涉及的重大事项进行决策。各区县政府是城市更新的组织实施主体,具体推进城市更新工作;更新组织实施机构会同相关街道、乡镇,统筹公众意愿,梳理更新需求,开展城市更新区域评估和实施方案编制等工作。

2021年上海颁布《上海市城市更新条例》,明确了市、区、街镇三级和各政府职能部门的城市更新工作职责。市级政府建立城市更新协调推进机制,统筹、协调全市城市更新工作,并研究、审议城市更新的相关重大事项。区人民政府是推进本辖区城市更新工作的主体,负责组织、协调和管理辖区的内城市更新工作。街道办事处、镇人民政府按照职责做好城市更新相关工作。上海市功能性国企—上海地产(集团)有限公司下设城市更新中心,参与相关规划编制、政策制定、旧区改造、旧住房更新、产业转型等相关工作。城市更新专家委员会为政府提供决策咨询。"一网通办""一网统管"平台作为全市统一的城市更新信息系统为更新管理和决策提供信息服务支撑。更新统筹主体负责推动达成区域更新意愿、整合市场资源、编制区域更新方案及统筹、推进更新项目的实施。市、区人民政府组织遴选确定与区域范围城市更新活动相适应的市场主体作为更新统筹主体(图11-10)。

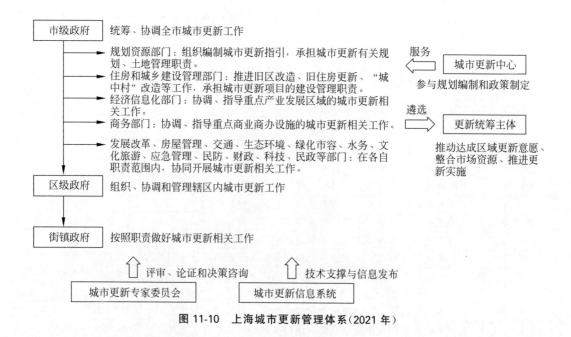

图 11-10 上海城市更新管理体系(2021 年)

第四节 城市更新实施的财税与金融工具

依托多样化的财政金融工具,实现投融资平衡是城市更新成功实施的保障。本节以深圳为例,探讨地方政府实施城市更新在财税和金融方面的政策探索。

一、财税工具

(一)财政拨款

在城市更新中,财政拨款主要用于城中村综合整治、老旧小区改造等民生项目,以政府部门为实施主体,利用财政资金直接进行投资建设。根据行政级别划分为中央、省级和地方财政资金。政府对财政拨款类更新项目进行全流程把控,包括意愿征集、计划立项、规划设计、建设实施、运营管理等流程。此类项目推进速度较快,但由于资金来源单一,难以形成长效机制,还需探索建立多元化资金筹措渠道,充分发挥政府资金的引导作用,吸引社会资本参与。

(二)税收减免

土地税收是调节土地增值收益的重要经济手段。在城市更新项目中,为充分发挥各利益主体的积极性,针对不同类型的城市更新项目制定税收减免政策,以降低税收成本,保障项目利益平衡。《深圳市城市更新办法实施细则》第五条明确规定,"城市更新项目免收各种行政事业性收费"。深圳在税收减免方面对政策性搬迁与非政策搬迁予以区分。政策性搬迁是政府主导下满足公共利益需要的整体搬迁或部分搬迁,这类项目在增值税、土地增值税、企业所得税、个人所得税、契税等方面均有优惠政策。

(三) 地价优惠

充分发挥地价的调节作用,引导土地集约高效利用。2013 年深圳市政府出台《深圳市宗地地价测算规则(试行)》,建立了深圳地价测算的基本制度体系。但随着深圳经济社会的全面快速发展,原本基准地价和单宗评估地价并行的地价体系所产生的问题逐渐显现,新出让用地、城市更新用地、土地整备用地的地价测算规则各成体系。2019 年 11 月深圳市规划和自然资源局进一步组织制订了《深圳市地价测算规则》,这标志着深圳成为全国率先全面应用标定地价的城市。深圳城市更新主要对历史遗留问题处理用地、保障性住房、创新型产业用房、公共配套设施、地下空间开发等方面给予地价优惠。

二、金融工具

《深圳市城市更新办法实施细则》第六条明确提出"鼓励金融机构创新金融产品、改善金融服务,通过构建融资平台、提供贷款、建立担保机制等方式对城市更新项目予以支持"。城市更新的金融工具主要体现在城市更新项目投融资模式和资金来源方面,因更新项目类别的不同有较大差别。一般而言,基础性综合整治类和土地整备收储等公益性较强的更新项目,主要由政府主导实施,其投融资主要采用包括政府直接投资、政府专项债、政府授权国有企业等模式;对于具有一定经营性、收益回报机制清晰的综合整治类和拆除重建类项目,一般采用政府授权国企、政府与社会资本合作、社会资本主导等模式实施。

(一) 政府主导的投融资模式

1. 城市更新专项债券

以政府作为实施主体,通过城市更新专项债或财政资金＋专项债形式进行投资。这种模式收入来源主要包括商业租赁、房客出租、停车位出租、广告牌出租、物管等经营性收入及土地出让收入等方面。在满足收益性及政策要求前提下,可通过专项债作资本金撬动市场化融资,形成"资本金＋专项债＋市场化融资"的模式(袁海霞 等,2019)。

2. 政府授权国企作为实施主体

政府授权地方国企作为城市更新项目的实施主体,通过承接债券资金与配套融资、发行债券、政策性银行贷款、专项贷款等方式筹集资金。项目收入主要来源于增加部分销售面积及开发收益、专项资金补贴等方面。在实施过程中,政府进行整体规划把控,国有企业发挥自身在资源整合及融资上的优势。

(二) 政府和社会资本合作模式

1. PPP 模式

PPP 模式(public-private-partnership,PPP)是在公共基础设施建设中发展起来的一种优化的项目融资与实施模式,是政府与社会资本之间,以项目为出发点,达成特许权协议,形成"利益共享、风险共担、全程合作"伙伴合作关系(于静瑶,2018)。PPP模式对政府来说财政支出较少,对企业来说承担的投资风险较轻,主要适用于市场化程度相对较高、投资规模相对较大、需求长期稳定、运营要求较高的基础设施和公共服务项目。深圳出台了《深圳市开展政府和社会资本合作的实施方案》(深府办〔2017〕16号)、《深圳市政府和社会资本合作(PPP)实施细则(试行)》,明确运用PPP模式加快基础设施和公共服务领域的项目建设。

2. 工程总承包+运营模式

工程总承包+运营(engineering procurement construction operation,EPC+O)即工程总承包(engineering procurement construction,EPC)和委托运营(operation and maintenance,OM)的打捆,是把项目的设计、采购、施工及运营等阶段整合后由一个承包商负责实施的模式。该模式强化承包商单一主体责任,承包商在设计和施工阶段就要充分考虑运营策划、运营收益问题,促进设计、施工和运营各个环节的有效衔接,从而实现对项目全生命周期的高效管理。EPC+O模式可实现投资和建设运营的分离,项目资金筹措由政府通过专项债和市场化融资解决,建设运营由承包商和运营商负责实施,可以大幅度提高投资效率。一般适用于工期紧、见效快,无需考虑资本金投入和融资问题,对企业现金流要求不高的项目。

3. 政府+社会资本+产权所有者模式

该模式一般适用于产权较复杂的项目,由政府负责公共配套设施投入,社会资本负责项目规划、建设与运营,产权所有者协调配合。通过三方协同,有效推进项目的实施,提升项目运营收益。

(三) 以社会资本为主导的投资模式

以社会资本为主导的投资模式指在城市更新项目开发过程中,政府出让用地,社会资本按政策和规划要求负责项目的拆迁、设计、建设、回迁、运营、管理等(吕霁,2008)。该模式主要适用于拆除重建类城市更新项目。市场主体可利用资本市场融资,通过滚动开发模式平衡资金,基本思路为部分安置、部分出售、分期投入、滚动开发,一般以安置区作为启动,安置部分拆迁户,剩余房产出售,产生利润,滚动进入下一期的开发成本,可较好地缓解实施主体的资金压力。

(四) 城市更新专项基金

城市更新专项基金是城市发展基金的一类,是一种利益共享、风险共担的资金短缺解决措施。从发起人角度来划分,城市更新基金主要有两种方式。一是政府主导的城市更新基金,这种模式一般由财政部门负责实施,当地国资(城投)公司负责具体代为出资人的职责,设立方式主要有直接设立单一投资基金模式和采用设立母子基金模式。二是企业主导的城市更新基金,主要由中外合资、民企、股份制商业银行等,通过设立城市更新基金,一般运用权益类基金投资模式参与到城市更新项目中。

小结

政府主导、市场推动和原业主主导的更新组织实施模式选择与存量资源特征、城市更新目标和空间治理手段相关,城市更新项目实施没有单一的开发模式,往往会出现多种更新模式的混合。广州、深圳和上海的城市更新制度在政策体系和管理体系方面的差异性,反映了三地存量空间治理模式的不同。以上海为代表的政府主导型城市更新对更新项目管控和引导的能力较强,但推进力度有限。而在以广州和深圳为代表的合作型城市更新治理模式下,政府的角色既是"组织者"也是"监管者",通过适度放权和赋能,激发了市场主体和原业主实施更新的动力,更新推进力度较大。城市更新组织实施需协调好政府、市场和原业主之间的权利关系,利用多元化的财税与金融工具,进一步完善多元化投融资机制,调动社会资本参与投资建设的积极性,健全各级财政资金、社会资本、金融资本的合作机制。

思考题

1. 简述城市更新实施的三种组织方式的适用场景。

2. 从空间治理视角,探讨广州、深圳、上海三地城市更新规划管理体系差异性背后的成因。

3. 对于不涉及土地产权交易的微更新项目,可以运用哪些财税或金融工具推进更新项目的实施?

参考文献

陈易,2016.转型期中国城市更新的空间治理研究:机制与模式[D].南京:南京大学.

华生,2013.城市化转型与土地陷阱[M].北京:东方出版社.

黄斌全,2018.城市更新中的公众参与式规划设计实践:以上海黄浦江东岸公共空间贯通规划设计为例[J].上海城市规划,141(5):54-61.

李斌,徐歆彦,邵怡,等,2012.城市更新中公众参与模式研究[J].建筑学报(8):134-137.

林辰芳,杜雁,岳隽,等,2019.多元主体协同合作的城市更新机制研究:以深圳为例[J].城市规划学刊,253(6):56-62.

刘鹏,2019.城市更新项目公众参与关键成功因素研究[D].重庆:重庆大学.

吕霪,2008.基于博弈论的城中村改造模式研究[D].武汉:华中师范大学.

明钰童,2018.城市更新中的公众参与制度设计对比分析:以成都龙兴寺片区与曹家巷片区项目为例[C]//共享与品质——2018中国城市规划年会论文集(02城市更新).北京:中国建筑工业出版社.

司马晓,2021.城镇老旧小区共有部分的长效治理[J].城市规划学刊,263(3):1-10.

田莉,2010.城市规划的"公共利益"之辩:《物权法》实施的影响与启示[J].城市规划,34(1):29-32,47.

王明田,2020.乡镇规划是统筹镇域集体经营性建设用地入市的重要平台[J].城市规划,44(12):28-34.

王郁,2006.日本城市规划中的公众参与[J].人文地理,90(4):34-38.

王郁,2008.开发利益公共还原理论与制度实践的发展:基于美英日三国城市规划管理制度的比较研究[J].城市规划学刊,178(6):40-45.

夏方舟,2020."民以住为先":民法典"居住权"对国土空间规划的可能影响[BE/OL].[2020-07-15].https://mp.weixin.qq.com/s/9e3H6B4nUjBUQu6852QXHQ.

胥明明,2017.沟通式规划研究综述及其在中国的适应性思考[J].国际城市规划,32(3):100-105.

于静瑶,2016.浅析 PPP 模式下的财务管理[J].现代商业(35):143-144.

袁海霞,刘心荷,赵京洁,2019.我国地方政府专项债券募投项目探析[J].债券,8(11):63-67.

张磊,2015."新常态"下城市更新治理模式比较与转型路径[J].城市发展研究,22(12):57-62.

周剑云,戚冬瑾,2008.城乡规划与开发权及开发活动的关系[J].城市规划,32(1):74-80.